U0261885

普通高等教育高职高专土建类"十二五"规划教材

公路工程计量与计价

主　编　杨建宏　陈志强
副主编　吴华君　陈浙江　贾红霞　田　珊

中国水利水电出版社
www.waterpub.com.cn
·北京·

内 容 提 要

本书是"普通高等教育高职高专土建类'十二五'规划教材"丛书之一。根据最新规范和高职高专人才培养目标，以工作任务为导向编写，突出对学生职业能力和创新能力的培养。

全书共 9 章。主要内容包括：公路工程造价基本知识、公路工程造价构成与计算、公路工程定额与预算、公路工程工程量清单、路基工程计量与计价、路面工程计量与计价、桥涵工程计量与计价、隧道工程计量与计价、同望 WECOST 公路工程造价管理系统应用。重点介绍了公路预算定额计量与计价、工程量清单计量与计价的方法，并列举了路基、路面、桥涵、隧道工程计价实例。

本书可作为大中专道路桥梁工程技术专业及工程造价管理专业的教材，也适合于公路工程造价管理人员学习参考。

图书在版编目（ＣＩＰ）数据

公路工程计量与计价 / 杨建宏，陈志强主编. -- 北京：中国水利水电出版社，2012.1(2025.1重印).
普通高等教育高职高专土建类"十二五"规划教材
ISBN 978-7-5084-9400-5

Ⅰ.①公… Ⅱ.①杨… ②陈… Ⅲ.①道路工程－工程造价－高等职业教育－教材 Ⅳ.①U415.13

中国版本图书馆CIP数据核字(2012)第003078号

书　名	普通高等教育高职高专土建类"十二五"规划教材 **公路工程计量与计价**	
作　者	主　编　杨建宏　陈志强 副主编　吴华君　陈浙江　贾红霞　田珊	
出版发行	中国水利水电出版社 （北京市海淀区玉渊潭南路 1 号 D 座　100038） 网址：www. waterpub. com. cn E - mail：sales@mwr. gov. cn 电话：(010) 68545888（营销中心）	
经　售	北京科水图书销售有限公司 电话：(010) 68545874、63202643 全国各地新华书店和相关出版物销售网点	
排　版	中国水利水电出版社微机排版中心	
印　刷	清淞永业（天津）印刷有限公司	
规　格	184mm×260mm　16 开本　14.5 印张　344 千字	
版　次	2012 年 1 月第 1 版　2025 年 1 月第 6 次印刷	
印　数	13001—14000 册	
定　价	**45.00 元**	

普通高等教育高职高专土建类
"十二五"规划教材
参编院校及单位

安徽工业经济职业技术学院　　　　　金华职业技术学院
滨州职业学院　　　　　　　　　　　九江学院
重庆建筑工程职业学院　　　　　　　九江职业大学
甘肃工业职业技术学院　　　　　　　兰州工业高等专科学校
甘肃林业职业技术学院　　　　　　　辽宁建筑职业技术学院
广东建设职业技术学院　　　　　　　漯河职业技术学院
广西经济干部管理学院　　　　　　　内蒙古河套大学
广西机电职业技术学院　　　　　　　内蒙古建筑职业技术学院
广西建设职业技术学院　　　　　　　南宁职业技术学院
广西理工职业技术学院　　　　　　　宁夏建设职业技术学院
广西交通职业技术学院　　　　　　　山西长治职业技术学院
广西水利电力职业技术学院　　　　　山西水利职业技术学院
河北交通职业技术学院　　　　　　　石家庄铁路职业技术学院
河北省交通厅公路管理局　　　　　　太原城市职业技术学院
河南财政税务高等专科学校　　　　　太原大学
河南工业职业技术学院　　　　　　　乌海职业技术学院
黑龙江农垦科技职业学院　　　　　　烟台职业学院
湖南城建集团　　　　　　　　　　　延安职业技术学院
湖南交通职业技术学院　　　　　　　义乌工商学院
淮北职业技术学院　　　　　　　　　邕江大学
淮海工学院　　　　　　　　　　　　浙江工商职业技术学院
中冶置业集团有限公司　　　　　　　长江水利水电开发总公司

本 册 编 委 会

主　编　杨建宏　陈志强
副主编　吴华君　陈浙江　贾红霞　田　珊
参　编　施晓丽　刘建锋　邹　颖

序

"十二五"时期，高等职业教育面临新的机遇和挑战，其教学改革必须动态跟进，才能体现职业教育"以服务为宗旨、以就业为导向"的本质特征，其教材建设也要顺应时代变化，根据市场对职业教育的要求，进一步贯彻"任务导向、项目教学"的教改精神，强化实践技能训练、突出现代高职特色。

鉴于此，从培养应用型技术人才的期许出发，中国水利水电出版社于2010年启动了土建类（包括建筑工程、市政工程、工程管理、建筑设备、房地产等专业）以及道路桥梁工程等相关专业高等职业教育的"十二五"规划教材的编写工作，本套"普通高等教育高职高专土建类'十二五'规划教材"编写上力求结合新知识、新技术、新工艺、新材料、新规范、新案例，内容上力求精简理论、结合就业、突出实践。

随着教改的不断深入，高职院校结合本地实际所展现出的教改成果也各不相同，与之对应的教材也各有特色。本套教材的一个重要组织思想，就是希望突破长久以来习惯以"大一统"设计教材的思维模式。这套教材中，既有以章节为主体的传统教材体例模式，也有以"项目—任务"模式的"任务驱动型"教材，还有基于工作过程的"模块—课题"类教材。不管形式如何，编写目标均是结合课程特点、针对就业实际、突出职业技能，从而符合高职学生学习规律的精品教材。主要特点有以下几方面：

（1）专业针对性强。针对土建类各专业的培养目标、业务规格（包括知识结构和能力结构）和教学大纲的基本要求，充分展示创新思想，突出应用技术。

（2）以培养能力为主。根据高职学生所应具备的相关能力培养体系，构建职业能力训练模块，突出实训、实验内容，加强学生的实践能力与操作技能。

（3）引入校企结合的实践经验。由企业的工程技术人员参与教材的编写，将实际工作中所需的技能与知识引入教材，使最新的知识与最新的应用充实到教学过程中。

（4）多渠道完善。充分利用多媒体介质，完善传统纸质介质中所欠缺的表达方式和内容，将课件的基本功能有效体现，提高教师的教学效果；将光盘的容量充分发挥，满足学生有效应用的愿望。

本套教材适用于高职高专院校土建类相关专业学生使用，亦可为工程技术人员参考借鉴，也可作为成人、函授、网络教育、自学考试等参考用书。本套丛书的出版对于"十二五"期间高职高专的教材建设是一次有益的探索，也是一次积累、沉淀、迸发的过程，其丛书的框架构建、编写模式还可进一步探讨，书中不妥之处，恳请广大读者和业内专家、教师批评指正，提出宝贵建议。

编委会

2011 年 11 月

前　言

　　本书以《国务院关于大力发展职业教育的决定》（国发［2005］35号）、《关于全面提高高等职业教育教学质量的若干意见》（教高［2006］16号）等文件精神为指导，在对建筑工程技术专业的人才培养模式和课程体系改革进行充分调研的基础上，吸收国内众多高职高专院校在课程建设方面取得的进展，以及广泛征求企业专家意见的基础上编写而成。本教材打破以知识传授为主的传统模式，以工作任务为引领组织教学内容，适合用于对学生进行项目化教学。教材内容突出对学生职业能力的训练，理论知识的选取紧紧围绕解决具体的工程问题，突出职业能力和创新能力的培养，针对性强，体现了高职教育课程的实践性、开放性和职业性，符合高职高专人才的培养目标。

　　本书结合中华人民共和国交通部颁发的《公路工程预算定额》（JTG/T B06-02—2007）、《公路工程机械台班费用定额》（JTG/T　B06-03—2007）、《公路工程基本建设项目概算预算编制办法》（JTG　B06—2007）、《公路工程标准施工招标文件》（2009年版）、《公路工程工程量清单计量规则》进行编写。将理论和实践相结合、工程量计算方法、定额应用与实例相结合。

　　全书共9章。包括：第1章公路工程造价基本知识、第2章公路工程造价构成与计算、第3章公路工程定额与预算、第4章公路工程工程量清单、第5章路基工程计量与计价、第6章路面工程计量与计价、第7章桥涵工程计量与计价、第8章隧道工程计量与计价、第9章同望WECOST公路工程造价管理系统应用。

　　在各章中均有大量的计算例题，而且完整地演示了定额计量与计价、工程量清单计量与计价的过程和具体方法，读者在学习后能清楚地了解两种计价方法的编制知识。

　　限于编者的水平，书中难免有不妥与疏漏之处，恳请读者批评指正。

编者

2011年6月

目　　录

第1章 公路工程造价基本知识

1.1 公路工程基本建设

1.1.1 公路基本建设的内容与项目组成

1.1.1.1 公路基本建设的概念与内容

基本建设，是指固定资产的建筑、购置和安装，是国民经济各部门为扩大再生产而进行的增加固定资产的各种活动的总和。

公路工程基本建设按项目性质分为新建、改建、扩建和重建，其中新建和改建是最主要的形式；按投资建设的用途可分为生产性建设和非生产性建设；按项目建设总规模和总投资可分为大型、中型和小型项目。

公路基本建设活动包括以下内容：

(1) 建筑安装工程。

1) 建筑工程，如路基、路面、桥梁、隧道、防护工程、沿线设施等工程结构物的建设。

2) 设备安装工程，如公路、桥梁、隧道及沿线设施所需的各种机械、设备、仪器的安装、测试等。

(2) 设备、工程器具的购置，如为了满足公路的营运、管理及养护所必需的设备、工具和器具，如通信、照明、养护设备等。

(3) 其他基本建设工程，如勘测与设计工作、征用土地、青苗补偿和安置补助工作等。

1.1.1.2 公路基本建设程序

基本建设程序是指基本建设项目在整个建设过程中各项工作的先后顺序。包括从决策、设计、施工到竣工验收，整个建设过程中各个阶段的划分及其先后次序等内容。

根据交通部令 2006 年第 5 号发布的《公路建设监督管理办法》，我国公路基本建设程序如图 1-1-1 所示。

1.1.2 公路工程建设项目的划分

在设计、施工中，为了便于编制基本建设的施工组织设计和概、预算文件，必须对每项基本建设工程进行项目的分解，即按其内在的逻辑关系将其依次划分为：建设项目—单项工程—单位工程—分部工程—分项工程。公路工程建设项目的划分如图 1-1-2 所示。

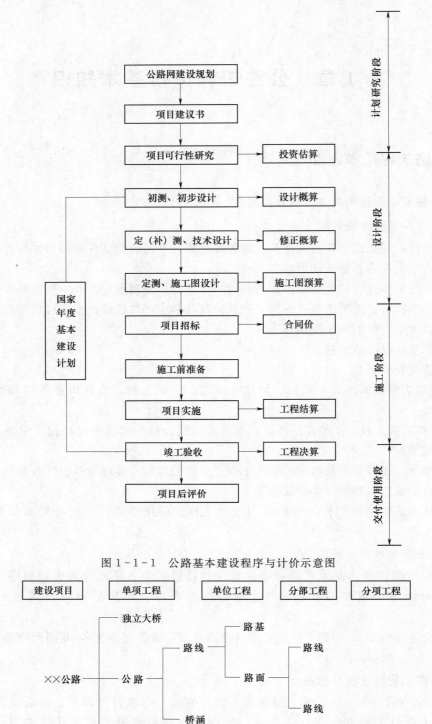

图 1-1-1　公路基本建设程序与计价示意图

图 1-1-2　基本建设项目组成

1.2 公路工程造价认知

1.2.1 公路工程造价费用组成

公路工程造价由建筑安装工程费,设备、工具、器具及家具购置费,工程建设其他费用及预备费等四部分组成,如图1-2-1所示。

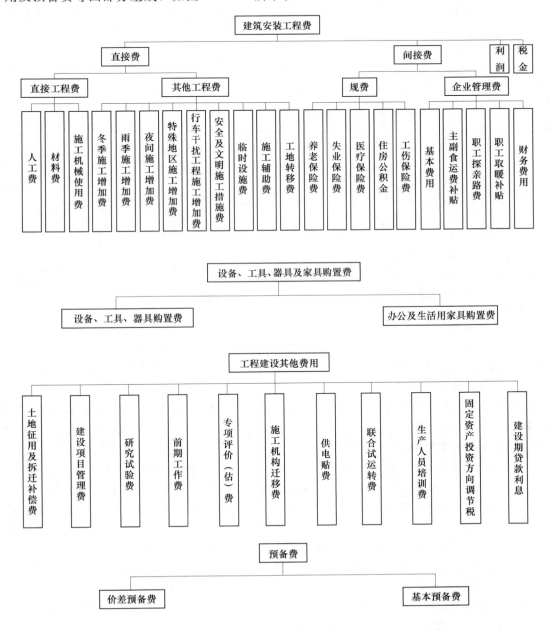

图1-2-1 公路工程造价组成

3

1.2.2 公路工程造价计价特征

工程造价的特点，决定了工程造价有如下计价特征。

1. 计价的单件性

产品的单件性决定了每项工程都必须单独计算造价。

2. 计价的多次性

公路工程建设周期长、规模大、造价高，需要按建设程序决策和实施，工程计价也需要在不同阶段多次进行，以保证工程造价计算的准确性和控制的有效性。公路工程项目的计价过程如图 1-2-2 所示。

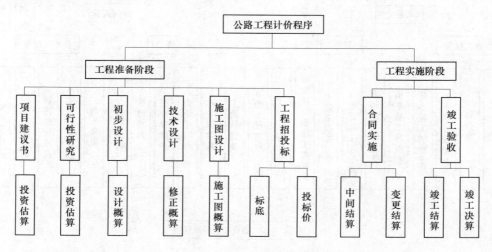

图 1-2-2 公路工程项目的计价过程

3. 计价的组合性

工程造价的计算是分部组合而成的，这和特征和公路建设项目的组合性有关。工程造价的计算过程是：分部分项工程单价—单位工程造价—单项工程造价—建设项目总造价。

4. 计价方法的多样性

工程的多次性计价有各不相同的计价依据，每次的精确度要求也各不相同，计价时应根据具体情况加以选择。

5. 依据的复杂性特征

影响工程造价的因素多，决定了计价依据的复杂性，计价依据主要分为以下六类：

(1) 设备和工程量计算依据。包括项目建议书、可行性研究报告、设计文件等。

(2) 人工、材料、机械等被消耗量计算依据。包括投资估算指标、概算定额、预算定额等。

(3) 工程单价计算依据。包括设备原价、设备运杂费、进口设备关税等。

(4) 间接费、工程建设其他费用计算依据。主要是相关的费用定额和指标。

(5) 政府规定的税、费。

(6) 物价指数和工程造价指数。

1.2.3 建设程序和各阶段工程造价的关系

公路工程造价包括建设程序的各阶段所编制的各种造价文件。包括公路工程的投资估算、设计概算、施工图预算、施工预算和竣工结（决）算。由于建设各阶段的工作深度不同，因而，各阶段所编制的造价文件的准确性和作用也有所不同，所使用的主要计价依据之一的定额也不相同，见表1-2-1。

表 1-2-1　　　　　　　　建设程序与各阶段工程造价的关系

造价文件名称	建设程序中所处的阶段	主　要　作　用	相　互　关　系	
投资估算	项目建议书、可行性研究阶段	投资估算是决策、筹资控制造价的主要依据	对拟建项目所需投资，通过编制估算文件预先测算和确定	
概算造价	初步设计阶段	按两阶段设计的建设项目，概算经批准后是确定建设项目投资的额度；是签订建设项目总承包合同的依据；在初步设计批准后即进行招标的工程，其概算的建筑安装工程费用，是编制标底的控制依据	概算造价较投资估算造价准确性有所提高，但它受估算造价的控制	各个阶段的造价文件相互衔接，由粗到细，由浅到深，由预期到实际，前者制约后者，后者修正和补充前者
修正概算造价	技术设计阶段	按三阶段设计的建设项目，修正概算经批准后是确定建设项目投资的额度；是签订建设项目总承包合同的依据；在技术设计批准后即进行招标的工程。其修正概算的建筑安装工程费用，是编制标底的控制依据	它是对初步设计概算进行修正调整，比概算造价准确，但受概算造价控制	
预算造价	施工图设计阶段	施工图预算批准后，是鉴定建筑安装工程造价结算的依据；也是实行建筑安装工程造价包工的依据；实行招标的工程，其建筑安装费用是编制标底的基础	它比概算造价或修正更为详尽和准确，但同样要受前一阶段所确定的工程造价概算的控制	
标底报价	工程招投标阶段	标底是评标中衡量投标报价是否合理的尺度，是确定投标单位能否中标的重要依据；是招标中防止盲目报价、抑制低价抢标现象的重要手段；是控制投资额核实建设规模的文件。 投标报价是投标单位在对建设项目进行成本预测的基础上考虑适当利润而确定出来的，报价是投标单位完成招标文件规定的工作内容向建设单位提出的意向性价格	标底是建筑产品在建筑市场交易中的一种预期价格；报价是投标者根据本企业的成本预测的基础上，考虑适当利润及相应的投资策略确定出来的。标底、报价不能超过预算或概算	

续表

造价文件名称	建设程序中 所处的阶段	主 要 作 用	相 互 关 系	
合同价	在工程招标投标阶段	合同价是合同双方在合同执行过程中的依据	合同价属于市场价格的性质，是由承发包双方，及商品和劳务买卖双方根据市场行情共同拟定和认可的成交价格，但它并不等同于实际工程造价	各个阶段的造价文件相互衔接，由粗到细，由浅到深，由预期到实际，前者制约后者，后者修正和补充前者
结算	合同实施阶段	结算价是该结算工程的实际价格	结算价是指在合同实施阶段，在工程结算时按合同调价范围和调价方法，对实际发生的工程量增减、设备和材料价差等进行调整后计算和确定的价格	
竣工决算	工程完工后	它是确定新增固定资产价值，全面反映建设成果的文件，是竣工验收和移交固定资产的依据	竣工决算是工程完工后，将设计变更和施工变化等方面因素考虑进去，对施工图预算进行最后调整补充而编制的	

第2章 公路工程造价构成与计算

2.1 公路工程建筑安装工程费用标准与计算

建筑安装工程费包括直接费、间接费、利润、税金。直接费的计算是关键和核心，其他三部分费用则分别以规定的基数按各自费率计算。

2.1.1 直接费

直接费由直接工程费和其他工程费组成，它的高低直接决定了工程造价的高低，计算过程如下。

2.1.1.1 直接工程费

直接工程费是指施工过程中耗费的构成工程实体和有助于工程形成的各项费用，包括人工费、材料费、施工机械使用费。

1. 人工费

人工费是指列入概、预算定额的直接从事建筑安装工程施工的生产工人开支的各项费用，内容包括：

（1）基本工资。指发放给生产工人的基本工资、流动施工津贴和生产工人劳动保护费，以及为职工缴纳的养老、失业、医疗保险费和住房公积金等。

（2）工资性补贴。指按规定标准发放的物价补贴，煤、燃气补贴，交通费补贴，地区津贴等。

（3）生产工人辅助工资。指生产工人年有效施工天数以外非作业天数的工资，包括开会和执行必要的社会义务时间的工资，职工学习、培训期间的工资，调动工作、探亲、休假期间的工资，因气候影响停工期间的工资，女工哺乳期间的工资，病假在六个月以内的工资及产、婚、丧假期的工资。

（4）职工福利费。指按国家规定标准计提的职工福利费。

人工费以概、预算定额人工工日数乘以每工日人工费计算。

公路工程生产工人每工日人工费按式（2-1-1）计算：

$$人工费（元/工日）=［基本工资（元/月）+地区生活补贴（元/月）$$
$$+工资性津贴（元/月）］×（1+14\%）$$
$$×12月÷240（工日） \qquad (2-1-1)$$

式中　生产工人基本工资——按不低于工程所在地政府主管部门发布的最低工资标准的
1.2倍计算；

地区生活补贴——国家规定的边远地区生活补贴、特区补贴；

工资性津贴——物价补贴，煤、燃气补贴，交通费补贴等。

人工费单价仅作为编制概、预算的依据，不作为施工企业实发工资的依据。

【例 2 - 1 - 1】　某地区最低的工资标准为 750 元/月，生产工人基本工资按最低工资标准按最低工资标准的 1.3 倍计算，地区生活补贴和工资性补贴按 300 元/月计取，试确定该地区的人工费单价。

解：

人工费单价＝(750×1.3＋300)×(1＋14%)×12÷240＝72.68 元/工日

2. 材料费

材料费是指施工过程中耗用的构成工程实体的原材料、辅助材料、构（配）件、零件、半成品、成品的用量和周转材料的摊销量，按工程所在地的材料预算价格计算的费用。

材料预算价格由材料原价、运杂费、场外运输损耗、采购及仓库保管费组成，公式如式（2 - 1 - 2）所示。

材料预算价格＝(材料原价＋运杂费)×(1＋场外运输损耗费)

×(1＋采购及保管费率)－包装品回收价值　　　　(2 - 1 - 2)

（1）材料原价。各种材料原价按以下规定计算。

外购材料：国家或地方的工业产品，按工业产品出厂价格或供销部门的供应价格计算，并根据情况加计供销部门手续费和包装费。

地方性材料：地方性材料包括外购的砂、石材料等，按实际调查价格或当地主管部门规定的预算价格计算。

自采材料：自采的砂、石、黏土等材料，按定额中开采单价加辅助生产间接费和矿产资源税（如有）计算。

材料原价应按实计取。各省、自治区、直辖市公路（交通）工程造价（定额）管理站应通过调查，编制本地区的材料价格信息，供编制概、预算使用。

外购材料和地方性材料的原价一般容易确定，只要通过实地调查或向有关部分咨询即可；而自采材料的原价确定比较困难，需要用《公路工程预算定额》第八章"材料采集与加工"的定额进行计算。

（2）运杂费。运杂费是指材料自供应地点至工地仓库（施工地点存放材料的地方）的运杂费用，包括装卸费、运费，如果发生，还应计囤存费及其他杂费（如过磅、标签、支撑加固、路桥通行等费用）。

通过铁路、水路和公路运输部门运输的材料，按铁路、航运和当地交通部门规定的运价计算运费。

施工单位自办的运输，单程运距 15km 以上的长途汽车运输按当地交通部门规定的统一运价计算运费；单程运距 5~15km 的汽车运输按当地交通部门规定的统一运价计算运费，当工程所在地交通不便、社会运输力量缺乏时，如边远地区和某些山岭区，允许按当地交通部门规定的统一运价加 50% 计算运费；单程运距 5km 及以内的汽车运输以及人力场外运输，按预算定额计算运费，其中人力装卸和运输另按人工费加计辅助生产间接费。

一种材料如有两个以上的供应点时，都应根据不同的运距、运量、运价采用加权平均的方法计算运费。

由于《公路工程预算定额》中汽车运输台班已考虑工地便道特点，以及定额中已计入了"工地小搬运"项目，因此平均运距中汽车运输便道里程不得乘调整系数，也不得在工地仓库或堆料场之外再加场内运距或二次倒运的运距。

有容器或包装的材料及长大轻浮材料，应按表 2-1-1 规定的毛重计算。桶装沥青、汽油、柴油按每吨摊销一个旧汽油桶计算包装费（不计回收）。

表 2-1-1 　　　　　　　　　　　　　材料毛重系数及单位毛重表

材 料 名 称	单 位	毛 重 系 数	单 位 毛 重
爆破材料	t	1.35	—
水泥、块状沥青	t	1.01	—
铁钉、铁件、焊条	t	1.10	—
液体沥青、液体燃料、水	t	桶装 1.17，油罐车装 1.00	
木料	m³	—	1.000t
草袋	个	—	0.004t

【例 2-1-2】 水泥的原价为 370 元/t，自办运输，运距分别为 20km 和 12km，运价 0.55 元/km，装卸费 3.5 元/t，分别计算水泥运距 20km 和 12km 的运杂费。

解：

（1）运距 20km，属于单程运距 15km 以上的长途汽车运输，按当地交通部门规定的统一运价计算运费，即按题目给定的运距 20km 计算运杂费；水泥的毛重系数查表 2-1-1 为 1.01，计算如下：

$$(20 \times 0.55 + 3.5) \times 1.01 = 14.65 \text{ 元/t}$$

（2）运距 12km，属于单程运距 5~15km 的汽车运输，按当地交通部门规定的统一运价计算运费，并加计 50%，计算运费。计算如下：

$$[12 \times 0.55 \times (1 + 50\%) + 3.5] \times 1.01 = 13.53 \text{ 元/t}$$

【例 2-1-3】 某高速公路沥青路面项目，路线长 36km，行车道宽 22m，沥青混凝土厚度 18cm。在距离路线两段 1/3 处各有 1 处较平整场地适宜设置沥青拌和场，上路距离均为 200m，根据经验估计每设置 1 处拌和场的费用为 90 万元。施工组织提出了设 1 处和设 2 处拌和场的两种施工组织方案进行比较。

问题：

假设施工时工料机价格水平与定额基价一致，请从经济角度出发，选择费用较省的施工组织方案。

解：

综合平均运距与需要运输的数量有关。假设需要运输的沥青混凝土数量为 1m³，则综合平均运距计算方式为：

（1）混合料综合平均运距计算。

设置 1 处拌和场：

拌和场设置在路线 1/3 处，距路线起、终点分别为 12km 和 24km，平均运距分别为 6km 和 12km，其混合料综合平均运距为：

$$(6/3 + 12 \times 2/3) + 0.2 = 10.2 \text{km}$$

设置 2 处拌和场：

拌和场设置在距离路线两端 1/3 处，两个拌和场供料范围均为 18km，每个拌和场距其供料路段的起、终点分别为 12km 和 6km，平均运距分别为 6km 和 3km，其混合料综合平均运距为：

$$(6/3+3/6+3/6+6/3)+0.2=5.2km$$

（2）混合料运输费用计算。

$$混合料工程量=0.18\times22\times36000=142560m^3$$

设置 1 处拌和场时混合料运输费用为：

$$(5473+425\times18)\times142560\div1000=1871996 \text{ 元}$$

设置 2 处拌和场时混合料运输费用为：

$$(5473+445\times8)\times142560\div1000=1287744 \text{ 元}$$

（3）两方案的经济性比较。

设置 1 处拌和场时的综合费用为：

$$900000+1871996=2771996 \text{ 元}$$

设置 2 处拌和场时的费用为：

$$900000+1287744+900000=3087744 \text{ 元}$$

由于设置 1 处拌和场的综合费用低于设置 2 处拌和场的综合费用，从经济角度出发，推荐设置 1 处拌和场的施工组织方案。

（3）场外运输损耗。场外运输损耗是指有些材料在正常的运输过程中发生的损耗，这部分损耗应摊入材料单价内。材料场外运输操作损耗率见表 2-1-2。

表 2-1-2　　　　　　　　　　材料场外运输操作损耗率表

材　料　名　称		场外运输（包括一次装卸）	每增加一次装卸
块状沥青		0.5	0.2
石屑、碎砾石、砂砾、煤渣、工业废渣、煤		1.0	0.4
砖、瓦、桶装沥青、石灰、黏土		3.0	1.0
草皮		7.0	3.0
水泥（袋装、散装）		1.0	0.4
砂	一般地区	2.5	1.0
	多风地区	5.0	2.0

注　汽车运水泥，如运距超过 500km 时，增加损耗率：袋装 0.5%。

（4）采购及保管费。材料采购及保管费是指材料供应部门（包括工地仓库以及各级材料管理部门）在组织采购、供应和保管材料过程中，所需的各项费用及工地仓库的材料储存损耗。

材料采购及保管费，以材料的原价加运杂费及场外运输损耗的合计数为基数，乘以采购保管费率计算。材料的采购及保管费费率为 2.5%。

外购的构件、成品及半成品的预算价格，其计算方法与材料相同，但构件（如外购的钢筋梁、钢筋混凝土构件及加工钢材等半成品）的采购保管费率为 1%。

商品混凝土预算价格的计算方法与材料相同，但其采购保管费率为 0。

3. 施工机械使用费

施工机械使用费是指列入概、预算定额的施工机械台班数量，按相应的机械台班费用定额计算的施工机械使用费和小型机具使用费。

施工机械台班预算价格应按交通部公布的现行《公路工程机械台班费用定额》（JTG/T B06-03—2007）计算，台班单价由不变费用和可变费用组成。不变费用包括折旧费、大修理费、经常修理费、安装拆卸及辅助设施费等；可变费用包括机上人员人工费、动力燃料费、养路费及车船使用税。可变费用中的人工工日数及动力燃料消耗量，应以机械台班费用定额中的数值为准。台班人工费工日单价同生产工人人工费单价。动力燃料费用则按材料费的计算规定计算。

当工程用电为自行发电时，电动机械每千瓦时（度）电的单价可由近似公式（2-1-3）计算：

$$A = 0.24 \frac{K}{N} \tag{2-1-3}$$

式中　A——每千瓦时电单价，元；

　　　K——发电机组的台班单价，元；

　　　N——发电机组的总功率，kW。

【例2-1-4】　某工地有一台水泥混凝土拌和站，其动力依靠工地配备的柴油发电机组供应。假定当地柴油价格为5.0元/kg，人工工资单价为20元/工日，发电机组总功率为300kW，拌和站和发电机组的基本情况见表2-1-3。

表2-1-3　　　　　　　　　拌和站和发电机组基本情况

项　　目	机　械　名　称	
	水泥混凝土拌和站	发电机组
折旧费（元/台班）	800	200
大修理费（元/台班）	150	90
经常修理费（元/台班）	250	200
安拆及辅助设施费（元/台班）	0	10
人工（工日/台班）	8	2
电（kW·h/台班）	700	
柴油（kg/台班）		300

问题：

（1）计算发电机的台班预算单价。

（2）计算水泥混凝土拌和站的机械台班预算单价。

解：

（1）计算发电机组的台班预算单价。

不变费用：200+90+200+10=500元/台班

可变费用：2×20+300×5=1540元/台班

发电机组台班单价：500+1540=2040元/台班

（2）计算自发电电价。

根据编制方法中电价计算公式 A=0.24×发电机台班单价/发电机总功率

电价＝0.24×2040/300＝1.63 元/(kW·h)

（3）计算水泥混凝土拌和站台班预算单价。

不变费用：800＋150＋250＝1200 元/台班

可变费用：8×20＋700×1.63＝1301 元/台班

水泥混凝土拌和站台班预算单价：1200＋1301＝2501 元/台班

2.1.1.2 其他工程费

其他工程费是指直接工程费以外施工过程中发生的直接用于工程的费用。内容包括冬季施工增加费、雨季施工增加费、夜间施工增加费、特殊地区施工增加费、行车干扰工程施工增加费、安全及文明施工措施费、临时设施费、施工辅助费、工地转移费等九项。公路工程中的水、电费及因场地狭小等特殊情况而发生的材料二次搬运等其他工程费已包括在概、预算定额中，不再另计。

1. 其他工程费及间接费取费标准的工程类别划分

（1）人工土方。是指人工施工的路基、改河等土方工程，以及人工施工的砍树、挖根、除草、平整场地、挖盖山土等工程项目，并适用于无路面的便道工程。

（2）机械土方。是指机械施工的路基、改河等土方工程，以及机械施工的砍树、挖根、除草等工程项目。

（3）汽车运输。是指汽车、拖拉机、机动翻斗车等运送的路基、改河土（石）方、路面基层和面层混合料、水泥混凝土及预制构件、绿化苗木等。

（4）人工石方。是指人工施工的路基、改河等石方工程，以及人工施工的挖盖山石项目。

（5）机械石方。是指机械施工的路基、改河等石方工程（机械打眼即属机械施工）。

（6）高级路面。是指沥青混凝土路面、厂拌沥青碎石路面和水泥混凝土路面的面层。

（7）其他路面。是指除高级路面以外的其他路面面层，各等级路面的基层、底基层、垫层、透层、黏层、封层，采用结合料稳定的路基和软土等特殊路基处理等工程，以及有路面的便道工程。

（8）构造物Ⅰ。是指无夜间施工的桥梁、涵洞、防护（包括绿化）及其他工程，交通工程及沿线设施工程〔设备安装及金属标志牌、防撞钢护栏、防眩板（网）、隔离栅、防护网除外礁，以及临时工程中的便桥、电力电信线路、轨道铺设等工程项目〕。

（9）构造物Ⅱ。是指有夜间施工的桥梁工程。

（10）构造物Ⅲ。是指商品混凝土（包括沥青混凝土和水泥混凝土）的浇筑和外购构件及设备的安装工程。商品混凝土和外购构件及设备的费用不作为其他工程费和间接费的计算基数。

（11）技术复杂大桥。是指单孔跨径在 120m 以上（含 120m）和基础水深在 10m 以上（含 10m）的大桥主桥部分的基础、下部和上部工程。

（12）隧道。是指隧道工程的洞门及洞内土建工程。

（13）钢材及钢结构。是指钢桥及钢索吊桥的上部构造，钢沉井、钢围堰、钢套箱及钢护筒等基础工程，钢索塔，钢锚箱，钢筋及预应力钢材，模数式及橡胶板式伸缩缝，钢盆式橡胶支座，四氟板式橡胶支座，金属标志牌、防撞钢护栏、防眩板（网）、隔离栅、防护网等工程项目。

购买路基填料的费用不作为其他工程费和间接费的计算基数。

2. 其他工程费内容

（1）冬季施工增加费。冬季施工增加费是指按照公路工程施工及验收规范所规定的冬季施工要求，为保证工程质量和安全生产所需采取的防寒保温设施、工效降低和机械作业率降低以及技术操作过程的改变等所增加的有关费用。

冬季施工增加费的内容包括：

1）因冬季施工所需增加的一切人工、机械与材料的支出。

2）施工机具所需修建的暖棚（包括拆、移），增加油脂及其他保温设备费用。

3）因施工组织设计确定，需增加的一切保温、加温及照明等有关支出。

4）与冬季施工有关的其他各项费用，如清除工作地点的冰雪等费用。

冬季气温区的划分是根据气象部门提供的满15年以上的气温资料确定的。每年秋冬第一次连续5天出现室外日平均温度在5℃以下、日最低温度在−3℃以下的第一天算起，至第二年春夏最后一次连续5天出现同样温度的最末一天为冬季期。

全国冬季施工气温区划分见附录A。若当地气温资料与附录A中划定的冬季气温区划分有较大出入时，可按当地气温资料及上述划分标准确定工程所在地的冬季气温区。

冬季施工增加费的计算方法，是根据各类工程的特点，规定各气温区的取费标准。为了简化计算手续，采用全年平均摊销的方法，即不论是否在冬季施工，均按规定的取费标准计取冬季施工增加费。一条路线穿过两个以上的气温区时，可分段计算或按各区的工程量比例求得全线的平均增加率，计算冬季施工增加费。

冬季施工增加费以各类工程的直接工程费之和为基数，按工程所在地的气温区选用表2-1-4的费率计算。

表 2-1-4 冬季施工增加费费率表 %

工程类别 \ 气温区	冬季期平均气温								准一区	准二区
	−1℃以上		−1～−4℃		−4～−7℃	−7～−10℃	−10～−14℃	−14℃以下		
	冬一区		冬二区		冬三区	冬四区	冬五区	冬六区		
	Ⅰ	Ⅱ	Ⅰ	Ⅱ						
人工土方	0.28	0.44	0.59	0.76	1.44	2.05	3.07	4.61	—	—
机械土方	0.43	0.67	0.93	1.17	2.21	3.14	4.71	7.07	—	—
汽车运输	0.08	0.12	0.17	0.21	0.40	0.56	0.84	1.27	—	—
人工石方	0.06	0.10	0.13	0.15	0.30	0.44	0.65	0.98	—	—
机械石方	0.08	0.13	0.18	0.21	0.42	0.61	0.91	1.37	—	—
高级路面	0.37	0.52	0.72	0.81	1.48	2.00	3.00	4.50	0.06	0.16
其他路面	0.11	0.20	0.29	0.37	0.62	0.80	1.20	1.80	—	—
构造物Ⅰ	0.34	0.49	0.66	0.75	1.36	1.84	2.76	4.14	0.06	0.15
构造物Ⅱ	0.42	0.60	0.81	0.92	1.67	2.27	3.40	5.10	0.08	0.19
构造物Ⅲ	0.83	1.18	1.60	1.81	3.29	4.46	6.69	10.03	0.15	0.37
技术复杂大桥	0.48	0.68	0.93	1.05	1.91	2.58	3.87	5.81	0.08	0.21
隧道	0.10	0.19	0.27	0.35	0.58	0.75	1.12	1.69	—	—
钢材及钢结构	0.02	0.05	0.07	0.09	0.15	0.19	0.29	0.43	—	—

（2）雨季施工增加费。雨季施工增加费是指雨季期间施工为保证工程质量和安全生产所需采取的防雨、排水、防潮和防护措施，工效降低和机械作业率降低以及技术作业过程的改变等，所需增加的有关费用。

雨季施工增加费的内容包括：

1）因雨季施工所需增加的工、料、机费用的支出，包括工作效率的降低及易被雨水冲毁的工程所增加的工作内容等（如基坑坍塌和排水沟等堵塞的清理、路基边坡冲沟的填补等）。

2）路基土方工程的开挖和运输，因雨季施工（非土壤中水影响）而引起的粘附工具，降低工效所增加的费用。

3）因防止雨水必须采取的防护措施的费用，如挖临时排水沟，防止基坑坍塌所需的支撑、挡板等费用。

4）材料因受潮、受湿的耗损费用。

5）增加防雨、防潮设备的费用。

6）其他有关雨季施工所需增加的费用，如因河水高涨致使工作困难而增加的费用等。

雨量区和雨季期的划分，是根据气象部门提供的满 15 年以上的降雨资料确定的。全国雨季施工雨量区及雨季期的划分见附录 B。若当地气象资料与附录 B 所划定的雨量区及雨季期出入较大时，可按当地气象资料及上述划分标准确定工程所在地的雨量区及雨季期。

雨季施工增加费的计算方法，是将全国划分为若干雨量区和雨季期，并根据各类工程的特点规定各雨量区和雨季期的取费标准，采用全年平均摊销的方法，即不论是否在雨季施工，均按规定的取费标准计取雨季施工增加费。

一条路线通过不同的雨量区和雨季期时，应分别计算雨季施工增加费或按工程量比例求得平均的增加率，计算全线雨季施工增加费。

雨季施工增加费以各类工程的直接工程费之和为基数，按工程所在地的雨量区、雨季期选用表 2-1-5 的费率计算。

室内管道及设备安装工程不计雨季施工增加费。

表 2-1-5　　雨季施工增加费费率表　　%

工程类别 \ 雨季期（月数）/雨量区	1 (I)	1.5 (I)	2 (I)	2 (II)	2.5 (I)	2.5 (II)	3 (I)	3 (II)	3.5 (I)	3.5 (II)	4 (I)	4 (II)	4.5 (I)	4.5 (II)	5 (I)	5 (II)	6 (I)	6 (II)	7 (II)	8 (II)
人工土方	0.04	0.05	0.07	0.11	0.09	0.13	0.11	0.15	0.13	0.17	0.15	0.20	0.17	0.23	0.19	0.26	0.21	0.31	0.36	0.42
机械土方	0.04	0.05	0.07	0.11	0.09	0.13	0.11	0.15	0.13	0.17	0.15	0.20	0.17	0.23	0.19	0.27	0.22	0.32	0.37	0.43
汽车运输	0.04	0.05	0.07	0.11	0.09	0.13	0.11	0.16	0.14	0.19	0.15	0.22	0.17	0.25	0.19	0.27	0.22	0.32	0.37	0.43
人工石方	0.02	0.03	0.05	0.07	0.06	0.09	0.07	0.11	0.08	0.13	0.09	0.15	0.10	0.17	0.12	0.19	0.15	0.23	0.27	0.32
机械石方	0.03	0.04	0.06	0.10	0.08	0.12	0.10	0.14	0.12	0.16	0.14	0.20	0.16	0.22	0.18	0.25	0.20	0.29	0.34	0.39
高级路面	0.03	0.04	0.06	0.10	0.08	0.12	0.10	0.14	0.12	0.16	0.14	0.20	0.16	0.22	0.18	0.25	0.20	0.29	0.34	0.39
其他路面	0.03	0.04	0.06	0.09	0.07	0.11	0.09	0.13	0.11	0.16	0.12	0.18	0.14	0.21	0.16	0.24	0.19	0.28	0.32	0.37
构造物Ⅰ	0.03	0.04	0.05	0.08	0.06	0.09	0.07	0.11	0.08	0.13	0.10	0.15	0.12	0.17	0.14	0.19	0.16	0.23	0.27	0.31
构造物Ⅱ	0.03	0.04	0.05	0.08	0.07	0.10	0.08	0.12	0.09	0.14	0.11	0.16	0.13	0.18	0.15	0.21	0.17	0.25	0.30	0.34
构造物Ⅲ	0.06	0.08	0.11	0.17	0.14	0.21	0.17	0.25	0.20	0.30	0.23	0.35	0.27	0.40	0.31	0.45	0.35	0.52	0.60	0.69
技术复杂大桥	0.03	0.05	0.07	0.10	0.08	0.12	0.10	0.14	0.12	0.16	0.14	0.19	0.16	0.22	0.18	0.25	0.20	0.29	0.34	0.39
隧道	—	—	—	—	—	—	—	—	—	—	—	—	—	—	—	—	—	—	—	—
钢材及钢结构	—	—	—	—	—	—	—	—	—	—	—	—	—	—	—	—	—	—	—	—

（3）夜间施工增加费。夜间施工增加费是指根据设计、施工的技术要求和合理的施工进度要求，必须在夜间连续施工而发生的工效降低、夜班津贴以及有关照明设施（包括所需照明设施的安拆、摊销、维修及油燃料、电）等增加的费用。

夜间施工增加费按夜间施工工程项目（如桥梁工程项目包括上、下部构造全部工程）的直接工程费之和为基数，按表2-1-6的费率计算。

表2-1-6　　　　　　　　　　夜间施工增加费费率表　　　　　　　　　　%

工程类别	费率	工程类别	费率
构造物Ⅱ	0.35	技术复杂大桥	0.35
构造物Ⅲ	0.70	钢材及钢结构	0.35

注　设备安装工程及金属标志牌、防撞钢护栏、防眩板（网）、隔离栅、防护网等不计夜间施工增加费。

（4）特殊地区施工增加费。特殊地区施工增加费包括高原地区施工增加费、风沙地区施工增加费和沿海地区施工增加费三项。

1）高原地区施工增加费。高原地区施工增加费是指在海拔高度1500m以上地区施工，由于受气候、气压的影响，致使人工、机械效率降低而增加的费用。该费用以各类工程人工费和机械使用费之和为基数，按表2-1-7的费率计算。

表2-1-7　　　　　　　　　　高原地区施工增加费费率表　　　　　　　　　　%

工程类别	海拔高度						
	1501～2000m	2001～2500m	2501～3000m	3001～3500m	3501～4000m	4001～4500m	4501～5000m	5000m以上
人工土方	7.00	13.25	19.75	29.75	43.25	60.00	80.00	110.00
机械土方	6.56	12.60	18.66	25.60	36.05	49.08	64.72	83.80
汽车运输	6.50	12.50	18.50	25.00	35.00	47.50	62.50	80.00
人工石方	7.00	13.25	19.75	29.75	43.25	60.00	80.00	110.00
机械石方	6.71	12.82	19.03	27.01	38.50	52.80	69.92	92.72
高级路面	6.58	12.61	18.69	25.72	36.26	49.41	65.17	84.58
其他路面	6.73	12.84	19.07	27.15	38.74	53.17	70.44	93.60
构造物Ⅰ	6.87	13.06	19.44	28.56	41.18	56.86	75.61	102.47
构造物Ⅱ	6.77	12.90	19.17	27.54	39.41	54.18	71.85	96.03
构造物Ⅲ	6.73	12.85	19.08	27.19	38.81	53.27	70.57	93.84
技术复杂大桥	6.70	12.81	19.01	26.94	38.37	52.61	69.65	92.27
隧道	6.76	12.90	19.16	27.50	39.35	54.09	71.72	95.81
钢材及钢结构	6.78	12.92	19.20	27.66	39.62	54.50	72.30	96.80

一条路线通过两个以上（含两个）不同的海拔高度分区时，应分别计算高原地区施工增加费或按工程量比例求得平均的增加率，计算全线高原地区施工增加费。

2）风沙地区施工增加费。风沙地区施工增加费是指在沙漠地区施工时，由于受风沙影响，按照施工及验收规范的要求，为保证工程质量和安全生产而增加的有关费用。内容包括防风、防沙及气候影响的措施费，材料费，人工、机械效率降低增加的费用，以及积沙、风蚀的清理修复等费用。

全国风沙地区公路施工区划见附录 C。若当地气象资料及自然特征与附录 C 中的风沙地区划分有较大出入时，由工程所在省、自治区、直辖市公路（交通）工程造价（定额）管理站按当地气象资料和自然特征及上述划分标准确定工程所在地的风沙区划，并抄送交通部公路司备案。

一条路线穿过两个以上（含两个）不同风沙区时，按路线长度经过不同的风沙区加权计算项目全线风沙地区施工增加费。

风沙地区施工增加费以各类工程的人工费和机械使用费之和为基数，根据工程所在地的风沙区划及类别，按表 2-1-8 的费率计算。

表 2-1-8　　　　　　　　　　　风沙地区施工增加费费率表　　　　　　　　　　%

风沙区划\工程类别	风 沙 一 区			风 沙 二 区			风 沙 三 区		
	沙 漠 类 型								
	固定	半固定	流动	固定	半固定	流动	固定	半固定	流动
人工土方	6.00	11.00	18.00	7.00	17.00	26.00	11.00	24.00	37.00
机械土方	4.00	7.00	12.00	5.00	11.00	17.00	7.00	15.00	24.00
汽车运输	4.00	8.00	13.00	5.00	12.00	18.00	8.00	17.00	26.00
人工石方	—	—	—	—	—	—	—	—	—
机械石方	—	—	—	—	—	—	—	—	—
高级路面	0.50	1.00	2.00	1.00	2.00	3.00	2.00	3.00	5.00
其他路面	2.00	4.00	7.00	3.00	7.00	10.00	4.00	10.00	15.00
构造物Ⅰ	4.00	7.00	12.00	5.00	11.00	17.00	7.00	16.00	24.00
构造物Ⅱ	—	—	—	—	—	—	—	—	—
构造物Ⅲ	—	—	—	—	—	—	—	—	—
技术复杂大桥	—	—	—	—	—	—	—	—	—
隧道	—	—	—	—	—	—	—	—	—
钢材及钢结构	1.00	2.00	4.00	1.00	3.00	5.00	2.00	5.00	7.00

3）沿海地区工程施工增加费。沿海地区工程施工增加费是指工程项目在沿海地区施工受海风、海浪和潮汐的影响，致使人工、机械效率降低等所需增加的费用。本项费用由沿海各省、自治区、直辖市交通厅（局）制定具体的适用范围（地区），并抄送交通部公路司备案。

沿海地区工程施工增加费以各类工程的直接工程费之和为基数，按表 2-1-9 的费率计算。

表 2-1-9　　　　　　　沿海地区工程施工增加费费率表　　　　　　%

工程类别	费率	工程类别	费率
构造物Ⅱ	0.15	技术复杂大桥	0.15
构造物Ⅲ	0.15	钢材及钢结构	0.15

（5）行车干扰工程施工增加费。行车干扰工程施工增加费是指由于边施工边维持通

车，受行车干扰的影响，致使人工、机械效率降低而增加的费用。该费用以受行车影响部分的工程项目的人工费和机械使用费之和为基数，按表2-1-10的费率计算。

表 2-1-10   **行车干扰工程施工增加费费率表**   %

工程类别	施工期间平均每昼夜双向行车次数（汽车、畜力车合计）							
	51～100次	101～500次	501～1000次	1001～2000次	2001～3000次	3001～4000次	4001～5000次	5000次以上
人工土方	1.64	2.46	3.28	4.10	4.76	5.29	5.86	6.44
机械土方	1.39	2.19	3.00	3.89	4.51	5.02	5.56	6.11
汽车运输	1.36	2.09	2.85	3.75	4.35	4.84	5.36	5.89
人工石方	1.66	2.40	3.33	4.06	4.71	5.24	5.81	6.37
机械石方	1.16	1.71	2.38	3.19	3.70	4.12	4.56	5.01
高级路面	1.24	1.87	2.50	3.11	3.61	4.01	4.45	4.88
其他路面	1.17	1.77	2.36	2.94	3.41	3.79	4.20	4.62
构造物Ⅰ	0.94	1.41	1.89	2.36	2.74	3.04	3.37	3.71
构造物Ⅱ	0.95	1.43	1.90	2.37	2.75	3.06	3.39	3.72
构造物Ⅲ	0.95	1.42	1.90	2.37	2.75	3.05	3.38	3.72
技术复杂大桥	—	—	—	—	—	—	—	—
隧道	—	—	—	—	—	—	—	—
钢材及钢结构	—	—	—	—	—	—	—	—

（6）安全及文明施工措施费。安全及文明施工措施费是指工程施工期间为满足安全生产、文明施工、职工健康生活所发生的费用。该费用不包括施工期间为保证交通安全而设置的临时安全设施和标志、标牌的费用，需要时，应根据设计要求计算。安全及文明施工措施费以各类工程的直接工程费之和为基数，按表2-1-11的费率计算。

表 2-1-11   **安全及文明施工措施费费率表**   %

工程类别	费率	工程类别	费率
人工土方	0.59	构造物Ⅰ	0.72
机械土方	0.59	构造物Ⅱ	0.78
汽车运输	0.21	构造物Ⅲ	1.57
人工石方	0.59	技术复杂大桥	0.86
机械石方	0.59	隧道	0.73
高级路面	1.00	钢材及钢结构	0.53
其他路面	1.02		

注 设备安装工程按表中费率的50%计算。

（7）临时设施费。临时设施费是指施工企业为进行建筑安装工程施工所必需的生活和生产用的临时建筑物、构筑物和其他临时设施的费用等，但不包括概、预算定额中临时工程在内。

临时设施费用内容包括：临时设施的搭设、维修、拆除费或摊销费。

临时设施费以各类工程的直接工程费之和为基数，按表2-1-12的费率计算。

表 2 - 1 - 12　　　　　　临 时 设 施 费 费 率 表　　　　　　　　%

工 程 类 别	费 率	工 程 类 别	费 率
人工土方	1.57	构造物Ⅰ	2.65
机械土方	1.42	构造物Ⅱ	3.14
汽车运输	0.92	构造物Ⅲ	5.81
人工石方	1.60	技术复杂大桥	2.92
机械石方	1.97	隧道	2.57
高级路面	1.92	钢材及钢结构	2.48
其他路面	1.87		

（8）施工辅助费。施工辅助费包括生产工具用具使用费、检验试验费和工程定位复测、工程点交、场地清理等费用。

施工辅助费以各类工程的直接工程费之和为基数，按表 2 - 1 - 13 的费率计算。

表 2 - 1 - 13　　　　　　施 工 辅 助 费 费 率 表　　　　　　　　%

工 程 类 别	费 率	工 程 类 别	费 率
人工土方	0.89	构造物Ⅰ	1.30
机械土方	0.49	构造物Ⅱ	1.56
汽车运输	0.16	构造物Ⅲ	3.03
人工石方	0.85	技术复杂大桥	1.68
机械石方	0.46	隧道	1.23
高级路面	0.80	钢材及钢结构	0.56
其他路面	0.74		

（9）工地转移费。工地转移费系指施工企业根据建设任务的需要，由已竣工的工地或后方基地迁至新工地的搬迁费用。

工地转移费以各类工程的直接工程费之和为基数，按表 2 - 1 - 14 的费率计算。

表 2 - 1 - 14　　　　　　工 地 转 移 费 费 率 表　　　　　　　　%

工程类别	工 地 转 移 距 离					
	50km	100km	300km	500km	1000km	每增加 100km
人工土方	0.15	0.21	0.32	0.43	0.56	0.03
机械土方	0.50	0.67	1.05	1.37	1.82	0.08
汽车运输	0.31	0.40	0.62	0.82	1.07	0.05
人工石方	0.16	0.22	0.33	0.45	0.58	0.03
机械石方	0.36	0.43	0.74	0.97	1.28	0.06
高级路面	0.61	0.83	1.30	1.70	2.27	0.12
其他路面	0.56	0.75	1.18	1.54	2.06	0.10
构造物Ⅰ	0.56	0.75	1.18	1.54	2.06	0.11
构造物Ⅱ	0.66	0.89	1.40	1.83	2.45	0.13
构造物Ⅲ	1.31	1.77	2.77	3.62	4.85	0.25
技术复杂大桥	0.75	1.01	1.58	2.06	2.76	0.14
隧道	0.52	0.71	1.11	1.45	1.94	0.10
钢材及钢结构	0.72	0.97	1.51	1.97	2.64	0.13

转移距离以工程承包单位（如工程处、工程公司等）转移前后驻地距离或两路线中点的距离为准；编制概（预）算时，如施工单位不明确时，高速、一级公路及独立大桥、隧道按省会（自治区首府）至工地的里程，二级及以下公路按地区（市、盟）至工地的里程计算工地转移费；工地转移里程数在表列里程之间时，费率可内插计算。工地转移距离在50km以内的工程不计取本项费用。

（10）其他工程费综合费率计算。其他工程费的计算基数分为两部分：一部分是直接工程费；另一部分是人工费和机械使用费的合计，因此其他工程费的综合费率可分为综合费率Ⅰ和综合费率Ⅱ。综合费率Ⅰ为冬季施工增加费费率、雨季施工增加费费率、夜间施工增加费费率、沿海地区工程施工增加费费率、安全及文明施工措施费费率、临时设施费费率、施工辅助费费率和工地转移费费率之和；综合费率Ⅱ为高原地区施工增加费费率、风沙地区施工增加费费率和行车干扰施工增加费费率之和。

2.1.2 间接费

间接费由规费和企业管理费两项组成。

2.1.2.1 规费

规费是指法律、法规、规章、规程规定施工企业必须缴纳的费用（简称规费），包括：

（1）养老保险费。是指施工企业按规定标准为职工缴纳的基本养老保险费。

（2）失业保险费。是指施工企业按国家规定标准为职工缴纳的失业保险费。

（3）医疗保险费。是指施工企业按规定标准为职工缴纳的基本医疗保险费和生育保险费。

（4）住房公积金。是指施工企业按规定标准为职工缴纳的住房公积金。

（5）工伤保险费。是指施工企业按规定标准为职工缴纳的工伤保险费。

各项规费以各类工程的人工费之和为基数，按国家或工程所在地法律、法规、规章、规程规定的标准计算。

2.1.2.2 企业管理费

企业管理费由基本费用、主副食运费补贴、职工探亲路费、职工取暖补贴和财务费用五项组成。

1. 基本费用

企业管理费基本费用是指施工企业为组织施工生产和经营管理所需的费用，内容包括：

（1）管理人员工资。是指管理人员的基本工资、工资性补贴、职工福利费、劳动保护费以及缴纳的养老、失业、医疗、生育、工伤保险费和住房公积金等。

（2）办公费。是指企业办公用的文具、纸张、账表、印刷、邮电、书报、会议、水、电、烧水和集体取暖（包括现场临时宿舍取暖）用煤（燃气）等费用。

（3）差旅交通费。是指职工因公出差和工作调动（包括随行家属的旅费）的差旅费，住勤补助费，市内交通费和误餐补助费，职工探亲路费，劳动力招募费，职工离退休、退职一次性路费，工伤人员就医路费，以及管理部门使用的交通工具的油料、燃料、养路费及牌照费。

（4）固定资产使用费。是指管理和试验部门及附属生产单位使用的属于固定资产的房屋、设备、仪器等的折旧、大修、维修或租赁费等。

（5）工具用具使用费。是指管理使用的不属于固定资产的生产工具、器具、家具、交通工具和检验、试验、测绘、消防用具等的购置、维修和摊销费。

（6）劳动保险费。是指企业支付离退休职工的易地安家补助费、职工退职金、6 个月以上的病假人员工资、职工死亡丧葬补助费、抚恤费、按规定支付给离休干部的各项经费。

（7）工会经费。是指企业按职工工资总额计提的工会经费。

（8）职工教育经费。是指企业为职工学习先进技术和提高文化水平，按职工工资总额计提的费用。

（9）保险费。是指企业财产保险、管理用车辆等保险费用。

（10）工程保修费。是指工程竣工交付使用后，在规定保修期以内的修理费用。

（11）工程排污费。是指施工现场按规定缴纳的排污费用。

（12）税金。是指企业按规定缴纳的房产税、车船使用税、土地使用税、印花税等。

（13）其他。是指上述项目以外的其他必要的费用支出，包括技术转让费、技术开发费、业务招待费、绿化费、广告费、投标费、公证费、定额测定费、法律顾问费、审计费、咨询费等。

基本费用以各类工程的直接费之和为基数，按表 2-1-15 的费率计算。

表 2-1-15　　　　　　　　　　　　基本费用费率表　　　　　　　　　　　　%

工 程 类 别	费　率	工 程 类 别	费　率
人工土方	3.36	构造物Ⅰ	4.44
机械土方	3.26	构造物Ⅱ	5.53
汽车运输	1.44	构造物Ⅲ	9.79
人工石方	3.45	技术复杂大桥	4.72
机械石方	3.28	隧道	4.22
高级路面	1.91	钢材及钢结构	2.42
其他路面	3.28		

2. 主副食运费补贴

主副食运费补贴是指施工企业在远离城镇及乡村的野外施工购买生活必需品所需增加的费用。该费用以各类工程的直接费之和为基数，按表 2-1-16 的费率计算。

综合里程＝粮食运距×0.06＋燃料运距×0.09＋蔬菜运距×0.15＋水运距×0.70

粮食、燃料、蔬菜、水的运距均为全线平均运距；综合里程数在表列里程之间时，费率可内插；综合里程在 1km 以内的工程不计取本项费用。

表 2-1-16　　　　　　　　　　　主副食运费补贴费率表　　　　　　　　　　　%

工程类别	综　合　里　程											
	1km	3km	5km	8km	10km	15km	20km	25km	30km	40km	50km	每增加10km
人工土方	0.17	0.25	0.31	0.39	0.45	0.56	0.67	0.76	0.89	1.06	1.22	0.16
机械土方	0.13	0.19	0.24	0.30	0.35	0.43	0.52	0.59	0.69	0.81	0.95	0.13
汽车运输	0.14	0.20	0.25	0.32	0.37	0.45	0.55	0.62	0.73	0.86	1.00	0.14

续表

工程类别	综合里程											
	1km	3km	5km	8km	10km	15km	20km	25km	30km	40km	50km	每增加10km
人工石方	0.13	0.19	0.24	0.30	0.34	0.42	0.51	0.58	0.67	0.80	0.92	0.12
机械石方	0.12	0.18	0.22	0.28	0.33	0.41	0.49	0.55	0.65	0.76	0.89	0.12
高级路面	0.08	0.12	0.15	0.20	0.22	0.28	0.33	0.38	0.44	0.52	0.60	0.08
其他路面	0.09	0.12	0.15	0.20	0.22	0.28	0.33	0.38	0.44	0.52	0.61	0.09
构造物Ⅰ	0.13	0.18	0.23	0.29	0.32	0.40	0.49	0.55	0.65	0.76	0.89	0.12
构造物Ⅱ	0.14	0.20	0.25	0.30	0.35	0.43	0.52	0.60	0.70	0.83	0.96	0.13
构造物Ⅲ	0.25	0.36	0.45	0.55	0.64	0.79	0.96	1.09	1.28	1.51	1.76	0.24
技术复杂大桥	0.11	0.16	0.20	0.24	0.29	0.36	0.43	0.49	0.57	0.68	0.79	0.11
隧道	0.11	0.16	0.19	0.24	0.28	0.34	0.41	0.48	0.56	0.66	0.77	0.10
钢材及钢结构	0.11	0.16	0.20	0.26	0.30	0.37	0.44	0.50	0.59	0.69	0.80	0.11

3. 职工探亲路费

职工探亲路费是指按照有关规定施工企业职工在探亲期间发生的往返车船费、市内交通费和途中住宿费等费用。该费用以各类工程的直接费之和为基数，按表 2-1-17 的费率计算。

表 2-1-17　　　　　　　　　职工探亲路费费率表　　　　　　　　　%

工程类别	费率	工程类别	费率
人工土方	0.10	构造物Ⅰ	0.29
机械土方	0.22	构造物Ⅱ	0.34
汽车运输	0.14	构造物Ⅲ	0.55
人工石方	0.10	技术复杂大桥	0.20
机械石方	0.22	隧道	0.27
高级路面	0.14	钢材及钢结构	0.16
其他路面	0.16		

4. 职工取暖补贴

职工取暖补贴是指按规定发放给职工的冬季取暖费或在施工现场设置的临时取暖设施的费用。该费用以各类工程的直接费之和为基数，按工程所在地的气温区（见附录 A）选用表 2-1-18 的费率计算。

表 2-1-18　　　　　　　　　职工取暖补贴费率表　　　　　　　　　%

工程类别	气温区						
	准二区	冬一区	冬二区	冬三区	冬四区	冬五区	冬六区
人工土方	0.03	0.06	0.10	0.15	0.17	0.26	0.31
机械土方	0.06	0.13	0.22	0.33	0.44	0.55	0.66
汽车运输	0.06	0.12	0.21	0.31	0.41	0.51	0.62

续表

工程类别	气　温　区						
	准二区	冬一区	冬二区	冬三区	冬四区	冬五区	冬六区
人工石方	0.03	0.06	0.10	0.15	0.17	0.25	0.31
机械石方	0.05	0.11	0.17	0.26	0.35	0.44	0.53
高级路面	0.04	0.07	0.13	0.19	0.25	0.31	0.38
其他路面	0.04	0.07	0.12	0.18	0.24	0.30	0.36
构造物Ⅰ	0.06	0.12	0.19	0.28	0.36	0.46	0.56
构造物Ⅱ	0.06	0.13	0.20	0.30	0.41	0.51	0.62
构造物Ⅲ	0.11	0.23	0.37	0.56	0.74	0.93	1.13
技术复杂大桥	0.05	0.10	0.17	0.26	0.34	0.42	0.51
隧道	0.04	0.08	0.14	0.22	0.28	0.36	0.43
钢材及钢结构	0.04	0.07	0.12	0.19	0.25	0.31	0.37

5. 财务费用

财务费用是指施工企业为筹集资金而发生的各项费用，包括企业经营期间发生的短期贷款利息净支出生的其他财务费用、汇兑净损失、调剂外汇手续费、金融机构手续费，以及企业筹集资金发财务费用以各类工程的直接费之和为基数，按表 2-1-19 的费率计算。

表 2-1-19　　　　　　　　　财 务 费 用 费 率 表　　　　　　　　　　%

工程类别	费　率	工程类别	费　率
人工土方	0.23	构造物Ⅰ	0.37
机械土方	0.21	构造物Ⅱ	0.40
汽车运输	0.21	构造物Ⅲ	0.82
人工石方	0.22	技术复杂大桥	0.46
机械石方	0.20	隧道	0.39
高级路面	0.27	钢材及钢结构	0.48
其他路面	0.30		

2.1.2.3　辅助生产间接费

辅助生产间接费是指由施工单位自行开采加工的砂、石等材料及施工单位自办的人工装卸和运输的间接费。

辅助生产间接费按人工费 5% 计。该项费用并入材料预算单价内构成材料费，不直接出现在概（预）算中。

高原地区施工单位的辅助生产，可按其他工程费中高原地区施工增加费费率，以直接工程费为基数计算高原地区施工增加费（其中：人工采集、加工材料，人工装卸、运输材料按人工土方费率计算；机械采集、加工材料按机械石方费率计算；机械装卸、运输材料按汽车运输费率计算）。辅助生产地高原地区施工增加费不作为辅助生产间接费的计算基数。

2.1.3 利润

利润是指施工企业完成所承包工程应取得的盈利。利润按直接费与间接费之和扣除规费的 7% 计算。

2.1.4 税金

税金是指按国家税法规定应计入建筑安装工程造价内的营业税、城市维护建设税及教育费附加等。

计算公式：

$$综合税金额＝（直接费＋间接费＋利润）×综合税率$$

（1）纳税地点在市区的企业，综合税率为：

$$综合税率＝\left(\frac{1}{1-3\%-3\%×7\%-3\%×3\%}-1\right)×100\%＝3.41\%$$

（2）纳税地点在县城、乡镇的企业，综合税率为：

$$综合税率＝\left(\frac{1}{1-3\%-3\%×5\%-3\%×3\%}-1\right)×100\%＝3.35\%$$

（3）纳税地点不在市区、县城、乡镇的企业，综合税率为：

$$综合税率＝\left(\frac{1}{1-3\%-3\%×1\%-3\%×3\%}-1\right)×100\%＝3.22\%$$

【例 2-1-5】 某路桥公司在浙江省金华市施工，该项目为新建项目。公司驻地距工地 100km，粮食运距 75km，燃料运距 50km，蔬菜运距 20km，水运距 15km。工程内容为水泥碎石基层 6 万 m^2，压实厚度为 18cm，确定该项目其他工程费费率 Ⅰ、Ⅱ 及企业管理费费率。（不考虑地方补充规定）。

解：

各费率的确定和计算如下：

（1）水稳基层属于其他路面。

查附录 A，浙江金华气温为准二区；

查附录 B，浙江金华雨量区为 Ⅱ 区，雨季期为 7 个月。

（2）确定其他工程费费率。

冬季施工增加费费率：0；雨季施工增加费费率：0.32%；夜间施工增加费费率：0；沿海地区施工增加费：0；高原地区施工增加费：0；风沙地区施工增加费：0；行车干扰施工增加费：0；安全及文明施工措施费：1.02%；临时设施费：1.87%；施工辅助费率：0.74%；工地转移费：0.75%。

$$综合费率Ⅰ＝0+0.32+0+0+1.02+1.87+0.74+0.75＝4.7\%$$

（3）确定企业管理费费率。

基本费用费率：3.28%；

主副食综合里程＝75×0.06+50×0.09+20×0.15+15×0.7＝22.5km；综合里程为 20km，其他路面的费率为 0.33%；综合里程为 25m，其他路面的费率为 0.38%，用内插的方法得综合里程为 22.5km 时的费率为 0.355%；

职工探亲路费费率：0.16%；职工取暖补贴费率：0.04%；财务费用费率：0.30%。

【例 2-1-6】 位于浙江杭州市的某跨径为 20m 的石拱桥，浆砌块石拱圈工程量为

300m³，经计算需人工费 23160 元，材料费 42132 元，机械费 168 元；工地转移距离 260km，主副食综合里程 5km，试计算该浆砌块石拱圈工程的建筑安装工程费（规费不计）。

解：

（1）查附录 A，浙江杭州气温为准二区；查附录 B，浙江杭州雨量区为Ⅱ区，雨季期为 7 个月；

（2）浆砌块石拱圈工程的工程类别为构造物Ⅰ。

（3）分别查表，确定其他工程费综合费率。

$$Ⅰ=0.15\%+0.27\%+0.72\%+2.65\%+1.30\%+$$
$$[0.75+(1.18-0.75)\times160/200]\%=6.184\%$$

其他工程费＝直接工程费×综合费率Ⅰ＝（23160＋42132＋168）×6.184%＝4048.05 元

（4）直接费＝直接工程费＋直他工程费＝69508.05 元

（5）查表可得，企业管理费综合费率＝4.44%＋0.23%＋0.29%＋0.06%＋0.37%＝5.39%

间接费＝规费＋企业管理费＝0＋69508.05×5.39%＝3746.48 元

（6）利润＝（直接费＋间接费－规费）×7%＝5127.82 元

（7）税金＝（直接费＋间接费＋利润）×3.41%＝2672.84 元

（8）建筑安装工程费＝直接费＋间接费＋利润＋税金＝81055.19 元

2.2　公路工程设备、工具及家具购置费计算

2.2.1　设备购置费

设备购置费是指为满足公路的营运、管理、养护需要，购置的达到固定资产标准的设备和虽低于固定资产标准但属于设计明确列入设备清单的设备的费用。

设备购置费应由设计单位列出计划购置的清单（包括设备的规格、型号、数量），以设备原价加综合业务费和运杂费按式（2-2-1）计算：

$$设备购置费＝设备原价＋运杂费（运输费＋装卸费＋搬运费）＋运输保险费$$
$$＋采购及保管费 \qquad (2-2-1)$$

2.2.1.1　国产设备原价的构成及计算

国产设备的原价一般是指设备制造厂的交货价，即出厂价或订货合同价。它一般根据生产厂或供应商的询价、报价、合同价确定，或采用一定的方法计算确定。其内容包括按专业标准规定的在运输过程中不受损失的一般包装费，及按产品设计规定配带的工具、附件和易损件的费用。计算公式见式（2-2-2），即：

$$设备原价＝出厂价（或供货地点价）＋包装费＋手续费 \qquad (2-2-2)$$

2.2.1.2　进口设备原价的构成及计算

进口设备的原价是指进口设备的抵岸价，即抵达买方边境港口或边境车站，且交完关税为止形成的价格。计算公式见式（2-2-3），即：

$$进口设备原价＝货价＋国际运费＋运输保险费＋银行财务费＋外贸手续费＋关税$$
$$＋增值税＋消费税＋商检费＋检疫费＋车辆购置附加费 \qquad (2-2-3)$$

（1）货价：一般指装运港船上交货价（FOB，习惯称离岸价）。设备货价分为原币货价和人民币货价。原币货价一律折算为美元表示，人民币货价按原币货价乘以外汇市场美元兑换人民币的中间价确定。进口设备货价按有关生产厂商询价、报价、订货合同价计算。

（2）国际运费：即从装运港（站）到达我国抵达港（站）的运费。计算公式见式（2-2-4），即：

$$国际运费＝原币货价（FOB 价）×运费费率 \qquad (2-2-4)$$

我国进口设备大多采用海洋运输，小部分采用铁路运输，个别采用航空运输。运费费率参照有关部门或进出口公司的规定执行，海运费费率一般为6%。

（3）运输保险费：对外贸易货物运输保险是由保险人（保险公司）与被保险人（出口人或进口人）订立保险契约，在被保险人交付议定的保险费后，保险人根据保险契约的规定对货物在运输过程中发生的承保责任范围内的损失给予经济上的补偿。这是一种财产保险。计算公式为式（2-2-5）：

$$运输保险费＝[原币货价（FOB 价）＋国际运费]÷(1-保险费费率)×保险费费率$$

$$(2-2-5)$$

保险费费率按保险公司规定的进口货物保险费费率计算，一般为0.35%。

（4）银行财务费：一般指中国银行手续费。其可按式（2-2-6）简化计算：

$$银行财务费＝人民币货价（FOB 价）×银行财务费费率 \qquad (2-2-6)$$

银行财务费费率一般为0.4%～0.5%。

（5）外贸手续费：指按规定计取的外贸手续费。其计算公式为式（2-2-7）：

$$外贸手续费＝[人民币货价（FOB 价）＋国际运费＋运输保险费]×外贸手续费费率$$

$$(2-2-7)$$

外贸手续费费率一般为1%～5%。

（6）关税：指海关对进出国境或关境的货物和物品征收的一种税。其计算公式为式（2-2-8）：

$$关税＝[人民币货价（FOB 价）＋国际运费＋运输保险费]×进口关税税率$$

$$(2-2-8)$$

进口关税税率按我国海关总署发布的进口关税税率计算。

（7）增值税：是对从事进口贸易的单位和个人，在进口商品报关进口后征收的税种。

按《中华人民共和国增值税条例》的规定，进口应税产品均按组成计税价格和增值税税率直接计算应纳税额。计算公式见式（2-2-9），即：

$$增值税＝[人民币货价（FOB 价）＋国际运输＋运输保险费＋关税＋消费税]$$

$$×增值税税率 \qquad (2-2-9)$$

增值税税率根据规定的税率计算，目前进口设备适用的税率为17%。

（8）消费税：对部分进口设备（如轿车、摩托车等）征收。其计算公式为式（2-2-10）：

$$应纳消费税额＝[人民币货价（FOB 价）＋国际运费＋运输保险费＋关税]$$

$$÷(1-消费税税率)×消费税税率 \qquad (2-2-10)$$

消费税税率根据规定的税率计算。

（9）商检费：指进口设备按规定付给商品检查部门的进口设备检验鉴定费。其计算公式为式（2-2-11）：

$$商检费 = [人民币货价(FOB 价) + 国际运费 + 运输保险费] \times 商检费费率$$

（2-2-11）

商检费费率一般为 0.8%。

（10）检疫费：指进口设备按规定付给商品检疫部门的进口设备检验鉴定费。其计算公式为式（2-2-12）：

$$检疫费 = [人民币货价(FOB 价) + 国际运费 + 运输保险费] \times 检疫费费率$$

（2-2-12）

检疫费费率一般为 0.17%。

（11）车辆购置附加费：指进口车辆需缴纳的进口车辆购置附加费。其计算公式为式（2-2-13）：

$$进口车辆购置附加费 = [人民币货价(FOB 价) + 国际运费 + 运输保险费 + 关税$$
$$+ 消费税 + 增值税] \times 进口车辆购置附加费费率 \quad (2-2-13)$$

在计算进口设备原价时，应注意工程项目的性质，有无按国家有关规定减免进口环节税的可能。

2.2.1.3　设备运杂费的构成及计算

国产设备运杂费指由设备制造厂交货地点起至工地仓库（或施工组织设计指定的需要安装设备的堆放地点）止所发生的运费和装卸费；进口设备运杂费指由我国到岸港口或边境车站起至工地仓库（或施工组织设计指定的需要安装设备的堆放地点）止所发生的运费和装卸费。其计算公式为式（2-2-14）：

$$运杂费 = 设备原价 \times 运杂费费率 \quad (2-2-14)$$

设备运杂费费率见表 2-2-1。

表 2-2-1　　　　　　　　　**设 备 运 杂 费 费 率 表**

运输里程 （km）	100 以内	101~ 200	201~ 300	301~ 400	401~ 500	501~ 750	751~ 1000	1001~ 1250	1251~ 1500	1501~ 1750	1751~ 2000	2000 以上 每增 250
费率（%）	0.8	0.9	1.0	1.1	1.2	1.5	1.7	2.0	2.2	2.4	2.6	0.2

2.2.1.4　设备运输保险费的构成及计算

设备运输保险费指国内运输保险费。其计算公式为式（2-2-15）：

$$运输保险费 = 设备原价 \times 保险费费率 \quad (2-2-15)$$

设备运输保险费费率一般为 1%。

2.2.1.5　设备采购及保管费的构成及计算

设备采购及保管费指采购、验收、保管和收发设备所发生的各种费用，包括设备采购人员、保管人员和管理人员的工资、工资附加费、办公费、差旅交通费，设备供应部门办公和仓库所占固定资产使用费、工具用具使用费、劳动保护费、检验试验费等。其计算公式为式（2-2-16）：

$$采购及保管费 = 设备原价 \times 采购及保管费费率 \quad (2-2-16)$$

需要安装的设备的采购及保管费费率为 2.4%，不需要安装的设备的采购及保管费率为 1.1％。

2.2.2 工器具及生产家具（简称工器具）购置费

工器具购置费是指建设项目交付使用后为满足初期正常营运必须购置的第一套不构成固定资产的设备、仪器、仪表、工卡模具、器具、工作台（框、架、柜）等的费用。该费用不包括构成固定资产的设备、工器具和备品、备件，及已列入设备购置费中的专用工具和备品、备件。

对于工器具购置，应由设计单位列出计划购置的清单（包括规格、型号、数量），购置费的计算方法同设备购置费。

2.2.3 办公和生活用家具购置费

办公和生活用家具购置费是指为保证新建、改建项目初期正常生产、使用和管理所必须购置的办公和生活用家具、用具的费用。

范围包括：行政、生产部门的办公室、会议室、资料档案室、阅览室、单身宿舍及生活福利设施等的家具、用具。

办公和生活用家具购置费按表 2-2-2 的规定计算。

表 2-2-2　　　　　　　　办公和生活用家具购置费标准表

工程所在地	路线（元/km）				有看桥房的独立大桥（元/座）	
	高速公路	一级公路	二级公路	三、四级公路	一般大桥	技术复杂大桥
内蒙古、黑龙江、青海、新疆、西藏	21500	15600	7800	4000	24000	60000
其他省、自治区、直辖市	17500	14600	5800	2900	19800	49000

注　改建工程按表列数 80％计。

【例 2-2-1】　浙江金华市某一级公路长 5km，需购买一台需安装的国产设备，设备原价为 130 万元，运距为 200km；为养护购置洒水汽车两台，每台 8 万元，计算该建设项目的设备、工具、器具及家具购置费。

解：

（1）查表 2-2-1 知设备运杂费率为 0.9％，运输保险费率为 1％，需要安装的设备采购保管费率为 2.4％。

设备购置费 $=130×(1+0.9％+1％+2.4％)+8×2=151.59$ 万元

（2）查表 2-2-2 知浙江地区一级公路办公及生活用家具购置费标准为 1.46 万元/km，则办公及生活用家具购置费 $=14600×5=73000$ 元 $=7.3$ 万元。

（3）该建设项目的设备、工具、器具及家具购置费 $=151.59+7.3=158.89$ 万元。

2.3　公路工程建设其他费用的计算

2.3.1　土地征用及拆迁补偿费

土地征用及拆迁补偿费是指按照《中华人民共和国土地管理法》及《中华人民共和国

土地管理法实施条例》、《中华人民共和国基本农田保护条例》等法律、法规的规定，为进行公路建设需征用土地所支付的土地征用及拆迁补偿费等费用。

2.3.1.1　费用内容

费用包括以下内容：土地补偿费、征用耕地安置补助费、拆迁补偿费、复耕费、耕地开垦费、森林植被恢复费。

2.3.1.2　计算方法

土地征用及拆迁补偿费应根据审批单位批准的建设工程用地和临时用地面积及其附着物的情况，以及实际发生的费用项目，按国家有关规定及工程所在地的省（自治区、直辖市）人民政府颁发的有关规定和标准计算。

森林植被恢复费应根据审批单位批准的建设工程占用林地的类型及面积，按国家有关规定及工程所在地的省（自治区、直辖市）人民政府颁发的有关规定和标准计算。

当与原有的电力电信设施、水利工程、铁路及铁路设施互相干扰时，应与有关部门联系，商定合理的解决方案和补偿金额，也可由这些部门按规定编制费用以确定补偿金额。

2.3.2　建设项目管理费

建设项目管理费包括建设单位（业主）管理费、工程质量监督费、工程监理费、工程定额测定费、设计文件审查费和竣（交）工验收试验检测费。

2.3.2.1　建设单位（业主）管理费

建设单位（业主）管理费是指建设单位（业主）为建设项目的立项、筹建、建设、竣（交）工验收、总结等工作所发生的费用，不包括应计入设备、材料预算价格的建设单位采购及保管设备、材料所需的费用。

由施工企业代建设单位（业主）办理"土地、青苗等补偿费"的工作人员所发生的费用，应在建设单位（业主）管理费项目中支付。当建设单位（业主）委托有资质的单位代理招标时，其代理费应在建设单位（业主）管理费中支出。

建设单位（业主）管理费以建筑安装工程费总额为基数，按表 2-3-1 的费率，以累进办法计算。

表 2-3-1　　　　　　　　　建设单位管理费费率表

第一部分　建筑安装工程费（万元）	费率（％）	算　例（万元）	
		建筑安装工程费	建设单位（业主）管理费
500 以下	3.48	500	500×3.48％＝17.4
501～1000	2.73	1000	17.4＋500×2.73％＝31.05
1001～5000	2.18	5000	31.05＋4000×2.18％＝118.25
5001～10000	1.84	10000	118.25＋5000×1.84％＝210.25
10001～30000	1.52	30000	210.25＋20000×1.52％＝514.25
30001～50000	1.27	50000	514.25＋20000×1.27％＝768.25
50001～100000	0.94	100000	768.25＋50000×0.94％＝1238.25
100001～150000	0.76	150000	1238.25＋50000×0.76％＝1618.25
150001～200000	0.59	200000	1618.25＋50000×0.59％＝1913.25
200001～300000	0.43	300000	1913.25＋100000×0.43％＝2343.25
300000 以上	0.32	310000	2343.25＋10000×0.32％＝2375.25

水深大于 15m、跨度不小于 400m 的斜拉桥和跨度不小于 800m 的悬索桥等独立特大型桥梁工程的建设单位（业主）管理费按表表 2-3-1 中的费率乘以 1.0～1.1 的系数计算；海上工程［指由于风浪影响，工程施工期（不包括封冻期）全年月平均工作日少于 15 天的工程］的建设单位（业主）管理费按表 2-3-1 中的费率乘以 1.0～1.3 的系数计算。

2.3.2.2 工程质量监督费

工程质量监督费是指根据国家有关部门规定，各级公路工程质量监督机构对工程建设质量和安全生产实施监督应收取的管理费用。

工程质量监督费以建筑安装工程费总额为基数，按 0.15％计算。

2.3.2.3 工程监理费

工程监理费是指建设单位（业主）委托具有公路工程监理资格的单位，按施工监理规范进行全面的监督和管理所发生的费用。

工程监理费以建筑安装工程费总额为基数，按表 2-3-2 的费率计算。

表 2-3-2　　　　　　　　　　工 程 监 理 费 费 率 表

工程类别	高速公路	一级及二级公路	三级及四级公路	桥梁及隧道
费率（％）	2.0	2.5	3.0	2.5

表 2-3-2 中的桥梁指水深大于 15m、斜拉桥和悬索桥等独立特大型桥梁工程；隧道指水下隧道工程。

建设单位（业主）管理费和工程监理费均为实施建设项目管理的费用，执行时根据建设单位（业主）和施工监理单位所实际承担的工作内容和工作量，在保证监理费用的前提下，可统筹使用。

2.3.2.4 工程定额测定费

工程定额测定费是指各级公路（交通）工程定额（造价管理）站为测定劳动定额、搜集定额资料、编制工程定额及定额管理所需要的工作经费。

工程定额测定费以建筑安装工程费总额为基数，按 0.12％计算。

2.3.2.5 设计文件审查费

设计文件审查费是指国家和省级交通主管部门在项目审批前，为保证勘察设计工作的质量，组织有关专家或委托有资质的单位，对设计单位提交的建设项目可行性研究报告和勘察设计文件以及对设计变更、调整概算进行审查所需要的相关费用。

设计文件审查费以建筑安装工程费总额为基数，按 0.1％计算。

2.3.2.6 竣（交）工验收试验检测费

竣（交）工验收试验检测费是指在公路建设项目交工验收和竣工验收前、由建设单位（业主）或工程质量监督机构委托有资质的公路工程质量检测单位按照有关规定对建设项目的工程质量进行检测，并出具检测意见所需要的相关费用。

竣（交）工验收试验检测费按表 2-3-3 的规定计算。

表 2 - 3 - 3　　　　　　　　　竣（交）工验收试验检测费标准表

项　　目	路线（元/km）				独立大桥（元/座）	
	高速公路	一级公路	二级公路	三、四级公路	一般大桥	技术复杂大桥
试验检测费	15000	12000	10000	5000	30000	100000

关于竣（交）工验收试验检测费，高速公路、一级公路按四车道计算，二级及以下等级公路按双车道计算，每增加一条车道，按表 2 - 3 - 3 的费用增加 10%。

2.3.3　研究试验费

研究试验费是指为本建设项目提供或验证设计数据、资料进行必要的研究试验和按照设计规定在施工过程中必须进行试验、验证所需的费用，以及支付科技成果、先进技术的一次性技术转让费。该费用不包括：

（1）应由科技三项费用（即新产品试制费、中间试验费和重要科学研究补助费）开支的项目。

（2）应由施工辅助费开支的施工企业对建筑材料、构件和建筑物进行一般鉴定、检查所发生的费用及技术革新研究试验费。

（3）应由勘察设计费或建筑安装工程费用中开支的项目。

计算方法：按照设计提出的研究试验内容和要求进行编制，不需验证设计基础资料的不计本项费用。

2.3.4　建设项目前期工作费

建设项目前期工作费是指委托勘察设计、咨询单位对建设项目进行可行性研究、工程勘察设计，以及设计、监理、施工招标文件及招标标底或造价控制值文件编制时，按规定应支付的费用。

计算方法：依据委托合同计列，或按国家颁发的收费标准和有关规定进行编制。

2.3.5　专项评价（估）费

专项评价（估）费是指依据国家法律、法规规定须进行评价（评估）、咨询，按规定应支付的费用。

计算方法：按国家颁发的收费标准和有关规定进行编制。

2.3.6　施工机构迁移费

施工机构迁移费是指施工机构根据建设任务的需要，经有关部门决定成建制地（指工程处等）由原驻地迁移到另一地区所发生的一次性搬迁费用。该费用不包括：

（1）应由施工企业自行负担的，在规定距离范围内调动施工力量以及内部平衡施工力量所发生的迁移费用。

（2）由于违反基建程序，盲目调迁队伍所发生的迁移费。

（3）因中标而引起施工机构迁移所发生的迁移费。

费用内容包括：职工及随同家属的差旅费，调迁期间的工资，施工机械、设备、工具、用具和周转性材料的搬运费。

计算方法：施工机构迁移费应经建设项目的主管部门同意按实计算。但计算施工机构迁移费后，如迁移地点即新工地地点（如独立大桥），则其他工程费内的工地转移费应不再计算；如施工机构迁移地点至新工地地点尚有部分距离，则工地转移费的距离，应以施工机构新地点为计算起点。

2.3.7 供电贴费

供电贴费是指按照国家规定，建设项目应交付的供电工程贴费、施工临时用电贴费。

计算方法：按国家有关规定计列（目前停止征收）。

2.3.8 联合试运转费

联合试运转费是指新建、改（扩）建工程项目，在竣工验收前按照设计规定的工程质量标准，进行动（静）载荷载实验所需的费用，或进行整套设备带负荷联合试运转期间所需的全部费用抵扣试车期间收入的差额。该费用不包括应由设备安装工程项下开支的调试费的费用。

联合试运转费以建筑安装工程费总额为基数，独立特大型桥梁按 0.075%、其他工程按 0.05% 计算。

2.3.9 生产人员培训费

生产人员培训费是指新建、改（扩）建公路工程项目，为保证生产的正常运行，在工程竣工验收交付使用前对运营部门生产人员和管理人员进行培训所必需的费用。

生产人员培训费按设计定员和 2000 元/人的标准计算。

2.3.10 固定资产投资方向调节税

固定资产投资方向调节税是指为了贯彻国家产业政策，控制投资规模，引导投资方向，调整投资结构，加强重点建设，促进国民经济持续稳定协调发展，依照《中华人民共和国固定资产投资方向调节税暂行条例》规定，公路建设项目应缴纳的固定资产投资方向调节税。

计算方法：按国家有关规定计算（目前暂停征收）。

2.3.11 建设期贷款利息

建设期贷款利息系指建设项目中分年度使用国内贷款或国外贷款部分，在建设期内应归还的贷款利息。费用内容包括各种金融机构贷款、企业集资、建设债券和外汇贷款等利息。

计算方法：根据不同的资金来源按需付息的分年度投资计算。

计算公式如式（2-3-1）：

建设期贷款利息＝Σ（上年末付息贷款本息累计＋本年度付息贷款额÷2)×年利率。

即：

$$S = \sum_{n=1}^{N} (F_{n-1} + b_n \div 2) \times i \qquad (2-3-1)$$

式中　S——建设期贷款利息，元；

　　　N——项目建设期，年；

　　　n——施工年度；

　　F_{n-1}——建设期第 $n-1$ 年末需付息贷款本息累计，元；

　　　b_n——建设期第 n 年度付息贷款额，元；

　　　i——建设期贷款年利率，%。

【例 2 – 3 – 1】 某 2m×25m 实腹式圆弧石拱桥，实行国内招标，其建筑安装工程费为 14551350 元，试计算该工程的建设项目管理费。

解：

（1）建设单位管理费＝31.05＋455.135×2.18％＝40.97 万元。

（2）工程质量监督费按 0.15％计，即 1455.135×0.15％＝2.18 万元。

（3）工程质量监理费按 2.5％计，即 1455.135×2.5％＝36.38 万元。

（4）工程定额测定费以 0.12％计，即 1455.135×0.12％＝1.75 万元。

（5）设计文件审查费以 0.1％计，即 1455.135×0.1％＝1.46 万元。

（6）竣工验收试验检测费根据取费标准表，取 3 万元。

建设单位管理费合计＝40.97＋2.18＋36.38＋1.75＋1.46＋3＝85.74 万元。

【例 2 – 3 – 2】 某建设项目的工程费与工程建设其他费的估算额为 57180 万元，建设期 3 年。3 年的投资比例是：第 1 年 20％，第 2 年 55％，第 3 年 25％，第 4 年投产。该项目固定资产投资来源为自有资金和贷款。贷款的总额为 4 亿元，年利率为 13.08％，求其贷款利息是多少？

解：

第 1 年贷款利息＝（0＋40000×20％/2）×13.08％＝523.2 万元

第 2 年贷款利息＝（40000×20％＋523.2＋40000×55％/2）×13.08％＝2553.63 万元

第 3 年贷款利息＝（40000×20％＋523.2＋40000×55％＋2553.63＋40000×25％/2）

$$×13.08％＝4980.45 万元$$

三年贷款利息总计＝523.2＋2553.63＋4980.45＝8057.28 万元

2.4 公路工程预留费及回收金额计算

2.4.1 预备费

预备费由价差预备费及基本预备费两部分组成。

2.4.1.1 价差预备费

价差预备费是指设计文件编制年至工程竣工年期间，第一部分费用的人工费、材料费、机械使用费、其他工程费、间接费等以及第二、三部分费用由于政策、价格变化可能发生上浮而预留的费用及外资贷款汇率变动部分的费用。

（1）计算方法：价差预备费以概（预）算或修正概算第一部分建筑安装工程费总额为基数，按设计文件编制年始至建设项目工程竣工年终的年数和年工程造价增长率计算。

计算公式为式（2－4－1）：

$$价差预备费＝P×[(1+i)^{n-1}-1] \qquad (2-4-1)$$

式中 P——建筑安装工程费总额，元；

i——年工程造价增长率，％；

n——设计文件编制年至建设项目开工年＋建设项目建设期限，年。

（2）年工程造价增长率按有关部门公布的工程投资价格指数计算，或由设计单位会同建设单位根据该工程人工费、材料费、施工机械使用费、其他工程费、间接费以及第二、三部分费用可能发生的上浮等因素，以第一部分建安费为基数进行综合分析预测。

（3）设计文件编制至工程完工在一年以内的工程，不列此项费用。

2.4.1.2 基本预备费

基本预备费是指在初步设计和概算中难以预料的工程和费用。

计算方法：以第一、二、三部分费用之和（扣除固定资产投资方向调节税和建设期贷款利息两项费用）为基数按下列费率计算：

（1）设计概算按 5％ 计列。

（2）修正概算按 4％ 计列。

（3）施工图预算按 3％ 计列。

采用施工图预算加系数包干承包的工程，包干系数为施工图预算中直接费与间接费之和的 3％。施工图预算包干费用由施工单位包干使用。

【例 2－4－1】 某二级公路建安费 14939.11 万元，第一、二、三部分费用之和（扣除大型专用机械设备购置费、建设期贷款利息）为 2.06 亿元，该工程建设期 3 年，经预测工程造价增长约为 5％，试计算其预备费。

解：

（1）工程造价增长预留费＝$14939.11 \times [(1+5\%)^{(5-1)} - 1] = 3219.5$ 万元。

（2）基本预备费＝$2.06 \times 10000 \times 3\% = 618$ 万元。

（3）预备费＝$3219.5 + 618 = 3837.5$ 万元。

2.4.2 回收金额

概、预算定额所列材料一般不计回收，只对按全部材料计价的一些临时工程项目和由于工程规模或工期限制达不到规定周转次数的拱盔、支架及施工金属设备的材料计算回收金额。回收率见表 2－4－1。

表 2－4－1 　　　　　　　　　回　收　率　表　　　　　　　　　　　　　　％

回收项目	使用年限或周转次数				计算基数
	一年或一次	两年或两次	三年或三次	四年或四次	
临时电力、电信线路	50	30	10	—	材料原价
拱盔、支架	60	45	30	15	
施工金属设备	65	65	50	30	

注　施工金属设备指钢壳沉井、钢护筒等。

2.4.3 公路工程建设各项费用的计算程序及计算方式

公路工程建设各项费用的计算程序及计算方式见表 2－4－2。

表 2－4－2 　　　　　　公路工程建设各项费用的计算程序及计算方式

代号	项　目	说　明　及　计　算　式
（一）	直接工程费（即工、料、机费）	按编制年工程所在地的预算价格计算
（二）	其他工程费	（一）×其他工程费综合费率或各类工程人工费和机械费之和×其他工程费综合费率
（三）	直接费	（一）＋（二）
（四）	间接费	各类工程人工费×规费综合费率＋（三）×企业管理费综合费率

续表

代号	项　目	说　明　及　计　算　式
（五）	利润	［（三）＋（四）－规费］×利润率
（六）	税金	［（三）＋（四）＋（五）］×综合税率
（七）	建筑安装工程费	（三）＋（四）＋（五）＋（六）
（八）	设备、工具、器具购置费（包括备品备件）	Σ（设备、工具、器具购置数量×单价＋运杂费）×（1＋采购保管费率）
	办公及生产用家具购置费	按有关规定计算
（九）	工程建设其他费用	
	土地征用及拆迁补偿费	按有关规定计算
	建设单位（业主）管理费	（七）×费率
	工程质量监督费	（七）×费率
	工程监理费	（七）×费率
	工程定额测定费	（七）×费率
	设计文件审查费	（七）×费率
	竣（交）工验收试验检测费	按有关规定计算
	研究试验费	按批准的计划编制
	前期工作费	按有关规定计算
	专项评价（估）费	按有关规定计算
	施工机构迁移费	按实计算
	供电贴费	按有关规定计算
	联合试运转费	（七）×费率
	生产人员培训费	按有关规定计算
	固定资产投资方向调节税	按有关规定计算
	建设期贷款利息	按实际贷款数及利率计算
（十）	预备费	包括价差预备费和基本预备费两项
	价差预备费	按规定的公式计算
	基本预备费	［（七）＋（八）＋（九）－固定资产投资方向调节税－建设期贷款利息］×费率
	预备费中施工图预算包干系数	［（三）＋（四）］×费率
（十一）	建设项目总费用	（七）＋（八）＋（九）＋（十）

2.5　公路工程交工前养护费和绿化工程费计算

2.5.1　公路交工前养护费指标

公路交工前养护费为陆续完工的路段，在路段交工初验时止，以路面为主包括路基、构造物在内的养护费用。该费用按全线里程及平均养护月数，以下列标准计算：

三、四级公路每月养护费按每公里每月 60 个工日计算；

二级及二级以上公路每月养护费按每公里每月 30 个工日计算；

另按路面工程类别计算其他工程费和间接费。

2.5.2 绿化补助费指标

新建公路的绿化补助费指标如下：

平原微丘区：5000 元/km

山岭重丘区：1000 元/km

以上费用标准内已包括其他工程费和间接费。

本指标仅适用于无绿化设计的二级以下等级公路建设项目。

【例 2 - 5 - 1】 某一级公路全长 60km，平均养护月数为 2 个月，工程所在地人工单价为 20 元/工日，定额人工单价为 16.02 元/工日，平微区，试计算该工程公路交工前养护的用工、直接工程费及定额直接工程费。

解：

(1) 公路交工前养护用工。

一级公路交工前养护用工的指标为 30 工日/(月·km)，本工程全长 60km，平均养护月数为 2 个月，则：

公路交工前养护用工＝30×60×2＝3600 工日

(2) 建筑安装工程费。

直接工程费＝3600×20＝72000 元

定额直接工程费＝3600×16.02＝57672 元

习 题

1. 指出下列费用所属的建筑安装工程费类别：

(1) 生产工人病假六个月以内的工资。

(2) 生产工人学习培训期间的工资。

(3) 施工机械操作人员工资。

(4) 材料采购人员的差旅费。

(5) 自采砂石料发生的费用。

(6) 现场管理人员的工资。

(7) 临时便桥、便道及宿舍的费用。

(8) 企业经营期间发生的贷款利息净支出。

(9) 计入建筑安装工程费内的营业税、及教育费附加。

2. 江苏省某二级公路，全长 200km，需购买一台不需要安装的国产设备，设备原价为 1300 万元，运距为 380km，计算该项目的设备、工具、器具及家具购置费。

3. 某建设项目的建安工程费为 5500 万元，工期 3 年，第一年贷款 1000 万元，第 2 年贷款 1500 万元，第 3 年贷款 1000 万元，贷款利率为 8.2%；临时占地 30 亩，每亩赔偿 2500 元；研究试验费 3.5 万元，试计算该项目的工程建设其他费用金额。

4. 某高速公路工程，当不实行施工图预算加系数包干时的预算金额为 12.8 亿元，其中第一、二、三部分费用之和（扣除大型机械设备购置费、建设期贷款利息）为 9.86 亿元，施工图直接费与间接费之和为 7.76 亿元。计算该工程实行施工图预算加系数包干时的预算总金额是多少?

5. 浙江省某二级新建公路,路面为沥青混凝土路面,交工前路段养护里程为 6.64km,平均养护月数为 2 个月,已知高级路面的其他直接费综合费率为 10%,规费费率为 22%,企业管理费率为 13%,人工单价为 49.2 元/工日。计算该路段交工前养护费。

6. 材料 A 有甲、乙两个供货地点,甲地出厂价为 23 元/t,可供量为 65%,乙地出厂价为 30.38 元/t,可供量为 35%。运输方式为汽车运输,运费为 1.5 元/(t·km),装卸费为 5.0 元/t,甲地离中心仓库 23km,乙地距中心仓库 29km,材料不需包装,途中损耗率为 1.0%,采购保管费率为 2.5%。

第3章 公路工程定额与预算

3.1 公路工程定额概述

3.1.1 定额的概念

3.1.1.1 定额的含义

定额是指在正常生产条件下，在合理的生产组织、合理的使用材料、机械、资金及合理的生产技术条件下，完成单位合格产品所必需的人工、材料、机械设备及资金消耗的规定额度。

3.1.1.2 定额水平

定额水平就是定额标准的高低，它与当时的生产因素及生产力水平有着密切的关系，是一定时期社会生产力的反映。定额水平高反映生产力水平较高，完成单位合格产品所需要消耗的资源较少；反之，则说明生产力水平较低，完成单位合格产品所需消耗的资源较多。

影响定额水平的因素有：

（1）被视察人员的技术水平、心理因素、劳动态度等。

（2）被视察对象的机械化程度。

（3）新材料、新工艺、新技术的应用。

（4）企业的组织管理水平。

（5）劳动生产环境。

（6）产品的质量及操作安全等要求。

3.1.2 公路工程定额的分类

公路工程定额一般可分为两类，即按生产因素分类和按定额用途分类。其中按生产因素分类是基本的，按用途分类的定额，实际上已经包括了按生产因素分类的基本因素。

1. 按生产因素分类

在施工生产中起主要作用的有三大要素，即劳动力、材料和机械。公路工程定额是建立在实物法的编制基础上，所以人工、材料、机械三要素在公路工程定额中是主要内容。

2. 按定额用途分类

在公路基本建设活动中，定额按用途可分为施工定额、预算定额、概算定额、投资估算指标等。

3. 按编制单位和执行定额的范围不同分类

定额按编制单位和执行定额的范围不同，分为全国统一定额、行业统一定额、地区统一定额、企业定额和补充定额。

3.1.3 工程定额的作用

1. 定额是节约社会劳动和提高生产效率的工具

（1）生产性的施工定额直接作用于建筑安装工人，企业定额作为促使工人节约社会劳动和提高劳动效率、加快工作进度的手段，以增强市场竞争能力，获取更多利润。

（2）作为工程造价计算依据的各类定额，又促使企业加强管理，把社会劳动的消耗控制在合理的限度范围内。

（3）作为项目决策的定额指标，在更高层次上促使项目投资者合理、有效地利用和分配社会劳动。

2. 定额是国家对工程建设项目进行宏观调控和管理的手段

（1）利用定额可以对工程造价进行管理和调控。

（2）利用定额可以对资源配置和流向进行预测和平衡。

（3）利用定额可以对经济结构，包括企业结构和所有制结构进行合理的调控，也包括对技术结构和产品结构的调整。

3. 定额有利于市场竞争

定额是对市场信息的加工，又是对市场信息的传递。定额所提供的准确的信息，为市场需求主体和供给主体相互之间的公平竞争，提供了有利条件。

4. 定额是对市场行为的规范

定额既是投资决策的依据，又是价格决策的依据。

5. 定额有利于完善市场的信息系统

信息是市场体系中不可缺少的要素，其可靠性、完备性和灵敏性是市场成熟和市场效率的标志。定额管理是对大量信息加工和传递，同时也是收集市场的反馈信息。

6. 定额有利于推广先进的施工技术和工艺

定额水平中包含着某些已成熟的先进施工技术和经验，工人要达到和超过定额，就必须掌握和应用这些先进技术，如果工人要大幅度超过定额水平，他的劳动必须具有创造性。

（1）在工作中注意改进工具和技术操作方法，注意原材料的节约，避免原材料和能源的浪费。

（2）企业或主管部门为了推行施工工具和施工方法，所以贯彻定额也就意味着推广先进技术。

（3）企业或主管部门为了推行定额，需要组织技术培训，这有利于新技术、新工艺、新材料、新经验的推广，从而大大提高全社会的劳动生产效率。

3.2 公路工程预算定额查用

3.2.1 公路预算定额的概念及作用

1. 公路工程预算定额的概念

预算定额，是规定消耗在单位的工程基本构造要素上的人工、材料和机械的数量标准，是计算建筑安装产品价格的基础。

预算定额是工程建设中一项重要的技术经济文件，它的各项指标，反映了在完成规定计量单位符合设计标准和验收规范分项工程消耗的数量活劳动和物化劳动的数量限度。这种限度最终决定着单项工程和单位工程成本和造价。

预算定额是一种具有广泛用途的计价定额。与施工定额的性质不同，预算定额不是企业内部使用的定额，不具有企业定额的性质。

2. 公路工程预算定额的作用

（1）预算定额是编制施工图预算，确定和控制项目投资、建筑安装工程造价的基础。编制施工图预算的依据：一是设计文件，它决定着工程的功能和规模，它的尺寸、标志和文字说明，是计算分部分项工程量和结构构件数量的依据；二是预算定额，是确定一定计量单位工程分项人工、材料、机械的消耗量的依据，也是计算工分项工程单价的基础；三是人工工资单价、材料预算价格（或市场价格）、机械台班单价等价格资料。

（2）预算定额是对设计方案进行技术经济比较，进行技术经济分析的依据。根据预算定额对方案进行技术经济分析和比较，是选择经济合理设计方案的重要方法。对设计方案比较，主要是对不同方案通过定额对所需人工、材料、机械台班消耗量、材料质量、材料资源以及工期进行比较，从而判明不同方案对工程造价及工期的影响。

（3）预算定额是编制施工组织设计的依据。根据预算定额确定的劳动力、建筑材料、成品、半成品和施工机械、台班的需用量，为组织材料供应和预制构件加工，平衡劳动力和施工机械，提供可靠依据。

（4）预算定额是工程结算的依据。对于不实行施工招标而以施工图预算结算的工程，由于建筑安装工程的周期长，不可能都采取竣工后一次结算，往往需要在施工过程中通过分次结算方式支付工程价款，当采用按已完分部分项工程量进行结算时，必须以预算定额为依据确定的工程预算结算工程价款。

（5）预算定额是施工企业进行经济活动分析的依据。目前，预算定额仍是评价企业工作的重要标准，企业只有在施工中尽量降低劳动消耗，提高劳动生产率，采用新技术和提高劳动者素质，才能取得较好的经济效益。

（6）预算定额是编制概算定额和估算指标的基础。概算定额和估算指标是在预算定额基础上经综合扩大编制的，也需要利用预算定额作为编制依据，这样可以使概算定额与估算指标在水平上与预算定额一致，以避免造成执行中的不一致。

（7）预算定额也是合理编制标底、投标的基础。建设单位在编制招标标底时应以预算定额为基础，施工单位投标报价应采用自己的报价定额，也可以预算定额作为投标报价的参考。

3. 公路工程预算定额的表现形式

公路工程预算定额按照表现形式可分为预算定额、单位估价表和单位估价汇总表三种。在现行公路工程预算定额中一般都列有基价，像这种既包括定额人工、材料和施工机械台班消耗量又列有人工费、材料费、施工机械使用费和基价的预算定额，称为"单位估价表"。这种预算定额可以满足企业管理中不同用途的需要，并可以按照基价工程费用，用途较广泛，是现行定额中的主要表现形式。

3.2.2　公路工程预算定额的内容

《公路工程预算定额》分为路基工程、路面工程、隧道工程、桥涵工程、防护工程、交通工程及沿线设施、临时工程、材料采集及加工、材料运输等，共由九章及四个附录组成。附录包括：路面材料计算基础数据、基本定额、材料周转和摊销以及定额基价人工、材料单位质量、单位表等四个内容。

预算定额的主要内容包括：目录，总说明，各章、节说明，定额表以及有关附录等。

1. 预算定额的总说明及各章、节说明

（1）总说明的内容。预算定额的适用范围、指导思想及目的作用；预算定额的编制原则、主要依据及上级下达的有关定额修编文件；对各章、节都适用的统一规定；定额所采用的标准及允许抽换定额的原则；定额中包括的内容；对定额中未包括的项目需编制补充定额的规定。

（2）章说明的内容。本章包括的内容；本章工程项目的统一规定；本章工程项目综合的内容及允许抽换的规定；本章工程项目的工程量计算规则。

（3）节说明的内容。本节工程项目的统一规定；本节工程综合的内容及允许抽换的规定；本节工程项目的工程量计算规则。

章说明和节说明，是正确引用定额的基础。

2. 预算定额项目表

定额表是各类定额的主要组成部分，是定额各指标数额的具体表现。《预算定额》和《概算定额》的表格形式基本相同，其主要内容如下：

（1）表号及定额表名称。定额是由大量的定额表组成的，每张定额表都有自己的表号和表名。见表 3-2-1。表上方"1-2-3"为表号，其含意是第 1 章第 2 节第 3 个表。"混凝土边沟、排（截）水沟、急流槽"是定额表的名称。

表 3-2-1　　　　　　1-2-3 石砌边沟、排水沟、截水沟、急流槽　　　　　单位：10m³ 实体

工程内容：1）拌、运砂浆；2）选修石料；3）砌筑、勾缝、养生。

序号	项　目	单　位	代　号	边沟、排水沟、截水沟		急　流　槽	
				浆砌片石	浆砌块石	浆砌片石	浆砌块石
				1	2	3	4
1	人工	工日	1	15.8	15.5	12.2	11.8
2	M5 水泥砂浆	m³	65	(3.50)	(2.70)	(3.5)	(2.7)
3	M10 水泥砂浆	m³	67	(0.33)	(0.20)	(0.23)	(0.14)
4	32.5级水泥	t	832	0.869	0.653	0.837	0.630
5	水	m³	866	18	18	17	13
6	中（粗）砂	m³	899	4.27	3.24	4.17	3.17
7	片石	m³	931	11.5	—	11.5	—
8	块石	m³	981	—	10.5	—	10.5
9	其他材料费	元	996	2.4	2.4	2.4	2.4
10	基价	元	1999	1714	2070	1520	1874

（2）工程内容。工程内容位于定额表的左上方。工程内容主要说明本定额表所包括的主要操作内容。查定额时，必须将实际发生的操作内容与表中的工程内容相对照，若不一

致，应按照章（节）说明中的规定进行调整。

（3）定额单位。定额单位位于定额表的右上方。定额单位是合格产品的计量单位，实际的工程数量应是定额单位的倍数。

（4）顺序号。顺序号是定额表中的第 1 项内容，如表 3-2-1 中"1，2，3，…"，顺序号表征人工、材料、机械及费用的顺序号，起简化说明的作用。

（5）项目。项目是定额表中第 2 项内容，如表 3-2-1 中"人工、中粗砂、32.5 级水泥……"，项目是指本定额表中工程所需的人工、材料、机具、费用的名称和规格。

（6）代号。当采用电算方法来编制工程概、预算时，可引用表中代号作为工、料、机名称的识别符，如表 3-2-1 中人工代号 1，水的代号 866。

（7）工程细目。工程细目表征本定额表所包括的具体内容。如表 3-2-1 中"浆砌片石"、"浆砌块石"等。

（8）栏号。栏号指工程细目的编号。如表 3-2-1"边沟、排水沟、截水沟"中"浆砌片石"栏号为 1，"浆砌块石"栏号为 2。

（9）定额值。定额值是制定额表中各种资源消耗量的数值。其中括号内的数值表示基价中未包括的价值。

（10）基价。基价是指该工程细目的工程细目的工程价格，其作用主要是计算机其他费用的基数，如浆砌片石边沟、排水沟、截水沟的基价为 1714 元。

（11）注解。有些定额表在其下方列有注解。"注"是对定额表中内容的补充说明，使用时必须仔细阅读，以免发生错误。

3.2.3 定额的运用的步骤及基本知识

所谓运用定额，就是平时所说的"查定额"，是根据编制概、预算的具体条件和目的、查得所需的、正确的定额的过程。运用定额的基本步骤如下。

3.2.3.1 运用定额的步骤

（1）根据运用定额的目的，确定所用定额的种类（是概算定额、预算定额还是估算指标）。

（2）根据项目表，依次按目、节确定查定额的项目名称，再据以在定额目录中找到其所在页次，并找到所需定额表。但要注意核查定额的工作内容、作业方式是否与施工组织设计相符。

（3）查到定额表后再进行。

1）看表上"工程内容"与设计要求、施工组织要求有没有出入，若无出入，则可在表中找到相应的细目，并进一步确定子目。

2）检查定额表的计量单位与工程项目取定的计量单位是否一致、是否符合规定的工程量计算规则。

3）看看定额的总说明、章说明、节说明以及表下的小注是否与所查子目的定额查定有关，若有关，则采取相应措施。

4）根据设计图纸和施工组织设计检查，子目中有无需要抽换的定额，是否允许抽换，若应抽换，则进行具体抽换计算。

5）依子目各序号确定各项定额值，可直接引用的就直接抄录，需计算的则在计算后抄录。

（4）重新按上述步骤复核。

（5）该项目的一个细目定额查完后，再查该定额项目的另外细目的定额，依次完成后，再查另一项目的定额。

3.2.3.2　定额运用的基本知识

（1）关于引用定额的编号。在编制预算时，在计算表格中要列出所引用的定额表号。

1）采用［页-表-栏］的编号方法。

2）按［章-表-栏］三符号法。

3）采用检索码的编号方法。

【例 3-2-1】　《预算定额》中的［575-(4-7-23)-5］，是指引用第 575 页表 4-7-23 中的第 5 栏，即扒杆配简单支架腹拱圈预算定额。

对于初学使用定额者来说，这种编号方法容易查找，检查方便，不易出错。但书写字码较多，在预算表格中占格较宽。

（2）定额的直接套用。如果设计的要求、工作内容及确定的工程项目，完全与相应定额的工程项目符合，则可直接套用定额。但要特别注意各定额的总说明、章、节说明及定额表中小注的要求，注意阅读，以免发生错误。

当已知工程数量值，则可按式（3-2-1）计算定额所包含的各种资源（人工、材料、机械、费用等）的数量：

$$M_i = QS_i \qquad\qquad (3-2-1)$$

式中　M_i——某种资源的数量，t、m^3…；

　　　Q——工程数量，m^2、m^3…；

　　　S_i——项目定额中某种资源（人工、材料、机械、费用……）数量，kg、m^3…。

【例 3-2-2】　某预制 T 型梁工程（钢模非泵送），工程量 16.5m^3，试求所需人工和 42.5 号水泥及中（粗）砂的数量。

解：

由预算定额表［493-4-6-9］所示定额表的定额值和工程量求得：

人工：M 人＝QS 人＝(16.5×28.4)/10＝46.86 工日

42.5 级水泥：M 泥＝QS 泥＝(16.5×4.519)/10＝7.456t

中（粗）砂：M 砂＝QS 砂＝(16.5×4.59)/10＝7.574m^3

【例 3-2-3】　试确定人工翻拌水泥石灰土（压实厚度 18cm）人工定额消耗量。

解：

（1）定额号为［104-(2-1-6)-5、6］

（2）计算：每 1000m^2 人工定额为 142.3＋3×8.8＝168.7 工日

【例 3-2-4】　某路基工程，普通土，工程量为 60 万 m^3。采用 2.0m^2 挖掘机挖土，15t 自卸汽车配合挖掘机运土，运距 5.0km，求预算中的人工、材料、机械消耗量。

解：

（1）定额号为［12-(1-1-9)-2］与［16-(1-1-11)-22］。

表 3－2－2　　　　　1－1－9 挖掘机挖装土、石方　　　单位：1000m³ 天然密实方

工程内容：安设挖掘机，开辟工作面，挖土或爆破后石方，装车，移位，清理工作面。

序号	项　目	单位	代号	挖装土方								
				斗容量								
				0.6 以内			1.0 以内			2.0 以内		
				松土	普通土	硬土	松土	普通土	硬土	松土	普通土	硬土
				1	2	3	4	5	6	7	8	9
1	人工	工日	1	4.0	4.5	5.0	4.0	4.5	5.0	4.0	4.5	5.0
2	75kW 以内履带式推土机	台班	1003	0.62	0.72	0.83	0.40	0.46	0.53	0.22	0.25	0.28
3	0.6m³ 以内履带式单斗挖掘机	台班	1027	2.88	3.37	3.88	—	—	—	—	—	—
4	1.0m³ 以内履带式单斗挖掘机	台班	1035	—	—	—	1.85	2.15	2.46	—	—	—
5	2.0m³ 以内履带式单斗挖掘机	台班	1037	—	—	—	—	—	—	1.01	1.15	1.29
6	基价	元	1999	2017	2348	2695	1970	2279	2602	1751	1991	2231

表 3－2－3　　　　　1－1－11 自卸汽车运土、石方　　　单位：1000m³ 天然密实方

工程内容：等待装、运、卸，空回。

序号	项　目	单位	代号	土方											
				自卸汽车装载质量（t）											
				3 以内				6 以内				8 以内			
				第一个 1km	每增运 0.5km			第一个 1km	每增运 0.5km			第一个 1km	每增运 0.5km		
					平均运距（km）				平均运距（km）				平均运距（km）		
					5 以内	10 以内	15 以内		5 以内	10 以内	15 以内		5 以内	10 以内	15 以内
				1	2	3	4	5	6	7	8	9	10	11	12
1	3t 以内自卸汽车	台班	1382	19.47	2.93	2.66	2.54	—	—	—	—	—	—	—	—
2	6t 以内自卸汽车	台班	1384	—	—	—	—	13.65	2.02	1.83	1.75	—	—	—	—
3	8t 以内自卸汽车	台班	1385	—	—	—	—	—	—	—	—	10.18	1.41	1.28	1.22
4	10t 以内自卸汽车	台班	1386												
5	12t 以内自卸汽车	台班	1387												
6	15t 以内自卸汽车	台班	1388												
7	20t 以内自卸汽车	台班	1390												
8	基价	元	1999	5745	865	785	750	5504	815	738	706	4952	686	623	593

（2）计算。

挖掘机挖普通土所需工、料、机的数量：

人工：4.5×600000/1000＝2700 工日

75kW 以内履带式推上机：0.25×600000/1000＝150 台班

2.0m³ 以内履带式单斗挖掘机：1.15×600000/1000＝690 台班

自卸汽车运土、石方，15t 以内自卸汽车：(5.57＋0.7×4/0.5)×600000/1000＝6702 台班。

【例 3-2-5】　某浆砌片石基础工程，需 M7.5 水泥砂浆 2.6m³，问需购 32.5 级水泥，中（粗）砂各多少？

解：

根据《公路工程预算定额》1009 页基本定额（二）中砂浆配合比表：每 1m³ 的 M7.5 水泥砂浆需要 32.5 级的水泥经 266kg，中（粗）砂 1.09m³，则 2.6m³ 水泥砂浆需购：

32.5 级水泥砂浆：266×2.6/1000＝0.692t

中（粗）砂：1.09×2.6＝2.83m³

【例 3-2-6】　有一桥梁工程，实体式墩台，高 15m，试确定其现浇混凝土组合钢模板预算定额工、料、机数量。

解：

根据《公路工程预算定额》997 页基本定额（一）中桥涵模板工作 3 "现浇组合钢模板工作第 8 列" 可知每 10m² 模板接触面积需：

人工：2.623 工日；原木：0.009m³；锯材：0.016m³；光圆钢筋：0.36kg；型钢：21.1kg；钢管 0.8kg；钢丝绳 0.1kg；组合钢模板：9.2kg；铁件：18.6kg；其他材料费：36.7 元；小型机具使用费：0.53 元。

（3）定额的调整换算。由于定额是按一般正常合理的施工组织和正常的施工条件编制的，定额中所采用的施工方法和工程质量标准，主要是根据国家现行公路工程施工技术及验收规范、质量评定标准及安全操作规程取定的。因此，使用时不得因具体工程的施工组织、操作方法和材料消耗与定额的规定不同而变更定额。

定额换算基本思路是：根据选定的预算定额基价，按规定换入增加的费用，减去扣除的费用。这一思路可用表达式（3-2-2）表述：

换算后的定额基价＝原定额基价＋换入的费用－换出的费用　　　（3-2-2）

换算过程应遵循定额中的相关规则，即：

1）定额中周转性的材料、模板、支撑、脚手杆、脚手板和挡土板的数量，已考虑了材料的正常周转次数并计入定额内。其中，就地浇筑钢筋混凝土梁用的支架及拱圈用的拱盔、支架，如确因施工安排达不到规定的周围次数时，可根据具体情况进行换算并按规定计算回收，其余工程一般不予以抽换。

2）定额中列有混凝土、砂浆的强度等级和用量，其材料用量已按附录中配合比表规定的数量列入定额，不得重算。如设计采用的混凝土、砂浆强度等级可水泥强度等级与定额所列强度等级不同时，可按配合比表进行换算。但实际施工配合比材料用量与定额配合比表用量不同时，除配合比表说明中允许换算者外，均不得调整。

混凝土、砂浆配合比表的水泥用量，已综合考虑了采用不同品种水泥的因素，实际施工中不论采用何种水泥，不得调整定额用量。

3）定额中各类混凝土均未考虑外掺剂的费用，如设计需要添加外掺剂时，可按设计要求另行计算外掺剂的费用并适当调整定额中的水泥用量。

【例 3 - 2 - 7】 某浆砌块石石拱圈工程，跨径 20m 以内。设计采用 M10 水泥砂浆砌筑。试问：编预算时是否需要抽换？怎样抽换？

解：

查《公路工程预算定额》443 页 4 - 5 - 3 - 8（96 版 4 - 32 - 8），知定额给定砌筑是用 M7.5 水泥砂浆。用量是 2.7m³/10m³，与设计要求不符，故需要抽换，抽换方法如下：

查《公路工程预算定额》1009 页基本定额（二）中砂浆配分比表。

表中对应于 M10 砂浆 32.5 级水泥定额：311kg/m³

M10 砂浆的砂定额：1.07/m³

《公路工程预算定额》443 页 4 - 5 - 3 - 8（96 版 4 - 32 - 8），水泥砂浆用量 2.7m³/10m³ 所以每 10m³ 拱圈用 M10 砂浆时砂浆材料定额：

32.5 级水泥：$2.7 \times 0.311 = 0.840t/10m^3$

砂：$2.7 \times 1.07 = 2.89m^3/10m^3$

用 M7.5 砂浆时砂浆材料定额：

32.5 水泥：$2.7 \times 0.266 = 0.718t/10m^3$

砂：$2.7 \times 1.09 = 2.94m^3/10m^3$

抽换值：

32.5 级水泥：$0.751（定额量）- 0.718 + 0.840 = 0.873t/m^3$

砂：$3.06（定额量）- 2.94 + 2.89 = 3.01m^3/10m^3$

注意：

a. 设计中若混凝土强度等级与定额采用的强度等级不同时，其换算方法同砂浆的换算。

b. 在砂浆或混凝土强度等级的换算中，除砂浆或混凝土的材料用量需换算外，其余的工、料、机用量不变。

3.2.3.3 运用定额应注意的问题

（1）计量单位表与项目之间要一致，特别是在抽换、增量计算时更应注意。

（2）当项目中任何项（人工、材料、机械）定额值变化时，不要忘记其相应基价也要作相应的变化。

（3）当查定额时，首先要鉴别工程项目是属于哪类工程，以免盲目随意确定而在表中找不到栏目、无法计算或错误引用定额。

（4）定额表中对某些物品规定按成品价格编制预算，而对某些物品规定按半成品价格编制预算，查定额时要注意此问题。

3.3 公路工程机械台班费用定额

《公路工程机械台班费用定额》的说明中对定额的使用作了简单地解释，在运用本定额的时候，应注意以下几点：

（1）本定额由以下 7 项费用组成：折旧费、大修理费、经常修理费、安装拆卸及辅助设施费、人工费、动力燃料费、养路费及车船使用税。

（2）本定额中折旧费、大修理费、经常修理费、安装拆卸及辅助设施费为不变费用。编制机械台班单价时，除青海、新疆、西藏边远地区外，应直接采用。至于边远地区的维修工资、配件材料等价差较大而需调整不变费用时，可根据具体情况，由省、自治区交通厅制定系数并报交通部备案后执行。

（3）本定额中人工费、动力燃料费、养路费及车船使用税为可变费用。编制机械台班单价时，随机操作人员数及动力物资消耗量应以本定额中的数值为准。工资标准按现行的《公路基本建设工程概算、预算编制办法》的规定执行。工程船舶和潜水设备的工日单价，按当地有关部门规定计算。

（4）机械自管理部门至工地或自某一工地至另一工地的运杂费，不包括在本定额中。

（5）加油及油料过滤的损耗和由变电设备至机械之间的输电线路电力损失，均已包括在本定额中。

【例 3 - 3 - 1】　四川省境内某公路路基土石方工程中，用推土机集土，根据工程量和预算定额计算，需 105kW 内履带式推土机 218.36 台班。已知该地区人工单价为 18 元/工日，柴油 2.8 元/kg。试确定推土机的台班单价及完成该工程的机械使用费。

解：

（1）机械台班单价应根据《公路工程机械台班费用定额》确定：

$$机械的台班单价＝不变费用＋可变费用$$

查《公路工程机械台班费用定额》的土石方工程机械 105kW 推土机得：

不变费用＝折旧费＋大修理费＋经常修理费＋安装拆卸及辅助设施费

$$＝150.92＋51.35＋123.24＋1.05＝326.56 元$$

因该工程地处四川省境内，故不变费用直接采用，不予调整。

可变费用＝人工费＋燃料动力费

$$＝2 工日×18 元/工日＋79kg×2.8 元/kg＝257.2 元$$

故 105kW 推土机的台班单价＝326.56＋257.2＝583.76 元/台班

（2）完成该工程的机械使用费＝台班消耗量×台班单价

$$＝218.36 台班×583.76 元/台班＝127470 元$$

3.4　公路工程预算文件编制

3.4.1　公路工程预算的作用

公路工程施工图预算（简称预算）是由设计单位编制的技术经济文件，在公路工程基础建设项目投资额测算体系中据主导地位，是其他测算方式的计算基础。其作用主要表现在以下几方面。

1. 公路工程预算是设计阶段控制工程造价的主要指标

预算是施工图设计文件的重要组成部分，是设计阶段控制工程造价的主要指标。预算应根据施工图设计的工程量和施工方法，按照规定的定额、取费标准、工资单价、材料设备预算价格依本办法在开工前编制并报请批准。

以施工图设计进行施工招标的工程，经审定后的施工图预算是编制标段清单预算、工程标底或造价控制值的依据，也是分析、考核施工企业投标报价合理性的参考；对不宜实行招标而采用施工图预算加调整价结算的工程，经审定后的施工图预算可作为确定合同价款的基础或作为审查施工企业提出的施工预算的依据。

2. 公路工程预算是设计、施工方案择优的依据

在工程设计阶段同一工程建筑物可以有不同的设计方案和不同的施工方法，除应满足功能、使用要求外，其技术经济也是方案评优的主要依据。由于每个方案的设计意图都会通过计算工程量和各项费用全部反映到概、预算文件中来。因此，通过对这些货币指标的比较，既可以从中选出既能满足设计要求，同时又经济合理的最佳方案，从而促使设计人员进一步改进设计、优化设计，进而得到一个最佳的方案。

3. 公路工程预算是企业内部经营管理、经济核算的依据

工程概、预算不仅是确定工程价值的综合性文件，而且还可以反映工程建设的规模和经济活动的范围；分析工程结构的实物指标，如钢筋、水泥、木材等及人工、机械的消耗量。依赖施工图预算提供的有关数据，即可编制施工进度计算和人工、材料、成品、半成品、构建及机械设备等需要量及供应计划。

3.4.2 公路工程预算文件的组成

公路工程预算文件由封面及目录、预算编制说明及全部预算计算表格组成。

1. 封面及目录

公路工程预算文件的封面和扉页应按《公路工程基本建设项目设计文件编制办法》中的规定制作，扉页的次页应有建设项目名称，编制单位，编制、复核人员姓名并加盖执业（从业）资格印章，编制日期及第几册共几册等内容。目录应按概、预算表的表号顺序编排。扉页的次页格式见图3-4-1。

```
┌─────────────────────────────────────────┐
│                                          │
│          ××公路施工图预算                  │
│         （××公路初步设计概算）             │
│                                          │
│      （KXX＋XXX～KXX＋XXX）                │
│          第    册 共    册                  │
│                                          │
│                                          │
│    编制：［签字并加盖执业（从业）资格印章］    │
│    复核：［签字并加盖执业（从业）资格印章］    │
│              （编制单位）                   │
│              年    月                      │
│                                          │
└─────────────────────────────────────────┘
```

图3-4-1 扉页的次页格式

2. 公路工程预算编制说明

公路工程预算编制完成后，应写出编制说明，文字力求简明扼要。应叙述的内容一般有：

（1）建设项目设计资料的依据及有关文号，如建设项目可行性研究报告批准文号、初步设计和概算批准文号，以及根据何时的测设资料及比选方案进行编制的等。

（2）采用的定额、费用标准，人工、材料、机械台班单价的依据或来源，补充定额及编制依据的详细说明。

（3）与预算有关的委托书、协议书、会议纪要的主要内容（或将抄件附后）。

（4）总预算金额，人工、钢材、水泥、木料、沥青的总需要量情况，各设计方案的经济比较，以及编制中存在的问题。

（5）其他与预算有关但不能在表格中反映的事项。

3. 甲组文件与乙组文件

公路工程预算文件是设计文件的组成部分，按不同的需要分为两组，甲组文件为各项费用计算表（见图3-4-2），乙组文件为建筑安装工程费各项基础数据计算表（只供审批使用，见图3-4-3）。

甲组文件：
编制说明
总概（预）算汇总表（01-1表）
总概（预）算人工、主要材料、机械台班数量汇总表（02-1表）
总概（预）算表（01表）
人工、主要材料、机械台班数量汇总表（02表）
建筑安装工程费计算表（03表）
其他工程费及间接费综合费率计算表（04表）
设备、工具、器具购置费计算表（05表）

图3-4-2　甲组文件包括内容

乙组文件：
建筑安装工程费计算数据表（08-1表）
分项工程概（预）算表（08-2表）
材料预算单价计算表（09表）
自采材料场价格计算表（10表）
机械台班单价计算表（11表）
辅助生产工、料、机械台班单位数量表（12表）

图3-4-3　乙组文件包括内容

甲、乙组文件应按《公路工程基本建设项目设计文件编制办法》关于设计文件报送份数的要求，随设计文件一并报送。报送乙组文件时，还应提供"建筑安装工程费各项基础数据计算表"的电子文档和编制补充定额的详细资料，并随同概、预算文件一并报送。

乙组文件中的"建筑安装工程费计算数据表"和"分项工程概（预）算表"应根据审批部门或建设项目业主单位的要求全部提供或仅提供其中的一种。乙组文件表式征得省、自治区、直辖市交通厅（局）同意后，结合实际情况允许变动或增加某些计算过渡式。不需要分段汇总的可不编制总概（预）算汇总表。

公路工程预算应按一个建设项目［如一条路线或一座独立大（中）桥、隧道］进行编制。当一个建设项目需要分段或分部编制时，应根据需要分别编制，但必须汇总编制"总概（预）算汇总表"。

4. 预算表格

公路工程概、预算应按统一的概、预算表格计算，其中概、预算相同的表式，在印制表格时，应将概算表与预算表分别印制。

甲组文件预算表格样式如下：

总 概（预）算 汇 总 表

建设项目名称：　　　　　　　　　　　　　　　　　第　页 共　页　　01-1表

项次	工程或费用名称	单位	总数量	概（预）算金额（元）		技术经济指标	各项费用比例（%）	备 注
					合 计			
		填表说明：1. 一个建设项目分若干单项工程编制概（预）算时，应通过本表汇总全部建设项目概（预）算金额。 2. 本表反映一个建设项目的各项费用组成、概（预）算总值和技术经济指标。 3. 本表"项次"、"工程或费用名称"、"单位"、"总数量"、"概（预）算金额"应由各单项或单位工程总概（预）算表（01表）转来，"目"、"节"可视需要增减，"项"应保留。 4. "技术经济指标"以各项概（预）算金额汇总合计除以相应总数量计算；"各项费用比例"以汇总的各项目概（预）算金额合计除以总概（预）算金额合计计算。				

编制：　　　　　　　　　　　　　　　　　　　　　　　　　复核：

总概（预）算人工、主要材料、机械台班数量汇总表

建设项目名称：　　　　　　　　　　　　　　　　　第　页 共　页　　02-1表

序号	规 格 名 称	单位	总数量	编 制 范 围					
			填表说明：1. 一个建设项目分若干个单项工程编制概（预）算时，应通过本表汇总全部建设项目的人工、主要材料、机械台班数量。 2. 本表各栏数据均由各单项或单位工程概（预）算中的人工、主要材料、机械台班数量汇总表（02表）转来，"编制范围"指单项或单位工程。						

编制：　　　　　　　　　　　　　　　　　　　　　　　　　复核：

总概（预）算表

建设项目名称：

编制范围：　　　　　　　　　　　　　　　　　　　第　页　共　页　01 表

项	目	节	细目	工程或费用名称	单位	数量	概（预）算金额（元）	技术经济指标	各项费用比例（%）	备注
				填表说明：1. 本表反映一个单项或单位工程的各项费用组成、概（预）算金额、技术经济指标等。						
				2. 本表"项"、"目"、"节"、"细目"、"工程或费用名称"、"单位"等应按概（预）算项目表的序列及内容填写。"目"、"节"、"细目"可视需要增减，但"项"应保留。						
				3. "数量"、"概（预）算金额"由建筑工程费计算表（03 表），设备、工具、器具购置费计算表（05 表）、工程建设其他费用及回收金额计算表（06 表）转来。						
				4. "技术经济指标"以各项目概（预）算金额除以相应数量计算；"各项费用比例"以各项概（预）算金额除以总概（预）算金额计算。						

编制：　　　　　　　　　　　　　　　　　　　　　　　　　　　复核：

人工、主要材料、机械台班数量汇总表

建设项目名称：

编制范围：　　　　　　　　　　　　　　　　　　　第　页　共　页　02 表

序号	规格名称	单位	总数量	分项统计				场外运输损耗	
								%	数量
				填表说明：1. 本表各栏数据由分项工程概（预）算基础数据表（08 表）及辅助生产工、料、机械台班单位数量表（12 表）经分析计算后统计而来。					
				2. 发生的冬、雨季及夜间施工增工及临时设施用工，根据有关附录规定计算后列入本表有关项目内。					

编制：　　　　　　　　　　　　　　　　　　　　　　　　　　　复核：

建筑安装工程费计算表

建设项目名称：

编 制 范 围：　　　　　　　　　　　　　　　　　　　第 页 共 页　03 表

序号	工程名称	单位	工程量	直接费（元）						间接费（元）	利润（元）费率（%）	税金（元）综合税率（%）	建筑安装工程费	
				直接工程费				其他工程费	合计				合计（元）	单价（元）
				人工费	材料费	机械使用费	合计							
1	2	3	4	5	6	7	8	9	10	11	12	13	14	15

填表说明：本表各栏数据之间关系，5～7 均由 08 表经计算转来；8＝5＋6＋7；9＝8×9 的费率或（5＋7）×9 的费率；10＝8＋9；11＝5×规费综合费率＋10×企业管理费综合费率；12＝（10＋11－规费）×12 的费率；13＝（10＋11＋12）×综合税率；14＝10＋11＋12＋13；15＝14÷4。

编制：　　　　　　　　　　　　　　　　　　　　　　　　　　　　　复核：

其他工程费及间接费综合费率计算表

建设项目名称：

编 制 范 围：　　　　　　　　　　　　　　　　　　　第 页 共 页　04 表

序号	工程类别	其他工程费费率（%）														间接费费率（%）											
													综合费率		规费						企业管理费					
		冬季施工增加费	雨季施工增加费	夜间施工增加费	高原地区施工增加费	风沙地区施工增加费	沿海地区施工增加费	行车干扰工程施工增加费	安全及文明施工措施费	临时设施费	施工辅助费	工地转移费	Ⅰ	Ⅱ	养老保险费	失业保险费	医疗保险费	住房公积金	工伤保险费	综合费率	基本费用	主副食运费补贴	职工探亲路费	职工取暖补贴	财务费用	综合费率
1	2	3	4	5	6	7	8	9	10	11	12	13	14	15	16	17	18	19	20	21	22	23	24	25	26	27

填表说明：本表应根据建设工程项目具体情况，按概（预）算编制办法有关规定填入数据计算。其中：14＝3＋4＋5＋8＋10＋11＋12＋13；15＝6＋7＋9；21＝16＋17＋18＋19＋20；27＝22＋23＋24＋25＋26。

编制：　　　　　　　　　　　　　　　　　　　　　　　　　　　　　复核：

设备、工具、器具购置费计算表

建设项目名称：

编　制　范　围：　　　　　　　　　　　　　　　　第　页　共　页　05 表

序号	设备、工具、器具规格名称	单位	数量	单价（元）	金额（元）	说　明
			填表说明：本表应根据具体的设备、工具、器具购置清单进行计算，包括设备规格、单位、数量、单价以及需要说明的有关问题。			

编制：　　　　　　　　　　　　　　　　　　　　　　　　　　复核：

工程建设其他费用及回收金额计算表

建设项目名称：

编　制　范　围：　　　　　　　　　　　　　　　　第　页　共　页　06 表

序号	费用名称及回收金额项目	说明及计算式	金额（元）	备　注
	填表说明：本表应按具体发生的工程建设其他费用项目填写，需要说明和具体计算的费用项目依次相应在说明及计算式栏内填写或具体计算，各项费用具体填写如下： 1. 土地征用及拆迁补偿费应填写土地补偿单价、数量和安置补助费标准、数量等，列式计算所需费用，填入金额栏。 2. 建设项目管理费包括建设单位（业主）管理费、工程质量监督费、工程监理费、工程定额测定费、设计文件审查费、竣（交）工验收试验检测费，按"建筑安装工程费×费率"或有关定额列式计算。 3. 研究试验费应根据设计需要进行研究试验的项目分别填写项目名称及金额，或列式计算或进行说明。 4. 建设项目前期工作费按国家有关规定填入本表，列式计算。 5. 其余有关工程建设其他费用的填入和计算方法，根据规定依此类推。			

编制：　　　　　　　　　　　　　　　　　　　　　　　　　　复核：

人工、材料、机械台班单价汇总表

建设项目名称：

编 制 范 围：　　　　　　　　　　　　　　　　　　第 页 共 页　07 表

序号	名称	单位	代号	预算单价（元）	备注	序号	名称	单位	代号	预算单价（元）	备注
	填表说明：本表预算单价主要由材料预算单价计算表（09 表）和机械台班单价计算表（11 表）转来。										

编制：　　　　　　　　　　　　　　　　　　　　　　　　　　　复核：

乙组文件预算表格样式如下：

分项工程概（预）算表

编制范围：

工程名称：　　　　　　　　　　　　　　　　　　第 页 共 页　08－2 表

编号	工程项目											合计	
	工程细目												
	定额单位												
	工程数量												
	定额表号												
	工、料、机名称	单位	单价（元）	定额	数量	金额（元）	定额	数量	金额（元）	定额	数量	金额（元）	数量	金额（元）
1	人工	工日												
2	……													
	定额基价	元												
	直接工程费	元	填表说明：1. 本表按具体分项工程项目数量、对应概（预）算定额子目填写，单价由 07 表转来，金额＝工、料、机各项的单价×定额×数量。 2. 其他工程费按相应项目的直接工程费或人工费与施工机械使用费之和×规定费率计算。 3. 规费按相应项目的人工费×规定费率计算。 4. 企业管理费按相应项目的直接费×规定费率计算。 5. 利润按相应项目的（直接费＋间接费－规费）×利润率计算。 6. 税金按相应项目的（直接费＋间接费＋利润）×税率计算。										
	其他工程费	Ⅰ	元											
		Ⅱ	元											
	间接费	规费	元											
		企业管理费	元											
	利润及税金	元												
	建筑安装工程费	元												

编制：　　　　　　　　　　　　　　　　　　　　　　　　　　　复核：

建筑安装工程费计算数据表

建设项目名称： 编制范围： 数据文件编号： 公路等级：

路线或桥梁长度（km）： 路基或桥梁宽度（m）： 第 页 共 页 08-1表

项的代号	本项目数	目的代号	本目节数	节的代号	本节细目数	细目的代号	费率编号	定额个数	定额代号	项或目或节或细目或定额的名称	单位	数量	定额调整情况
										填表说明：1. 本表应逐行从左到右横向跨栏填写。			
										2. "项"、"目"、"节"、"细目"、"定额"等的代号应根据实际需要按本办法附录四"概、预算项目表"及现行《公路工程概算定额》（JTG/T B06-01—2007）、《公路工程预算定额》（JTG/T B06-02—2007）的序列及内容填写。			
										3. 本表主要是为利用计算机软件编制概、预算提供基础数据，具体填表规则由软件用户手册详细制定。			

编制： 复核：

材料预算单价计算表

建设项目名称：

编制范围： 第 页 共 页 09表

| 序号 | 规格名称 | 单位 | 原价（元） | 运杂费 | | | | | 原价运费合计（元） | 场外运输损耗 | | 采购及保管费 | | 预算单价（元） |
				供应地点	运输方式、比重及运距	毛重系数或单位毛重	运杂费构成说明或计算式	单位运费（元）		费率（%）	金额（元）	费率（%）	金额（元）	
							填表说明：1. 本表计算各种材料自供应地点或料场至工地的全部运杂费与材料原价及其他费用组成预算单价。							
							2. 运输方式按火车、汽车、船舶等及所占运输比重填写。							
							3. 毛重系数、场外运输损耗、采购及保管费按规定填写。							
							4. 根据材料供应地点、运输方式、运输单价、毛重系数等，通过运杂费构成说明或计算式，计算得出材料单位运费。							
							5. 材料原价与单位运费、场外运输损耗、采购及保管费组成材料预算单价。							

编制： 复核：

自采材料料场价格计算表

建设项目名称：

编制范围：　　　　　　　　　　　　　　　　第　页　共　页　　10 表

序号	定额号	材料规格名称	单位	料场价格（元）	人工（工日）单价（元）		间接费（元）〔占人工费（%）〕	（　）单价（元）		（　）单价（元）		（　）单价（元）		（　）单价（元）	
					定额	金额		定额	金额	定额	金额	定额	金额	定额	金额
			填表说明：1. 本表主要用于分析计算自采材料料场价格，应将选用的定额人工、材料、机械台班数量全部列出，包括相应的工、料、机单价。 2. 材料规格用途相同而生产方式（如人工捶碎石、机械轧碎石）不同时，应分别计算单价，再以各种生产方式所占比重根据合计价格加权平均计算料场价格。 3. 定额中机械台班有调整系数时，应在本表内计算。												

编制：　　　　　　　　　　　　　　　　　　　　　　复核：

机械台班单价计算表

建设项目名称：

编制范围：　　　　　　　　　　　　　　　　第　页　共　页　　11 表

序号	定额号	机械规格名称	台班单价（元）	不变费用（元）调整系数：		可　变　费　用　（元）								合计
						人工：（元/工日）		汽油：（元/kg）		柴油：（元/kg）		……		
				定额	调整值	定额	金额	定额	金额	定额	金额	定额	金额	
			填表说明：1. 本表应根据公路工程机械台班费用定额进行计算。不变费用如有调整系数，应填入调整值；可变费用各栏填入定额数量。 2. 人工、动力燃料的单价由材料预算单价计算表（09表）中转来。										

编制：　　　　　　　　　　　　　　　　　　　　　　复核：

辅助生产工、料、机械台班单位数量表

建设项目名称：

编 制 范 围：　　　　　　　　　　　　　　　　　第　页 共　页　12 表

序号	规格名称	单位	人工（工日）								

填表说明：本表各栏数据由自采材料料场价格计算表（10表）统计而来。

编制：　　　　　　　　　　　　　　　　　　　　　　　　　　复核：

3.4.3　公路工程预算文件的编制

公路工程建设项目预算应以《公路工程预算定额》为依据。编制预算时应根据预算定额规定的各个工程项目的人工、材料、机械台班消耗量和按规定的概、预算编制的工程所在地的人工费工日单价、材料预算单价和机械台班单价计算出各工程项目的人工、材料、机械费用，并按相关的规定计算各项费用。工程预算的材料、机械台班单价及各项费用的计算都应通过对应的表格反映。

公路工程预算文件各种币表格的计算顺序和相互关系如图 3-4-4 所示。

3.4.3.1　公路工程预算的编制原则

（1）《公路工程基本建设项目概算预算编制办法》适用于新建和改建的公路工程基本建设项目概算、预算的编制和管理。农村公路可参照该办法执行，具体计算方法和计费标准由各省、自治区、直辖市交通主管部门制定。

（2）概算、预算均由有资格的设计、工程（造价）咨询单位负责编制，编制、审核人员必须持有公路工程造价人员执业资格证书，并对工程造价文件的编制质量负责。

当一个建设项目由两个以上设计（咨询）单位共同承担设计时，各设计（咨询）单位应负责编制所承担设计的单项或单位工程概（预）算，主体设计（咨询）单位应负责编制原则和依据、工程设备与材料价格、取费标准等的协调与统一，汇编总概（预）算，并对全部概（预）算的编制质量负责。

（3）公路管理、养护及服务房屋应执行工程所在地的地区统一定额及相应的其他工程费和间接费定额，但其他费用应按本办法中的项目划分及计算方法编制。

（4）工程预算编制必须严格执行国家的方针、政策和有关制度，符合公路设计、施工技术规范。文件应达到的质量要求是：符合规定、结合实际、经济合理、提交及时、不重

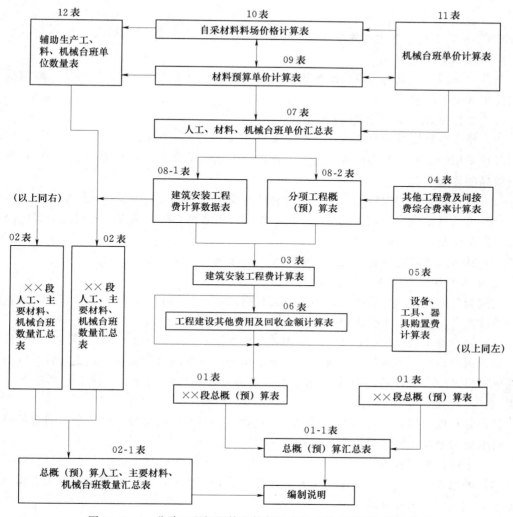

图 3-4-4 公路工程概预算文件各种表格的计算顺序和相互关系

不漏、计算正确、字迹（打印）清晰、装订整齐完善。

3.4.3.2 公路工程预算编制依据

（1）国家发布的有关法律、法规、规章、规程等。

（2）现行的《公路工程预算定额》（JTG/T B06-02）、《公路工程机械台班费用定额》（JTG/T B06-03）及《公路工程基本建设项目概算预算编制办法》。

（3）工程所在地省级交通主管部门发布的补充计价依据。

（4）批准的初步设计文件（或技术设计文件，若有）等有关资料。

（5）施工图纸等设计文件。

（6）工程所在地的人工、材料、机械及设备预算价格等。

（7）工程所在地的自然、技术、经济条件等资料。

（8）工程施工组织设计或施工方案。

（9）有关合同、协议等。

（10）其他有关资料。

3.4.3.3　公路工程预算文件的编制

1．预算文件编制说明

预算表格填写完成后，应写出预算文件编制说明，所述文字要求简明扼要。编制说明一般应包括以下内容：

（1）工程概算及其建设规模和范围。

（2）建设项目设计资料的依据及有关文号。

（3）采用的定额、费用标准，人工、材料、机械台班单价的依据或来源，补充定额及编制依据的详细说明。

（4）与预算有关的委托书、协议书、会议纪要的主要内容（或将抄件附后）。

（5）总预算金额，人工、钢材、水泥、木材、沥青的总需要情况，各设计方案的经济比较，以及编制中存在的问题。

（6）其他与预算有关但不能在表格中反映的事项。

2．公路工程施工图预算编制程序

在编制公路施工图预算的工作中，应当根据施工设计图纸，在熟悉和掌握必备的基础资料的前提下，按照如下程序进行：

（1）熟悉施工设计图纸，收集并整理外业调查资料。编制施工图纸文件前，首先应对施工设计图纸清点、整理、阅读和核对，然后拟定调查提纲进行调查，收集资料并应对外业调查资料进行分析，若还有不明确或不全的部分，应另行调查，以保证预算的准确和合理。

（2）分析施工组织设计。施工组织设计是建设项目实施的指导文件，分析研究其对工程造价的影响是施工图预算编制程序中的一个关键环节。

（3）正确计取工程量。

（4）编制人工、材料、机械台班预算价格。应按预算编制办法所规定的计算表格内容和要求，完成下列各项计算工作：

1）人工费单价的分析取定。

2）自采材料料场单价计算。

3）材料预算单价计算。

4）机械台班单价计算。

5）人工、材料、机械台班单位数量计算。

6）辅助生产人工、材料、机械台班单位数量计算。

（5）确定各种费率的取费标准，进行其他工程费及间接费综合费率的计算。

（6）进行工、料、机分析。根据计取的工程量与预算定额等资料进行如下两项计算工作：

1）分项工程直接费和间接费的计算。

2）建筑安装工程计算。

（7）计算设备、工具、器具购置费。

（8）计算工程建设其他费用及回收金额。

（9）编制总预算。包括以下各项计算工作内容：

1）总预算计算（分段）。

2）总预算汇总计算。

3）辅助生产所需人工、材料、机械台班数量计算。

4）临时设施所需人工、材料及冬季，雨季和夜间施工增加工计算。

（10）编写预算编制说明书；进行复核、审核和出版。

3．公路工程预算文件编制注意事项

（1）当一个建设项目由几个设计单位共同承担时，各设计单位负责编制所承担设计的单项或单位工程预算，主管部门应指定主体设计单位负责统一预算的编制原则和依据，汇编总概、预算，并对全部概、预算的编制的质量负责。对实行设计招标的项目，概、预算由中标单位负责编制。

（2）编制施工图预算要求考虑承包商的施工能力和整个工程施工组织设计的工期安排，合理的划分施工标段，一般以 10～20km 作为一个标段为宜，每个标段的划分要求考虑和当地的行政区划相联系，路段的起讫点最好是当地市、地、县行政区划的分界点。

（3）对预算的编制，无论是采用手工或应用计算机软件进行，都必须熟悉设计图纸资料，核对主要工程量。同时还应考虑由于施工方法的改变及施工组织设计的需要等具体情况而引起的工程量变化，并且要注意工程量的计算单位和计算方法必须与定额的规定一致。

（4）其他工程费及间接费是以及各类工程类别为依据，分别制定其费率的。因此根据费率定额的要求，在编制预算时，应结合工程建设的实际其情况，严格按照国家有关规定，经过分析之后，正确取定适合费率。

习　题

1．试确定下列工程项目预算定额编号。

（1）8t 以内自卸汽车运路基土 5km。

（2）8t 以内自卸汽车运土 5km。

（3）8t 以内自卸汽车运沥青混凝料 5km。

2．试确定 18cm 厚级配碎石基层的预算定额。该面层施工采用平地机拌和，机械摊铺集料。

3．某桥梁工程以手推车运输预制构件 30m³，每构件质量在 0.3t 以内，需出坑堆放，重载运输升坡 4%，运距 84m，试确其劳动消耗量。

4．试确定用钢模浇筑 C30 钢筋混凝土耳墙的预算定额。

5．某工地用砂，其成品率为 65%，试确定 200m³ 堆方人工采、筛、洗、堆联合作业预算定额。

6．浙江省境内某公路路面工程中，机械摊铺 5cm 厚中粒式沥青混合料 68000m³，已知该地区人工单价为 35 元/工日，柴油 5.8 元/kg。试确定压路机的台班单价及完成该工程的机械使用费。

7. 水泥的原价为 370 元/t，自办运输，运距 4km，采用人工装卸，8t 载货汽车运输，人工工日单价为 49.59 元/工日，8t 载货汽车的台班单价为 528.74 元/台班，试计算水泥的运杂费。

第4章　公路工程工程量清单

4.1　公路工程工程量清单组成

4.1.1　工程量清单和清单工程量

4.1.1.1　工程量清单及其作用

工程量清单又叫工程数量清单，是按照招标要求和施工设计图纸要求规定将拟建招标工程的全部项目和内容，依据统一的工程量计算规则、统一的工程量清单项目编制规则要求，计算拟建招标工程的分部分项工程数量的表格。

它是工程招标及实施工程时计量与支付的重要依据，在工程实施期间，对工程费用起着控制作用。其作用主要体现在以下几个方面：

（1）为编制标底服务。

（2）为所有投标人提供一个报价计算的共同基础。

（3）提供对已完工程计价的基础。

4.1.1.2　清单工程量

清单工程量是指工程量清单中所列的工程数量，它是在实际施工生产前根据设计图纸和说明及工程量计算规则所得到的一种准确性较高的预计数量，而不是承包人应予以完成的实际和准确的工程量。

计算清单工程量时，一定要注意与技术规范和设计图纸的统一，也就是说工程量清单的工程量，其计算规则应与技术规范的计算规则完全一致。特别是当同一个工程由不同单位设计，不同单位编制技术规范和工程量清单时，应通过认真分析确定统一的工程量计算规则并注意搞好协调工作。

4.1.2　工程量清单的内容

4.1.2.1　工程量清单说明

（1）本工程量清单是根据招标文件中包括的、有合同约束力的图纸以及有关工程量清单的国家标准、行业标准、合同条款中约定的工程量计算规则编制。约定计量规则中没有的子目，其工程量按照有合同约束力的图纸所标示尺寸的理论净量计算。计量采用中华人民共和国法定计量单位。

（2）本工程量清单应与招标文件中的投标人须知、通用合同条款、专用合同条款、技术规范及图纸等一起阅读和理解。

（3）本工程量清单中所列工程数量是估算的或设计的预计数量，仅作为投标报价的共同基础，不能作为最终结算与支付的依据。实际支付应按实际完成的工程量，由承包人按技术规范规定的计量方法，以监理人认可的尺寸、断面计量，按本工程量清单的单价和总额价计算支付金额；或者根据具体情况，按合同条款的规定，由监理人确定的单价或总额价计算支付额。

（4）工程量清单各章是按"技术规范"的相应章次编号的，因此，工程量清单中各章的工程子目的范围与计量等应与"技术规范"相应章节的范围、计量与支付条款结合起来理解或解释。

（5）对作业和材料的一般说明或规定，未重复写入工程量清单内，在给工程量清单各子目标价前，应参阅"技术规范"的有关内容。

（6）工程量清单中所列工程量的变动，丝毫不会降低或影响合同条款的效力，也不免除承包人按规定的标准进行施工和修复缺陷的责任。

（7）图纸中所列的工程数量表及数量汇总表仅是提供资料，不是工程量清单的外延。当图纸与工程量清单所列数量不一致时，以工程量清单所列数量作为报价的依据。

4.1.2.2　投标报价说明

（1）工程量清单中的每一子目须填入单价或价格，且只允许有一个报价。

（2）除非合同另有规定，工程量清单中有标价的单价和总额价均已包括了为实施和完成合同工程所需的劳务、材料、机械、质检（自检）、安装、缺陷修复、管理、保险、税费、利润等费用，以及合同明示或暗示的所有责任、义务和一般风险。

（3）工程量清单中投标人没有填入单价或价格的子目，其费用视为已分摊在工程量清单中其他相关子目的单价或价格之中。承包人必须按监理人指令完成工程量清单中未填入单价或价格的子目，但不能得到结算与支付。

（4）符合合同条款规定的全部费用应认为已被计入有标价的工程量清单所列各子目之中，未列子目不予计量的工作，其费用应视为已分摊在本合同工程的有关子目的单价或总额价之中。

（5）承包人用于本合同工程的各类装备的提供、运输、维护、拆卸、拼装等支付的费用，已包括在工程量清单的单价与总额价之中。

（6）工程量清单中各项金额均以人民币（元）结算。

（7）暂列金额（不含计日工总额）的数量及拟用子目的说明。

（8）暂估价的数量及拟用子目的说明。

4.1.2.3　计日工说明

1．总则

（1）未经监理人书面指令，任何工程不得按计日工施工；接到监理人按计日工施工的书面指令，承包人也不得拒绝。

（2）投标人应在计日工单价表中填列计日工子目的基本单价或租价，该基本单价或租价适用于监理人指令的任何数量的计日工的结算与支付。计日工的劳务、材料和施工机械由招标人（或发包人）列出正常的估计数量，投标人报出单价，计算出计日工总额后列入工程量清单汇总表中并进入评标价。

（3）计日工不调价。

2．计日工劳务

（1）在计算应付给承包人的计日工工资时，工时应从工人到达施工现场，并开始从事指定的工作算起，到返回原出发地点为止，扣去用餐和休息的时间。只有直接从事指定的工作，且能胜任该工作的工人才能计工，随同工人一起做工的班长应计算在内，但不包括领工（工长）和其他质检管理人员。

（2）承包人可以得到用于计日工劳务的全部工时的支付，此支付按承包人填报的"计日工劳务单价表"所列单价计算，该单价应包括基本单价及承包人的管理费、税费、利润等所有附加费，说明如下：

1）劳务基本单价包括：承包人劳务的全部直接费用，如：工资、加班费、津贴、福利费及劳动保护费等。

2）承包人的利润、管理、质检、保险、税费；易耗品的使用、水电及照明费，工作台、脚手架、临时设施费，手动机具与工具的使用及维修，以及上述各项伴随而来的费用。

3．计日工材料

承包人可以得到计日工使用的材料费用（上述 3.2 款已计入劳务费内的材料费用除外）的支付，此费用按承包人"计日工材料单价表"中所填报的单价计算，该单价应包括基本单价及承包人的管理费、税费、利润等所有附加费，说明如下：

（1）材料基本单价按供货价加运杂费（到达承包人现场仓库）、保险费、仓库管理费以及运输损耗等计算。

（2）承包人的利润、管理、质检、保险、税费及其他附加费。

（3）从现场运至使用地点的人工费和施工机械使用费不包括在上述基本单价内。

4．计日工施工机械

承包人可以得到用于计日工作业的施工机械费用的支付，该费用按承包人填报的"计日工施工机械单价表"中的租价计算。该租价应包括施工机械的折旧、利息、维修、保养、零配件、油燃料、保险和其他消耗品的费用以及全部有关使用这些机械的管理费、税费、利润和司机与助手的劳务费等费用。

在计日工作业中，承包人计算所用的施工机械费用时，应按实际工作小时支付。除非经监理人的同意，计算的工作小时才能将施工机械从现场某处运到监理人指令的计日工作业的另一现场往返运送时间包括在内。

4.1.2.4 其他说明

根据工程项目特点进行填写。

4.1.2.5 工程量清单

（1）工程量清单表是招标工程中按章的顺序排列的各个项目表。表中有子目号、子目名称、工程数量、单位、单价及合价等栏目。其中单价或金额栏的数字一般由承包商投标时填写，而其他部分由业主或者招标单位在编制工程量清单时确定。工程量清单格式见表 4-1-1～表 4-1-10。

（2）计日工表。计日工也称散工或点工，指在工程实施过程中，业主可能有一些临时性的或新增加的项目，而且这种临时的新增项目的工程量在招投标阶段很难估计，希望通过招投标阶段事先定价，避免开工后可能有发生时出现的争端，故需要以计日工明细表的方法在工程量清单中予以明确。

第 4 章　公路工程工程量清单

表 4 - 1 - 1　　　　　　　　第 300 章 路 面

清单　第 300　路面

子目号	子目名称	单位	数量	单价	合价
302 - 1	碎石垫层				
- a	厚…mm	m²			
302 - 2	砂砾垫层				
- a	厚…mm	m²			
302 - 2	水泥稳定土垫层				
- a	厚…mm	m²			
302 - 2	·　石灰稳定土垫层				
- a	厚…mm	m²			
303 - 1	石灰稳定土底基层				
- a	厚…mm	m²			
⋮	……	……	……	……	……

清单 300 章合计 人民币＿＿＿＿＿＿＿

表 4 - 1 - 2　　　　　　　计 日 工 劳 务 计 价 表

编号	子目名称	单位	暂定数量	单价	合价
101	班长	h			
102	普通工	h			
103	焊工	h			
104	电工	h			
⋮	……	……	……	……	……

劳务小计金额：
（计入"计日工汇总表"）

表 4 - 1 - 3　　　　　　　计 日 工 材 料 计 价 表

编号	子目名称	单位	暂定数量	单价	合价
201	水泥	t			
202	钢筋	t			
203	钢绞线	t			
204	沥青	t			
205	木材	m³			
⋮	……	……	……	……	……

材料小计金额：
（计入"计日工汇总表"）

64

表 4-1-4　　　　　　　　　　　计日工施工机械单价表

编 号	子目名称	单 位	暂定数量	单 价	合 价
301	装载机				
301-1	1.5m³ 以下	h			
301-2	1.5～2.5m³	h			
301-3	2.5m³ 以上	h			
302	推土机				
⋮	……	……	……	……	……

施工机械小计金额：
（计入"计日工汇总表"）

表 4-1-5　　　　　　　　　　　计 日 工 汇 总 表

名 称	金 额	备 注
劳务		
材料		
施工机械		

计日工总计：
（计入"投标报价汇总表"）

（3）暂估价表。暂估价表包括材料暂估表、工程设备暂估表和专业工程暂估表。

表 4-1-6　　　　　　　　　　　材 料 暂 估 价 表

序号	名 称	单 位	数 量	单 价	合 价	备 注

表 4-1-7　　　　　　　　　　　工 程 设 备 暂 估 价 表

序号	名 称	单 位	数 量	单 价	合 价	备 注

表 4-1-8　　　　　　　　　　　专 业 工 程 暂 估 价 表

序 号	专 业 工 程 名 称	工 程 内 容	金 额

小计：

（4）投标报价汇总表。工程量清单汇总表是将各章的工程细目表及计日工明细表进行总汇，再加上暂定金额而得出该项目的总报价，该报价与投标书中的填写的投标总价一致。

表 4 - 1 - 9 　　　　　　　　　　投 标 报 价 汇 总 表

_____（项目名称）_____标段

序 号	章 次	科 目 名 称	金　额（元）
1	100	总则	
2	200	路基	
3	300	路面	
4	400	桥梁、涵洞	
5	500	隧道	
6	600	安全设施及预埋管线	
7	700	绿化及环境保护设施	
8		第 100 章～700 章清单合计	
9		已包含在清单合计中的材料、工程设备、专业工程暂估价合计	
10		清单合计减去材料、工程设备、专业工程暂估价合计（即 8－9＝10）	
11		计日工合计	
12		暂列金额（不含计日工总额）	
13		投标报价（8＋11＋12）＝ 13	

注　材料、工程设备、专业工程暂估价已包括在清单合计中，不应重复计入投标报价。

（5）工程量清单单价分析表。

表 4 - 1 - 10 　　　　　　　　工程量清单单价分析表

序号	编码	子目名称	人 工 费			材 料 费						机械使用费	其他	管理费	税费	利润	综合单价
			工日	单价	金额	主 材				辅材费	金额						
						主材耗量	主材单位	单价	主材费								

4.2　公路工程工程量清单编制

4.2.1　工程量清单规则说明

《公路工程工程量清单计量规则》由项目号、项目名称、项目特征、计量单位、工程量计算规则和工程内容组成。

1．项目号

《公路工程工程量清单计量规则》项目号的编写分别按项、目、节、细目表达，根据情况可按厚度、标号、规格等增列细目或子细目，与工程量清单细目号对应方式示例如下：

细目号： 2 09 －1 －a 浆砌片（块）石挡土墙

式中 2——项；

09——目（以两位数表示，不足两位数前面补零）；

－1——节；

－a——细目。

2．项目名称

项目名称以工程和费用名称命名，如有缺项，招标人可按《公路工程工程量清单计量规则》的原则进行补充，并报工程造价管理部门核备。

3．项目特征

项目特征是按不同的工程部位、施工工艺或材料品种、规格等对项目作的描述，是设置清单项目的依据。

4．计量单位

工程量清单的计量单位均采用基本单位计量，除各章另有特殊规定外，均按以下单位计量。其中长度计量采用"m"为单位；面积计量采用"m^2"为单位；重量计量采用"kg"为单位；体积和容积计量采用"m^3"为单位；自然计量单位有"台"、"套"、"个"、"组"……；没有具体数量的项目以总额表示。

5．工程量计算规则

工程量计算规则是对清单项目工程量的计算规定，除另有说明外，清单项目工程量均按设计图示以工程实体的净值计算；材料及半成品采备和损耗、场内二次转运、常规的检测、试验等均包括在相应工程项目中，不另行计量。

6．工程内容

工程内容是为完成该项目的主要工作，凡工程内容中未列的其他工作，为该项目的附属工作，应参照各项目对应的招标文件范本技术规范章节的规定或设计图纸综合考虑在报价中。

7．其他

（1）施工现场交通组织、维护费，应综合考虑在各项目内，不另行计量。

（2）为满足项目管理成本核算的需要，对于第四章桥梁、涵洞工程，第五章隧道工程，应按特大桥、大桥、中小桥、分离式立交桥和隧道单洞、连洞分类使用《公路工程工程量清单计量规则》的计量项目。

（3）《公路工程工程量清单计量规则》在具体使用过程中，可根据实际情况，补充个别项目的技术规范内容与工程量清单配套使用。

4.2.2 工程量清单的编制

1．列工程清单项目

根据设计图纸、工程量清单计量规则、消耗量定额、工程量清单表等，按顺序列出全部需要编制预算的建设工程项目，通常称所列的工程量清单项目为分项、子项或子目。

（1）列工程子项时应掌握的基本原则。既不能对列、错列，也不能少列、漏列。具体列项如下：

  1）凡图纸上有的工程内容，规范和定额中也有相应子目，列子项；

  2）凡图纸上有的工程内容，而规范和定额中却无相应子目，也要列项；

  3）当图纸上无而定额中有的，不得列子项。

  （2）子项工程名称。当图纸的构造做法、所用材料、规格与定额规定完全相同时，则列出定额所示子目名称及其编号；当定额规定内容及做法与图纸要求不完全相符时，应按图纸列出子项名称，并在定额编号的右下角加一个脚注"换"字或"＊"，以示该子项应按定额中的工程量计算规则，仔细认真的逐项计算。

  2．工程量计算

  （1）认真细致逐项计算工程量，保证实物量的准确性。在计算时首先应熟悉和读懂设计图纸及说明，以工程所在地定额进行项目划分及其工程量计算规则为依据，根据工程现场情况，考虑合理的施工方法和施工机械，分部分项地逐项计算工程量。

  （2）认真进行全面复核，确保清单内容符合实际，科学合理。

  3．工程量清单的价格编制

  投标报价，按照工程量清单计价办法和招标文件的有关规定，依据发包人提供的工程量清单，施工设计图纸，施工现场情况，施工方案，企业定额或预算定额，市场价格，建设行政主管部门和工程造价主管机构的有关规定，并自行考虑风险情况等进行编制。

4.2.3　采用工程量清单计价法与传统定额计价法的差别

  "工程量清单计算规则"在编制过程中，应该以现行定额为基础，特别是在项目划分、计量单位、工程量计算规则等方面，应尽可能多地与现行定额衔接。但在编制造价时，还是要减少现行定额对工程量清单计价的影响。这是因为传统的定额计价法与工程量清单计价法之间存在着不适应对工程造价合理确定和有效控制的差别，具体的差别主要有以下几点。

  1．编制工程量的单位不同

  传统定额预算计价办法是：工程量由招标单位和投标单位分别按图计算。工程量清单计价是：工程量由招标单位统一计算或由工程造价咨询资质单位统一计算，"工程量清单"是招标文件的重要组成部分，各投标单位按照招标人提供的"工程量清单"，根据自身的技术装备、施工经验、企业成本、企业定额、管理水平自主填写报价单。

  2．表现形式不同

  采用传统的定额预算计价法一般是总价形式。工程量清单报价法采用综合单价形式，综合单价包括人工费、材料费、机械使用费、管理费、利润，并考虑风险因素。工程量清单报价具有直观、单价相对固定的特点，工程量发生变化时，单价一般不作调整。

  3．编制的依据不同

  传统的定额预算计价法依据图纸、人工、材料、机械台班单价依据工程造价管理部门发布的价格信息进行计算。工程量清单报价法，标底的编制根据招标文件中的工程量清单和有关要求、施工现场情况、合理的施工方法以及按建设行政主管部门制定的有关工程造价计价办法编制。企业的投标则根据企业定额或参照建设行政主管部门发布的社会平均消耗量定额和市场价格信息来编制投标书。

4. 费用组成不同

传统预算定额计价法的工程造价由直接工程费、乘以一定的百分比、间接费、利润、税金组成。而工程量清单计价法工程造价包括分部分项工程量、措施项目费、其他项目费所构成的；并将工程实体消耗与施工措施实施分离，让施工企业的施工技术（措施）在竞争中充分得以体现。

5. 评标采用的办法不同

传统预算定额计价投标一般只对投标总价进行评审，且以社会平均单价水平为标准来决定中标人。而现在工程量清单计价法，不仅对投标总价进行评审，还要对分部分项工程量报价、措施项目费报价、其他项目费用报价逐一进行对比分析，为实施经评审的最低投标价竞标创造条件。

6. 项目编码不同

采用传统的预算定额项目编码，全国各省市自行编制，无法统一。而采用工程量清单计价，实现了统一编码、统一项目名称、统一计量单位、统一计算规则。

7. 合同价调整方式不同

传统的定额预算计价合同调整方式有：变更签证、定额解释、政策性调整。工程量清单计价法合同价调整方式主要是索赔。工程量清单的综合单价一般通过招标中报价的形式体现，一旦中标，报价作为签订施工合同的依据相对固定下来，工程结算按承包商实际完成工程量乘以清单中相应的单价计算，减少了调整活口，工程量清单计价单价不能随意调整。

8. 索赔事件增加

因承包商对工程量清单单价包含的工作内容一目了然，故凡建设方不按清单内容施工的，任意要求改清单的，都会增加施工索赔的因素。

习　题

1. 简述清单工程量的计算方法。
2. 简述清单计价与定额计价方法的异同点。

第5章 路基工程计量与计价

5.1 路基工程定额工程量计量

路基工程包括路基土石方工程，路基排水工程，软土地基处理工程等项目。

路基工程按开挖的难易程度将土壤、岩石分为六类。

土壤分为三类：松土、普通土、硬土。

岩石分为三类：软石、次坚石、坚石。

土、石分类与六级土、石分类和十六级土、石分类对照表图表 5 - 1 - 1 所示。

表 5 - 1 - 1　　　　土、石分类与六级土、石分类和十六级土、石分类对照

本定额分类	松　土	普　通　土	硬　土	软　石	次 坚 石	坚　石
六级分类	I	II	III	IV	V	VI
十六级分类	I～II	III	IV	V～VI	VII～IX	X～XVI

5.1.1 路基土、土方工程

1. 工程量计算规则

（1）土石方体积的计算。除定额中另有说明者外，土方挖方按天然密实体积计算，填方按压（夯）实后的体积计算，石方爆破按天然密实体积计算。当以填方压实体积为工程量，采用以天然密实方为计量单位的定额时，所采用的定额应乘以表 5 - 1 - 2 中的系数。

表 5 - 1 - 2　　　　　　　土 石 方 换 算 系 数 表

公路等级 \ 土类	土　　方			石　　方
	松土	普通土	硬土	
二级以二级以上公路	1.23	1.16	1.09	0.92
三、四级公路	1.11	1.05	1.00	0.84

其中推土机、铲运机施工土方的增运定额按普通土栏目的系数计算，人工挖运土方的增运定额和机械翻斗车、手扶拖拉机运输土方、自卸车运输土方的运运定额在上表的基础上增加 0.03 的土方运输损耗，但弃方运输不应计算运输损耗。

（2）零填及挖方地段基底压实面积等于路槽底面宽度（m）和长度（m）的乘积。

（3）抛坍爆破的工程量，按抛坍爆破设计计算。

（4）整修边坡的工程量，按公路路基长度计算。

【例 5 - 1 - 1】　某一二级公路路段挖方 1000m³（其中松土 200m³，普通土 600m³，硬土 200m³），填方数量为 1200m³。本断面挖方可利用方量为 900m³（松土 100m³、普通

土 600m³、硬土 200m³），远运利用方量为普通土 200m³（天然方）。

解：

本桩利用方（压实方）为：100/1.23＋600/1.16＋200/1.09＝782m³

远运利用方（压实方）为：200/1.16＝172m³

借方（压实方）为：1200－782－172＝246m³

弃方（天然方）为：100m³

上例的挖方、填方、本桩利用方、远运利用方、借方、弃方均引自施工图设计"路基土石方数量计算表"。

2. 下列数量应由施工组织设计提出，并入路基填方数内计算

（1）清除表土或零填方地段的基底压实、耕地填前夯（压）实后，回填至原地面标高所需的土、石方数量。

（2）因路基沉陷需增加填筑的土、石方数量。

（3）为保证路基边缘的压实度须加宽填筑时，所需的土、石方数量。

【例 5－1－2】 某高速公路路基工程，全长 20km，按设计断面计算的填缺为 60 万 m³，无利用方，平均填土高度为 5.0m，平均边坡长度为 10.5m，宽填厚度 0.2m，路基平均占地宽 45m，路基占地及取土坑均为耕地，土质为Ⅲ类土，填前以 12t 压路机压实耕地。试计算：

（1）填前压实增加土方量为多少？

（2）路基宽填增加土方量多少？

解：

（1）填前压实耕地增加的土方量。

先计算天然土因压实而产生的沉降量 h，计算公式见式（5－1－1）

$$h = p/c \tag{5-1-1}$$

式中　h——天然土因压实而产生的沉降量，cm；

　　　p——有效作用力（N/cm²），一般按 12～15t 压路机的有效作用力 $p=66$kN/cm² 计算；

　　　c——土的抗沉陷系数，N/cm³，其值见表 5－1－3。

表 5－1－3　　　　　　　　　　**各种原状土的 c 值参考表**

原 状 土 名 称	c（N/cm³）	原 状 土 名 称	c（N/cm³）
沼泽土	1～1.5	大块胶结的砂、潮湿黏土	3.5～6.0
凝滞土、细粒砂	1.8～1.5	坚实的黏土	10.0～12.5
松砂、松湿黏土、耕土	2.5～3.5	泥灰石	13.0～18.0

根据表 5－1－3 查得 $c=3.5$N/cm³，$p=66$cm²。

由公式（5－1－1）算得：$h=66/3.5=18.86$cm。

碾压天然土地面的面积乘以沉降量就是需增加的填方数量，计算公式见式（5－1－2）。即：

$$Q = Fh \tag{5-1-2}$$

式中　Q——增加的填方数量，m^3；

F——填前压（夯）实的天然土的地面面积，m^2；

h——沉降量，m。

$$Q＝45×20000×0.186＝169740m^3$$

（2）路基宽填增加土方量。

填筑路堤时，为保证路基边缘有足够的压实度，一般在施工时需超出设计宽度填筑，为使路基边缘达到压实标准，设计时应根据具体情况予以增加。《公路路基施工技术规范》（JTG F10—2006）明确规定："整修用机械填筑的路堤表面时，应将其两侧超填的宽度切除超填宽度的允许值为：砂性土 0.20～0.30m，粉性土 0.15～0.20m，黏性土 0.10～0.20m"。

路基因加宽所应增加的土石方数量采用机械碾压时，路基每边加宽的填筑宽度视路堤填筑高度而定，通常在 20～50cm 之间，路基加宽填筑部分如需清除时，按土方运输定额计算。需填宽的土方量一般可用公式（5-1-3）计算：

$$宽填土方量＝填方区边缘全长×边坡平均坡长×宽填厚度　　　　（5-1-3）$$

由此得路基宽填增加土方量＝10.5×20000 × 0.2 ×2＝8.4 万 m^3

"人工挖运土方"、"人工开炸石方"、"机械打眼开炸石方"、"抛坍爆破爆破石方"等定额中，已包括开挖边沟消耗的人工、材料和机械台班数量，因此，开挖边沟的数量应合并在路基土、石数量内计算。

各种开炸石方定额中，均已包括清理边坡工作。

机械施工土、石方，挖方部分因机械达不到而需由人工完成的工程量应由施工组织设计确定。其中，人工操作部分，按相应定额乘以 1.15 的系数。

坍爆破石方定额按地面横坡坡度划分，地面横坡变化复杂，为简化计算，凡变化长度在 20m 以内，以及零星变化长度累计不超过设计长度的 10％时，可并入附近路段计算。

抛坍爆破的石方清运及增运定额，系按设计数量乘以（1－抛坍率）编制。

自卸汽车运输路基土、石方定额项目和洒水汽车洒水定额项目，仅适用于平均运距在 15km 以内的土、石方或水的运输，当平均运距超过 15km 时，应按社会运输的有关规定计算其运输费用。当运距超过第一个定额运距单位时，其运距尾数不足一个增运定额单位的半数不计算，等于或超过半数时按一个增运定额运距单位计算。

路基加宽填筑部分如需清除时，按刷坡定额中普通土子目计算；清除的土方如需远运，按土方运输定额计算。

【例 5-1-3】　某路基工程采用挖掘机挖装土方，机械无法操作之处需采用人工挖装土方，其工程量 6500m^3，并查得其定额表的定额值为 21.5 工日/（100m^3）天然密实土，试问实际采用的计算定额值为多少？其所需劳动量为多少？

解：

根据题意可知，人工挖装土方的工程量 6500m^3 是由施工组织设计提供的。

实际采用的计算定额值为相应定额值乘以 1.15 系数，即 21.5×1.15＝24.73 工日/（100m^3）天然密实土。

所需总劳 6500×24.73÷100＝1607.45 工日。

5.1.2 排水工程

（1）工程量计算规则。

1）砌筑工程的工程量为砌体的实际体积，包括构成砌体的砂浆体积。

2）预制混凝土构件的工程量为预制构件的实际体积，不包括预制构件空心部分的体积。

3）挖截水沟、排水沟的工程量为设计水沟断面积乘以水沟长度与水沟坞工体积之和。

4）路基盲沟的工程量为设计设置盲沟的长度。

5）轻型井点降水定额按50根井管为一套计算。井点使用天数按日历天数计算，使用时间按施工组织的设计来确定。

（2）边沟、排水沟、截水沟的挖基费用按人工挖截水沟、排水沟定额计算，其他排水工程的挖基费用按土、石方工程的相关定额计算。

（3）边沟、排水沟、截水沟、急流槽定额均未包括垫层的费用，需要时按有关定额另行计算。

（4）雨水箅子的规格与定额不同时，可按设计用量抽换定额中铸铁箅子的消耗。

5.1.3 路基软基处理工程

（1）袋装砂井及塑料排水板处理软土地基，工程量为设计深度，定额材料消耗中已包括砂袋或塑料排水板的预留长度。

（2）振冲碎石桩定额中不包括污泥排放处理的费用，需要时另行计算。

（3）挤密砂桩和石灰桩处理软土地基定额的工程量为设计桩长。

（4）粉体喷射搅拌桩拌和高压旋喷桩处理软土地基定额的工程量设计桩长。

（5）高压旋喷桩定额中的浆液是按普通水泥浆编制的，当设计采用添加剂或水泥用量与定额不同时，可按设计要求进行抽换。

（6）土工布的铺设面积为锚固沟外边缘所包围的面积，包括锚固沟的底面积和侧面积。定额中不包括排水内容，需要时另行计算。

（7）强夯定额适用于处理松、软的碎石土、砂土、低饱和度的粉土与黏性土、湿陷性黄土、杂填土和素填土等地基。定额中已综合考虑夯坑的排水费用，使用定额时不得另行增加费用。夯击遍数应根据地基土的性质由设计确定，低能量满夯不能作为夯击遍数计算。

（8）堆载预压定额中包括了堆载四面的放坡、沉降观测、修坡道增加的人工、材料、机械消耗以及施工中测量放线、定位的工、料消耗，使用定额时均不得另行计算。

5.1.4 其他需要说明的部分

（1）洒水汽车洒水定额中的水不计费用，若用水需计水费时，应按相应的水价另行计算。

（2）凡工作内容中未包括运输，而又需要有运输配合时，运输按有关的定额另行计算。

（3）路基碾压定额中编制了推土机推平土方及平地机摊平土方两种方式，推土机的台班数量列于括号内。推土机及平地机不可同时选用，定额基价是按平地机计算的。对零填及挖方路段路基，只考虑铺设高等级路面的情况。如三、四级公路铺设高等级路面，按二级公路取定，对铺设低等级路面的公路，不考虑压实。

【例5-1-4】 某标段高速公路路基土石方设计，无挖方，按断面计算的填方数量为20.1万 m³，平均填土高度5.0m，边坡坡度1∶1.5。本标段路线长度6km，路基宽度为 26m，地面以上范围内填方中 40％从其他标段调用，平均运距为 3000m，其他为借方，平均运距为 2000m（均按普通土考虑）。为保证路基边缘的压实度须加宽铺筑，宽填宽度为 50cm，完工后要刷坡但不远运。假设填前压实沉陷厚度为 15cm，土的压实干密度为 1.4t/m³。，自然土的含水量约低于其最佳含水量 2％，水的平均运距为 1km。

问题：

列出编制本项目土石方施工图预算所需的全部工程细目名称、单位、定额代号、数量等内容，并填入表格（见表 5 - 1 - 4），需要时应列式计算。

解：

(1) 路基填前压实沉陷增加数量：$6000 \times (26+5 \times 1.5 \times 2) \times 0.15 = 36900 m^3$。

(2) 路基宽填增加数量：$6000 \times 0.5 \times 2 \times 5 = 30000 m^3$。

(3) 实际填方数量：$201000 + 30000 + 36900 = 267900 m^3$。

(4) 利用方数量：$201000 \times 40\% = 80400 m^3$。

(5) 借方数量：$267900 - 80400 = 187500 m^3$。

(6) 填前压实数量：$6000 \times (26+5 \times 1.5 \times 2) = 246000 m^2$。

(7) 土方压实需加水数量：$267900 \times 1.4 \times 2\% = 7501 m^2$。

(8) 整修路拱数量：$6000 \times 26 = 156000 m^2$。

表 5 - 1 - 4　　　　　　　　定　额　表

序号	工　程　细　目		定 额 代 号	单　位	数　量	定额调整系数
1	3m³ 装载机装土（利用方）		10110003	1000m³	80.4	1.16
2	15t 自行汽车运 土方（借方）	第一个 1km	10111021	1000m³	80.4	1.19
3		增运 2km	10111022	1000m³	80.4	1.19×4
4	2m³ 装载机装土（借方）		10109008	1000m³	187.5	1.16
5	15t 自行汽车运 土方（借方）	第一个 1km	10111021	1000m³	187.5	1.19
6		增运 2km	10111022	1000m³	187.5	1.19×2
7	土方碾压		10118004	1000m³	267.9	
8	土方洒水（8000L 洒水车）		10122009	1000m³	7.501	
9	耕地填前压实		10105004	1000m³	246	
10	刷坡		10121002	100m³	300	
11	整修路拱		10120001	1000m³	156	
12	整修边坡		10120003	1km	6	

【例 5 - 1 - 5】 位于浙江省金华地区的新建××高速公路第×合同段共长 16.76km，路基宽度为 26m，两端分别为 2.46km 和 3.4km，穿越丘陵地带，土壤为普通土；中间 10.9km，穿越农田、果林，绝大部分为填方地段。

路基土、石方工程量如下：

挖方（天然密实方）：开挖土方（普通土）262826m³；开炸石方（次坚石）1444007m³；石方弃方远运 3km，共计 40 万 m³。

填方（压实方）：利用土填方 226574m³（远运 4.0km）；利用石填方 1135109m³（远运 4.5km）；借土填方 210576m³（普通土远运 5km）。

其他零星工程应摊入填、挖方单价的有：

（1）耕地填前压实计 26 万 m² 按填方比例分摊：

利用土方填方 3.9 万 m²；利用石方填方 187200m²；借土填方 33800m²。

（2）整修路基分摊到填、挖方单价中（见表 5－1－5）。

表 5－1－5　　　　　　　　　　整 修 路 基 数 量 分 摊

项　　目	整 修 路 拱（m²）	整 修 边 坡（km）
挖土方	22854	0.88
开炸石方	129506	4.98
利用土方填方	42510	1.63
利用石方填方	204048	7.85
借土填方	36842	1.42

（3）填方地段为保证路基边缘压实度每边加宽的填方，完工后应刷坡计 80 万 m³，分摊到填方单价中，其中利用土方填方 12000m³；利用石方填方 57600m³，借土填方 10400m³。

【例 5－1－6】

问题：

（1）简要叙述该段路基土、石方工程的施工方法。

（2）试用定额计价的方法确定上列项目的工程数量、定额代号及定额基价。

解：

（1）施工方法的选用。

该高速公路的路基土、石方工程，挖方和填方较集中，利用方和借方运距达到 4～5km，因此，施工方法应采用大型土、石方机械施工较为合适。

路基土、石方挖运宜采用 165kW 以内推土机推运和集料，3 立方米装载机装料，15t 自卸汽车运输。

填方选用平地机平整、重振动压路机碾压，符合高速公路施工进度和质量要求。

（2）定额计价确定工程数量、定额代号及定额基价（见表 5－1－6）。

表 5－1－6　　　　　　　　　　工程细目、定额代号表

工　程　细　目		单位	定额代号	工程量	定额调整系数	定额基价
165kW 以内推土机推土	第一个 20m	1000m³	10101218	262.826	0.8（人、机）	1372
	每增运 10m	1000m³	10101220	262.826	4	1549
3 立方装载机装土（利用）		1000m³	10101003	226.574	1.16	1143
15t 以内汽车运土方（利用）	第一个 1km	1000m³	10101121	226.574	1.19	4541
	每增运 0.5km	1000m³	10101122	226.574	6×1.19	3427
165kW 以内推土机推集土方（借土）		1000m³	10101218	210.576	0.8（人、机）	1372
3 立方装载机装土（借土）		1000m³	10101003	210.576	1.16	1143
15t 以内汽车运土方（借土）	第一个 1km	1000m³	10101121	210.576	1.19	4541
	每增运 0.5km	1000m³	10101122	210.576	8×1.19	4570

工　程　细　目		单位	定额代号	工程量	定额调整系数	定额基价
土方碾压		1000m³	10101802	437.15		4299
165kW 以内推土机推石方(挖石方)	第一个 20m	1000m³	10101531	1444.007	0.8(人、机)	12421
	每增运 10m	1000m³	10101534	1444.007	4	5092
3 立方装载机装石（弃方）		1000m³	10101009	400		1916
15t 以内汽车运石方（弃方）	第一个 1km	1000m³	10101149	400		6275
	每增运 0.5km	1000m³	10101150	400	4	2904
3 立方装载机装石（利用方）		1000m³	10101009	1135.109	0.92	1763
15t 以内汽车运石方（利用方）	第一个 1km	1000m³	10101149	1135.109	0.92	5773
	每增运 0.5km	1000m³	10101150	1135.109	7×0.92	4675
石方碾压		1000m³	10101815	1135.109		6915
耕地填前压实		1000m²	10100504	260		261
刷坡（土方）		1000m³	10102102	22.4		14135
刷坡（石方）		100m³	10102103	576		21426
整修边坡		km	10102003	16.7		16566
整修路拱		1000m²	10102001	435.76		121

5.2　路基工程清单项目工程量计量

根据《公路工程工程量计量规则》，路基工程包括：清理与挖除、路基挖方、路基填方、特殊地区路基处理、排水设施、边坡防护、挡土墙、挂网坡面防护、预应力锚索及锚固板、抗滑桩、河床及护坡铺砌工程。

5.2.1　场地清理

工作内容为公路用地范围及借土场范围内施工场地的清理、拆除和挖掘，以及必要的平整场地等有关作业。

5.2.1.1　工程量清单计量规则

场地清理工程量清单计量规则见表 5-2-1。

表 5-2-1　　　　　　　　　场地清理工程量清单计量规则

项	目	节	细目	项目名称	项目特征	计量单位	工程量计算规则	工 程 内 容
二				路基				第 200 章
		2		场地清理				第 202 节
			1	清理与掘除				
			a	清理现场	1. 表土。 2. 深度	m²	按设计图表所示，以投影平面面积计算	1. 清除路基范围内所有垃圾。 2. 清除草皮或农作物的根系与表土（10~30cm 厚）。 3. 清除灌木、竹林、树木（胸径小于 150mm）和石头。 4. 废料运输及堆放。 5. 坑穴填平夯实

续表

项	目	节	细目	项目名称	项目特征	计量单位	工程量计算规则	工程内容
			b	砍树、挖根	胸径	棵	按设计图所示胸径（离地面1.3m处的直径）大于150mm的树木，以累计棵数计算	1. 砍树、截锯、挖根。 2. 运输堆放。 3. 坑穴填平夯实
		2		挖除旧路面				
			a	水泥混凝土路面	厚度	m²	按设计图所示，以面积计算	1. 挖除、坑穴回填、压实。 2. 装卸、运输、堆放
			b	沥青混凝土路面				
			c	碎（砾）石路面				
		3		拆除结构物				
			a	钢筋混凝土结构	形状	m³	按设计图所示，以体积计算	1. 拆除、坑穴回填、压实。 2. 装卸、运输、堆放
			b	混凝土结构				
			c	砖、石及其他砌体结构				

5.2.1.2 计量与支付

1. 计量

（1）施工场地清理的计量应按监理人书面指定的范围（路基范围以外临时工程用地清场等除外）进行验收。现场实地测量的平面投影面积以 m² 计量。现场清理包括路基范围内的所有垃圾、灌木、竹林及胸径小于100mm的树木、石头、废料、表土（腐殖土）、草皮的铲除与开挖。借土场的场地清理与拆除（包括临时工程）均应列入土方单价之内，不另行计量。

（2）砍伐树木仅计胸径（即离地面1.3m高处的直径）大于100mm的树木，以棵计量，包括砍伐后的截锯、移运（移运至监理人指定的地点）、堆放等一切有关作业；挖除树根以棵计量，包括挖除、移运、堆放等一切有关的作业。

（3）挖除旧路面（包括路面基层）应按不同结构类型的路面以平方米计量；拆除原有公路结构物应分别按结构物的类型，依据监理人现场指示范围和量测方法量测，以 m³ 计量。

（4）所有场地清理、拆除与挖掘工作的一切挖方、坑穴的回填、整平、压实，以及适用材料的移运、堆放和废料的移运处理等作业费用均含入相关子目单价之中，不另行计量。

2. 支付

按上述规定计量，经监理人验收并列入工程量清单的以下支付子目的工程量，其每一计量单位，将以合同单价支付。此项支付包括材料、劳力、设备、运输等及其为完成此项工程所必需的全部费用（如无特殊说明，以下各子目相同，不再单独列出）。

3. 支付子目（见表 5-2-2）

表 5-2-2　　　　　　　　　　　支　付　子　目

子　目　号	子　目　名　称	单　位
202-1	清理与掘除	
-a	清理现场	m²
-b	砍伐树木	棵
-c	挖除树根	棵
202-2	挖除旧路面	
-a	水泥混凝土路面	m²
-b	沥青混凝土路面	m²
-c	碎（砾）石路面	m²
202-3	拆除结构物	
-a	钢筋混凝土结构	m³
-b	混凝土结构	m³
-c	砖、石及其他砌体结构	m³

5.2.2　挖方路基

工作内容为挖方路基施工和边沟、截水沟、排水沟以及改河、改渠、改路等开挖有关作业。

5.2.2.1　工程量清单计量规则

挖方路基工程量清单计量规则见表 5-2-3。

表 5-2-3　　　　　　　　　　挖方路基工程量清单计量规则

项	目	节	细目	项目名称	项目特征	计量单位	工程量计算规则	工　程　内　容
	3			挖方				第 203 节、第 206 节
		1		路基挖方				
			a	挖土方	1. 土壤类别。 2. 运距	m³	按路线中线长度乘以核定的断面面积（扣除 10～30cm 厚清表土及路面厚度），以开挖天然密实体积计算	1. 施工防、排水。 2. 开挖、装卸、运输。 3. 路基顶面挖松压实。 4. 整修边坡。 5. 弃方和剩余材料的处理（包括弃土堆的堆置、整理）
			b	挖石方	1. 岩石类别。 2. 爆破要求。 3. 运距	m³	按路线中线长度乘以核定的断面面积（扣除 10～30cm 厚清表土及路面厚度），以开挖天然密实体积计算	1. 施工防、排水。 2. 石方爆破、开挖、装卸、运输。 3. 岩石开凿、解小、清理坡面危石。 4. 路基顶面凿平或填平压实。 5. 整修路基。 6. 弃方和剩余材料的处理（包括弃土堆的堆置、整理）

续表

项	目	节	细目	项目名称	项目特征	计量单位	工程量计算规则	工 程 内 容
			c	挖除非适用材料（包括淤泥）	1. 土壤类别。 2. 运距	m³	按设计图所示，以体积计算（不包括清理原地面线以下 10～30cm 以内的表土）	1. 围堰排水。 2. 挖装。 3. 运弃（包括弃土堆的堆置、整理）
		3		借土挖方				
			a	借土（石）方	1. 土城类别。 2. 爆破要求。 3. 运距（图纸规定）	m³	按设计图所示经监理工程师验收的取土场借土或经监理工程师批准由于变更引起增加的借土，以体积计算（不包括借土场表土及不适宜材料）	1. 借土场的表土清除、移运、整平、修坡。 2. 土方开挖（或石方爆破）、装运、堆放、分理填料。 3. 岩石开凿、解小、清理坡面危石
			b	借土（石）方增（减）运费	1. 土壤类别。 2. 超运里程	m³、km	按设计图所示，经监理工程师批准变更或增加的取土场导致借方超过（或低于）图纸规定运距，则增加或减少借方的运量，按该部分借土的数量乘以增加或减少超运里程计算	借方增（减）运距

有关问题的说明及提示：

（1）路基石方的界定。用不小于 165kW（220 匹马力）推土机单齿松土器无法勾动，须用爆破、钢楔或气钻方法开挖，且体积不小于 1m³ 的孤石为石方。

（2）土石方体积用平均断面积法计算。但与似棱体公式计算方式计算结果比较，如果误差超过 5% 时，采用似棱体公式计算。

（3）路基挖方以批准的路基设计图纸所示界限为限，均以开挖天然密实体积计量。其中包括边沟、排水沟、截水沟、改河、改渠、改路的开挖。

（4）挖方作业应保持边坡稳定，应做到开挖与防护同步施工，如因施工方法不当，排水不良或开挖后未按设计及时进行防护而造成的塌方，则塌方的清除和回填由承包人负责。

（5）借土挖方按天然密实体积计量，借土场或取土坑中非适用材料的挖除、弃运及场地清理、地貌恢复、施工便道便桥的修建与养护、临时排水与防护作为借土挖方的附属工程，不另行计量。

5.2.2.2 计量与支付

1. 计量

（1）路基土石方开挖数量包括边沟、排水沟、截水沟，应以经监理人校核批准的横断面地面线和土石分界的补充测量为基础，按路线中线长度乘以经监理人核准的横断面面积进行计算，以 m³ 计量。

（2）挖除路基范围内非适用材料及淤泥（不包括借土场）的数量，应以承包人测量，并经监理人审核批准的断面或实际范围为依据的计算数量，分别以 m³ 计量。

（3）除非监理人另有指示，凡超过图纸或监理人规定尺寸的开挖，均不予计量。

（4）石方爆破安全措施、弃方的运输和堆放、质量检验、临时道路和临时排水等均含入相关子目单价或费率之中，不另行计量。

（5）在挖方路基的路床顶面以下，土方断面挖松深 300mm 再压实；石方断面应辅以人工凿平或填平压实，作为承包人应做的附属工作，均不另行计量。

改河、改渠、改路的开挖工程按合同图纸施工，计量方法可按上述 1 款进行。改路挖方线外工程程的工作量计入 203 - 2 子目内。

2. 支付

土方和石方的单价费用，包括开挖、运输、堆放、分理填料、装卸、弃方和剩余材料的处理，以及其他有关的全部施工费用。

3. 支付子目（见表 5 - 2 - 4）

表 5 - 2 - 4　　　　　　　　　　支 付 子 目

子 目 号	子 目 名 称	单 位
203 - 1	路基挖方	
- a	挖土方	m³
- b	挖畓方	m³
- c	挖除非适用材料（不含淤泥）	m³
- d	挖淤泥	m³
203 - 2	改河、改渠、改路挖方	
- a	挖土方	m³
- b	挖石方	m³

5.2.3　填方路基

工作内容为填筑路基和结构物处的台背回填以及改路填筑等有关的施工作业。

5.2.3.1　工程量清单计量规则

填方路基工程量清单计量规则见表 5 - 2 - 5。

表 5 - 2 - 5　　　　　　填方路基工程量清单计量规则

项	目	节	细目	项目名称	项目特征	计量单位	工程量计算规则	工 程 内 容
4				填方				第 204 节、第 206 节
		1		路基填筑				
			a	回填土	1. 土壤类别。 2. 压实度	m³	按设计图表所示，以压实体积计算	回填好土的摊平、压实

续表

项	目	节	细目	项目名称	项目特征	计量单位	工程量计算规则	工 程 内 容
			b	土方	1. 土壤类别。 2. 粒径。 3. 碾压要求	m³	按路线中线长度乘以核定的断面面积（含10～30cm清表回填不含路面厚度），以压实体积计算（为保证压实度路基两侧加宽超填的土石方不予计量）	1. 施工防、排水。 2. 填前压实或挖台阶。 3. 摊平、洒水或晾晒压实。 4. 整修路基和边坡
			c	石方				1. 施工防、排水。 2. 填前压实或挖台阶。 3. 人工码砌嵌锁、改磴。 4. 摊平、洒水或晾晒压实。 5. 整修路基和边坡
		2		改路、改河、改渠坡筑				
			a	回填土	1. 土壤类别。 2. 运距。 3. 压实度	m³	按设计图所示，以压实体积计算	回填好土的摊平、压实
			b	土方	1. 土壤类别。 2. 粒径。 3. 碾压要求	m³	按设计图所示，以压实体积计算	1. 施工防、排水。 2. 填前压实或挖台阶。 3. 摊平、洒水或晾晒压实。 4. 整修路基和边坡
			c	石方	1. 土壤类别。 2. 粒径。 3. 碾压要求	m³	按设计图所示，以压实体积计算	1. 施工防、排水。 2. 填前压实或挖台阶。 3. 人工码砌嵌锁、改磴。 4. 摊平、洒水或晾晒压实。 5. 整修路基和边坡
		3		结构物台背及锥坡填筑				
			a	涵洞、通道台背回填	1. 材料规格、类别。 2. 压实度。 3. 碾压要求	m³	按设计图所示，以压实体积计算	1. 挖运、掺配、拌和。 2. 摊平、压实。 3. 洒水、养护。 4. 整形
			b	桥梁台背回填				
			c	锥坡填筑				

有关问题的说明及提示：

（1）路基填料中石料含量等于或大于70%时，按填石路堤计量；小于70%时，按填土路堤计量。

（2）路基填方以批准的路基设计图纸所示界限为限，按压实后路床顶面设计高程计算。应扣除跨径大于5m的通道、涵洞空间体积，跨径大于5m的桥则按桥长的空间体积扣除。为保证压实度两侧加宽超填的增加体积，零填零挖的翻松压实，均不另行计量。

（3）桥涵台背回填只计按设计图纸或工程师指示进行的桥涵台背特殊处理数量。但在路基土石方填筑计量中应扣除涵洞、通道台背及桥梁桥长范围外台背特殊处理的数量。

（4）回填土指零挖以下或填方路基（扣除 10～30cm 清表）路段挖除非适用材料后好土的回填。

（5）填方按压实的体积以 m³ 计量，包括挖台阶、摊平、压实、整型，其开挖作业在挖方中计量。

5.2.3.2　计量与支付

1. 计量

（1）筑路堤的土石方数量，应以承包人的施工测量和补充测量经监理人校核批准的横断面地面线为基础，以监理人批准的横断面图为依据，由承包人按不同来源（包括利用土方、利用石方和借方等）分别计算，经监理人校核认可的工程数量作为计量的工程数量。

（2）零填挖路段的翻松、压实含入报价之中，不另计量。

（3）零填挖路段的换填土，按压实的体积，以 m³ 计量。计价中包括表面不良土的翻挖、运弃（不计运距）、换填好土的挖运、摊平、压实等一切与此有关作业的费用。

（4）利用土、石填方及土石混合填料的填方，按压实的体积，以 m³ 计量。计价中包括挖台阶、摊平、压实、整型等一切与此有关作业的费用。利用土、石方的开挖作业在路基挖方中计量。承包人不得因为土石混填的工艺、压实标准及检测方法的变化而要求增加额外的费用。

（5）借土填方，按压实的体积，以 m³ 计量，计价中包括借土场（取土坑）中非适用材料的挖除、弃运及借土场的资源使用费、场地清理、地貌恢复、施工便道、便桥的修建与养护、临时排水与防护等和填方材料的开挖、运输、挖台阶、摊平、压实、整型等一切与此有关作业的费用。

（6）粉煤灰路堤按压实体积，以立方米计量，计价中包括材料储运（含储灰场建设）、摊铺、晾晒、土质护坡、压实、整型以及试验路段施工等一切与此有关的作业费用。土质包边土在支付子目号 204-1-e 中计量。

（7）结构物台背回填按压实体积，以立方米计量，计价中包括：挖运、摊平、压实、整型等一切与此有关的作业费用。

（8）锥坡及台前溜坡填土，按图纸要求施工，经监理人验收的压实体积，以 m³ 计量。

（9）临时排水以及超出图纸要求以外的超填，均不计量。

2. 支付子目（见表 5-2-6）

表 5-2-6　　　　　　　　　　支 付 子 目

子 目 号	子 目 名 称	单 位
204-1	路基填筑（包括填前压实）	
-a	换填土	m³
-b	利用土方	m³
-c	利用石方	m³
-d	利用土石混填	m³
-e	借土填方	m³

续表

子 目 号	子 目 名 称	单 位
-f	粉煤灰路堤	m³
-g	结构物台背回填	m³
-h	锥坡及台前溜坡填土	m³
204-2	改河、改渠、改路填筑	
-a	利用土方	m³
-b	利用石方	m³
-c	借土填筑	m³

5.2.4 特殊地区路基处理

工作内容包括：软土地区路基、滑坡地段路基、岩溶地区路基、膨胀土地区路基、黄土地区路基、盐渍土地区路基、风积沙及沙漠地区路基、季节性冻土地区路基和河、塘、湖、海地区路基的处理及其有关的工程作业。

5.2.4.1 工程量清单计量规则

特殊地区路基处理工程量清单计量规则如表5-2-7所示。

表5-2-7　　　　　　　　特殊地区路基处理工程量清单计量规则

项	目	节	细目	项目名称	项目特征	计量单位	工程量计算规则	工 程 内 容
5				特殊地区路基处理				第205节
		1		软土地基处理				
			a	抛石挤淤	材料规格	m³	按设计图所示，以体积计算	1. 排水清淤。 2. 抛填片石。 3. 填塞垫平、压实
			b	干砌片石				1. 砌片石。 2. 填塞垫平、压实
			c	砂（砂砾）垫层、碎石垫层				1. 运料。 2. 铺料、整平。 3. 压实
			d	灰土垫层	1. 材料规格。 2. 配合比			1. 拌和。 2. 摊铺、整形。 3. 碾压。 4. 养生
			e	浆砌片石	1. 材料规格。 2. 强度等级			1. 浆砌片石。 2. 养生
			f	预压与超载预压	1. 材料规格。 2. 时间			1. 布载。 2. 卸载。 3. 清理场地
			g	袋装砂井	1. 材料规格。 2. 桩径	m	按设计图所示，按不同孔径以长度计算（砂及砂袋不单独计量）	1. 轨道铺设。 2. 装砂袋。 3. 定位。 4. 打钢管。 5. 下砂袋。 6. 拔钢管。 7. 桩机移位。 8. 拆卸

续表

项	目	节	细目	项目名称	项目特征	计量单位	工程量计算规则	工 程 内 容
			h	塑料排水板	材料规格		按设计图所示，按不同宽度以长度计算（不计伸入长度）	1. 轨道铺设。 2. 定位。 3. 穿塑料排水板。 4. 按桩靴。 5. 打拔钢管。 6. 剪断排水板。 7. 桩机移位。 8. 拆卸
			i	粉喷桩	1. 材料规格。 2. 桩径。 3. 喷粉量	m	按设计图所示，按不同桩径以长度计算	1. 场地清理。 2. 设备安装、移位、拆除。 3. 成孔喷粉。 4. 二次搅拌
			j	碎石桩	1. 材料规格。 2. 桩径		按设计图所示，按不同桩径以长度计算	1. 设备安装、移位、拆除。 2. 试桩。 3. 冲孔填料
			k	砂桩				
			l	松木桩			按设计图所示，以桩打入土的长度计算	1. 打桩。 2. 锯桩头
			m	土工布	材料规格	m²	按设计图所示尺寸，以净面积计算（不计入按规范要求的搭接卷边部分）	1. 铺设。 2. 搭接。 3. 铆固或缝接或黏结
			n	土工格栅				
			o	土工格室				1. 铺设。 2. 搭接。 3. 铆固
		2		滑坡处理	1. 土质。 2. 运距	m³	按实际量测的体积计算	1. 排水。 2. 挖、装、运、卸
		3		岩溶洞回填	1. 材料规格。 2. 填实	m³	按实际量测验收的填筑体积计算	1. 排水。 2. 挖装运回填。 3. 夯实
		4		改良土				
			a	水泥	1. 标号。 2. 掺配料剂量。 3. 含水量	t	按设计图所示，以掺配料重量计算	1. 掺配、拌和。 2. 养护
			b	石灰				
		5		黄土处理				
			a	陷穴	1. 体积。 2. 压实度	m³	按实际回填体积计算	1. 排水。 2. 开挖。 3. 运输。 4. 取料回填。 5. 压实
			b	湿陷性黄土	1. 范围。 2. 压实度	m²	按设计图所示强夯处理合格面积计算	1. 排水。 2. 开挖运输。 3. 设备安装及拆除。 4. 强夯等加固处理。 5. 取料回填压实
		6		盐渍土处理				
			a	厚…mm	1. 含盐量。 2. 厚度。 3. 压实度	m²	按设计图所示，按规定的厚度以换填面积计算	1. 清除。 2. 运输。 3. 取料换填。 4. 压实

5.2.4.2 计量与支付

1. 计量

（1）挖除换填。挖除原路基一定深度及范围内淤泥以 m³ 计量；列入"挖方路基"相应的支付子目中。

换填的填方，包括由于施工过程中地面下沉而增加的填方量以 m³ 计量；列入"填方路基"相应的支付子目中。

抛石挤淤。按图纸或验收的尺寸计算抛石体积的片石数量，以 m³ 计量，包括有关的一切作业。

（2）砂垫层、砂砾垫层及灰土垫层。按垫层类型分别以 m³ 计量，包括材料、机械及有关的一切作业。

铺设土工织物以图纸为依据，经监理人验收合格以设计图为依据计算单层净面积数量（不计搭接及反包边增加量），包括材料、机械及与此有关的一切作业。

（3）预压、超载预压。按图纸或监理人要求的预压宽度和高度以 m³ 计量，包括材料、机械及有关的一切作业。

真空预压、真空堆载联合预压。应以图纸或监理人所要求预压范围（宽度、高度、长度）经监理人验收合格，预压后体积以 m³ 为单位计量；计量中包括预压所用垫层材料、密封膜、滤管及密封沟或围堰等一切相关的材料、机械、人工费用。

（4）袋装砂井。按不同直径及深（长）度分别以 m 计量。砂及砂袋不单独计量。

塑料排水板。按规格及深（长）度分别以 m 计量，不计伸入垫层内长度，包括材料、机械及有关的一切作业。

砂桩、碎石桩、加固土桩、CFG 桩。按不同桩径及桩深（长）度以图纸为依据经验收合格按 m 为单位计量，包括材料、机械及有关的一切作业。

（5）滑坡处理。按实际发生的挖除及回填体积，经监理人验收合格后以 m³ 计量。计价中包括施工中所采取的安全保护措施、采取措施截断流向滑体的地表水、地下水及临时用水，以及采取措施封闭滑体上的裂隙等全部作业。

滑坡处理采用抗滑支挡工程施工时所发生工程量按不同工程项目，分别在相关支付子目下计量。

（6）洞按实际填筑体积，经监理人验收合格后以 m³ 计量。经批准采取其他处理措施时，经验收合格后，参照类似项目的规定进行计量。

黄土陷穴按实际开挖和回填体积，经监理人验收合格后以立方米计量。

（7）膨胀土路基按图纸及监理人指示进行铺筑，经监理人验收合格，按不同厚度以 m² 计量，其内容仅指石灰土改良费用，包括石灰的购置、运输、消解、拌和及有关辅助作业等一切有关费用；土方的挖运、填筑及压实等作业含入"挖方路基、填方路基"相关子目之中。

盐渍土路基处理换填，经监理人验收合格后按不同厚度以 m² 计量，其内容包括铲除过盐渍土、材料运输、分层填筑、分层压实等相关作业。

风积沙填筑路基以图纸为依据，经验收合格以 m³ 为单位计量，包括材料、运输、摊平、碾压等相关作业。

季节性冻土地区路基施工以图纸为依据，经验收合格按不同填料规格，以 m³ 计量，其内容包括清除软层、材料运输、分层填筑、分层压实等相关作业。

（8）采用强夯处理，以图纸为依据经监理人验收合格后以平方米为单位计量，包括施工前的地表处理、拦截地表和地下水、强夯及强夯后的标准贯入、静力触探测试等相关作业。

（9）工地沉降观测作为承包人应做的工作，不予计量与支付。

（10）临时排水与防护设施认为已包括在相关工程中，不另行计量。

2. 支付子目（见表 5-2-8）

表 5-2-8　　　　　　　　　　　　　　支 付 子 目

子 目 号	子 目 名 称	单 位
205-1	软土地基处理	
-a	抛石挤淤	m³
-b	砂垫层、砂砾垫层	m³
-c	灰土垫层	m³
-d	预压与超载预压	m³
-e	真空预压与真空堆载预压	m³
-f	袋装砂井	m
-g	塑料排水板	m
-h	加固土桩	m
-i	碎石桩	m
-j	砂桩	m
-k	CFG 桩	m
-l	土工织物	m²
-m	强夯	m²
-n	强夯置换	m³
205-2	滑坡处理	m³
205-3	岩溶洞回填	m³
205-4	膨胀土处理	m³
-a	厚…mm 石灰土改良	m³
205-5	黄土处理	m³
-a	陷穴	m³
205-6	盐渍土处理	m³
-a	厚…mm	m³
205-7	风积沙填筑	m³
205-8	季节性冻土改性处理	m³

5.2.5　路基排水

5.2.5.1　工程量清单计量规则

路基排水工程量清单计量规则见表 5-2-9。

表 5 - 2 - 9 　　　　　　　　　　　　　　**路基排水工程量清单计量规则**

项目	目 节	细目	项目名称	项目特征	计量单位	工程量计算规则	工 程 内 容
7			水沟				第 207 节
	1		边沟				
		a	浆砌片石边沟	1. 材料规格。 2. 垫层厚度。 3. 断面尺寸。 4. 强度等级	m³	按设计图所示以体积计算	1. 扩挖整形。 2. 砌筑勾缝或预制混凝土块、铺砂砾垫层、砌筑。 3. 伸缩缝填塞。 4. 抹灰压顶。 5. 预制安装（钢筋）混凝土盖板
		b	浆砌混凝土预制块边沟				
	2		排水沟				
		a	浆砌片石排水沟	1. 材料规格。 2. 垫层厚度。 3. 断面尺寸。 4. 强度等级	m³	按设计图所示，以体积计算	1. 扩挖整形。 2. 砌筑勾缝或预制混凝土块、铺砂砾垫层、砌筑。 3. 伸缩缝填塞。 4. 抹灰压顶。 5. 预制安装（钢筋）混凝土盖板
		b	浆砌混凝土预制块排水沟				
	3		截水沟				
		a	浆砌片石截水沟	1. 材料规格。 2. 垫层厚度。 3. 断面尺寸。 4. 强度等级	m³	按设计图所示，以体积计算	1. 扩挖整形。 2. 砌筑勾缝或预制混凝土块、铺砂砾垫层、砌筑。 3. 伸缩缝填塞。 4. 抹灰压顶。 5. 预制安装（钢筋）混凝土盖板
		b	浆砌混凝土预制块截水沟				
	4		浆砌片石急流槽（沟）	1. 材料规格。 2. 断面尺寸。 3. 强度等级	m³	按设计图所示，以体积计算	1. 挖基整形。 2. 铺设垫层。 3. 砌筑。 4. 预制安装（钢筋）混凝土盖板。 5. 铺砂砾反滤层。 6. 回填
	5		暗沟（××mm ×××mm）				
	6		渗（盲）沟				

续表

项	目	节	细目	项目名称	项目特征	计量单位	工程量计算规则	工 程 内 容
			a	带 PVC 管的渗（盲）沟	1. 材料规格。 2. 断面尺寸。	m	按设计图所示，以长度计算	1. 挖基整形。 2. 混凝土垫层。 3. 埋 PVC 管。 4. 渗水土工布包碎砾石填充。 5. 出水口砌筑。 6. 试通水。 7. 回填。
			b	无 PVC 管的渗（盲）沟				1. 挖基整形。 2. 混凝土垫层。 3. 渗水土工布包碎砾石填充。 4. 出水口砌筑。 5. 回填。

5.2.5.2　计量与支付

1. 计量

（1）边沟、排水沟、截水沟的加固铺砌，按图纸施工经监理人验收合格的实际长度，分不同结构类型以米计量。由于边沟、排水沟、截水沟加固铺砌而需扩挖部分的开挖，均作为承包人应做的附属工作，不另计量与支付。

（2）改沟、改渠护坡铺砌按图纸施工，经监理人验收合格的不同圬工体积，以 m³ 计量。

（3）急流槽按图纸施工，经验收合格的断面尺寸计算体积（包括消力池、消力槛、抗滑台等附属设施），以 m³ 计量。

（4）路基盲沟按图纸施工，经验收合格的断面尺寸及所用材料，按长度以 m 计量。

（5）所用砂砾垫层或基础材料、填缝材料、钢筋以及地基平整夯实及回填等土方工程均含入相关子目单价之中，不另行计量与支付。

（6）土工合成材料的计量、支付按《技术规范》第 205 节规定执行。

（7）井、检查井、雨水井的计量、支付按《技术规范》第 314 节规定执行。

2. 支付子目

支付子目见表 5-2-10。

表 5-2-10　　　　　　支 付 子 目

子 目 号	子 目 名 称	单 位
207-1	M…浆砌片石边沟	m
207-2	M…浆砌片石排水沟	m
207-3	M…浆砌片石截水沟	m
207-4	M…浆砌片石急流槽	m³
207-5	…mm×…mm 路基盲沟	m
207-6	涵洞上下游改沟、改渠铺砌	m³
207-7	现浇混凝土坡面排水结构物	m
207-8	预制混凝土坡面排水结构物	m

5.2.6 边坡防护

工作内容包括：植物护坡、浆砌片（块）石或预制混凝土块护坡、护面墙、封面等有关的施工作业。

5.2.6.1 工程量清单计量规则

边坡防护工程量清单计量规则见表5-2-11。

表 5-2-11   边坡防护工程量清单计量规则

项目	目	节	细目	项目名称	项目特征	计量单位	工程量计算规则	工 程 内 容
8				边坡防护				第208节
		1		植草				
			a	播种草籽	1. 草籽种类。 2. 养护期	m²	按设计图所示，按合同规定成活率，以面积计算	1. 修整边坡、铺设表土。 2. 播草籽。 3. 洒水筱盖。 4. 养护
			b	铺（植）草皮	1. 草皮种类。 2. 铺设形式			1. 修整边坡、铺设表土。 2. 铺设草皮。 3. 洒水。 4. 养护
			c	挂镀锌网客土喷播植草	1. 镀锌网规格。 2. 草籽种类。 3. 养护期	m²	按设计图所示，按合同规定成活率，以面积计算	1. 镀锌网、种子、客土等采购、运输。 2. 边坡找平、拍实。 3. 挂网、喷播。 4. 清理、养护
			d	挂镀锌网客土喷混植草	1. 镀锌网规格。 2. 混植草种类。 3. 养护期			1. 材料采购、运输。 2. 混合草籽。 3. 边坡找平、拍实。 4. 挂网、喷播。 5. 清理、养护
			e	土工格室植草	1. 格室尺寸。 2. 植草种类。 3. 养护期			1. 挖槽、清底、找平、混凝土浇筑。 2. 格室安装、铺种植土、播草籽、拍实。 3. 清理、养护
			f	植生袋植草	1. 植生袋种类。 2. 草种种类。 3. 营养土类别			1. 找坡、拍实。 2. 灌袋、摆放、拍实。 3. 清理、养护
			g	土壤改良喷播植草	1. 改良种类。 2. 草种种类			1. 挖土、耙细。 2. 土、改良剂、草籽拌和。 3. 喷播改良土。 4. 清理、养护

项	目	节	细目	项目名称	项目特征	计量单位	工程量计算规则	工 程 内 容
		2						1. 整修边坡。 2. 挖槽。 3. 铺垫层、铺筑滤水层、制作安装沉降缝、伸缩缝、泄水孔。 4. 砌筑、勾缝
			a	满砌护坡	1. 材料规格。 2. 断面尺寸。 3. 强度等级	m³	按设计图所示,以体积计算	
			b	骨架护坡				
		3		预制(现浇)混凝土护坡				1. 整修边坡。 2. 基坑开挖、回填。 3. 砌筑、勾缝、抹灰压顶。 4. 铺筑垫层、铺设滤水层、制作安装沉降缝、伸缩缝、泄水孔
			a	预制块满铺护坡	1. 材料规格。 2. 断面尺寸。 3. 强度等级。 4. 垫层厚度	m³	按设计图所示,以体积计算	
			b	预制块骨架护坡				
			c	现浇骨架护坡	1. 材料规格。 2. 断面尺寸。 3. 强度等级。 4. 垫层厚度	m³	按设计图所示,以体积计算	1. 整修边坡。 2. 浇筑。 3. 铺筑垫层、铺设滤水层、制作安装沉降缝、泄水孔
		4		护面墙				
			a	浆砌片(块)石	1. 材料规格。 2. 断面尺寸。 3. 强度等级	m³	按设计图所示,以体积计算	1. 整修边坡。 2. 基坑开挖、回填。 3. 砌筑、勾缝、抹灰压顶。 4. 铺筑垫层、铺设滤水层、制作安装沉降缝、伸缩缝、泄水孔
			b	混凝土				1. 整修边坡。 2. 浇筑。 3. 铺筑垫层、铺设滤水层、制作安装沉降缝、泄水孔

有关问题的说明及提示:

(1) 本章项目未明确指出的工程内容如:养护、场地清理、脚手架的搭拆、模板的安装、拆除及场地运输等均包含在相应的工程项目中,不另行计量。

(2) 排水、防护、支挡工程的钢筋、锚杆、锚索除锈制作安装运输及锚具、锚垫板、注浆管、封锚、护套、支架等,包括在相应的工程项目中,不另行计量。

5.2.6.2　计量与支付

1. 计量

(1) 干砌片石、浆砌片石护坡、护面墙等工程的计量,应以图纸所示和监理人的指示为依据，按实际完成并经验收的数量按不同的工程子目的不同的砂浆砌体分别以 m^3 计量。

（2）预制空心砖和拱形及方格骨架护坡，按其铺筑的实际体积以 m^3 计量。所有垫层、嵌缝材料、砂浆勾缝、泄水孔、滤水层、回填种植土以及基础的开挖和回填等有关作业，均作为承包人应做的附属工作，不另行计量与支付。

（3）种草、铺草皮、三维植被网、客土喷播等应以图纸要求和所示面积为依据实施，经监理人验收的实际面积以平方米计量。整修坡面、铺设表土、三维土工网、锚钉、客土、草种（灌木籽）、草皮、苗木、混合料、水、肥料、土壤稳定剂等（含运输）及其作业均作为承包人应做的附属工作，不另行计量。

（4）封面、捶面施工以图纸为依据，经监理人验收合格，以 m^2 为单位计量，该项支付包括了上述工作相关的人工、材料、机械全部费用。

2. 支付子目（见表 5-2-12）

表 5-2-12   支 付 子 目

子 目 号	子 目 名 称	单 位
208-1	植物护坡	m^2
-a	种草	m^2
-b	三维植被网护坡	m^2
-c	客土喷播护坡	m^3
208-2	干砌片石	m^3
208-3	M…浆砌片石护坡	
-a	拱形护坡	m^3
-b	方格护坡	m^3
208-4	预制混凝土块护坡	
-a	预制空心砖护坡	m^3
-b	拱形骨架护坡	m^3
-c	方格护坡	m^3
-d	预制六棱砖护坡	m^3
208-5	护面墙	
-a	M…浆砌片（块）石	m^3
-b	C…混凝土	m^3
208-6	封面	m^2
208-7	捶面	m^2

5.2.7 挡土墙

内容包括砌体挡土墙、干砌挡土墙及混凝土挡土墙的施工及其相关作业。

5.2.7.1 工程量清单计量规则

挡土墙工程量清单计量规则见表 5-2-13。

表 5 - 2 - 13　　　　　　　　　挡土墙工程量清单计量规则

项目	节	细目	项目名称	项目特征	计量单位	工程量计算规则	工 程 内 容
	9		挡土墙				第 209 节
		1	挡土墙				
		a	浆砌片（块）石挡土墙	1. 材料规格。 2. 断面尺寸。 3. 强度等级	m³	按设计图所示，以体积计算	1. 围堰排水。 2. 挖基、基底清理。 3. 砌石、勾缝。 4. 沉降缝、伸缩缝填塞、铺设滤水层、制作安装泄水孔。 5. 抹灰压顶。 6. 基坑及墙背回填
		b	混凝土挡土墙				1. 围堰排水。 2. 挖基、基底清理。 3. 浇筑、养生。 4. 沉降缝、伸缩缝填塞、铺筑滤水层、制作安装泄水孔。 5. 基坑及墙背回填
		c	钢筋混凝土挡土墙				1. 围堰排水。 2. 挖基、基底清理。 3. 钢筋制作安装。 4. 浇筑、养生。 5. 沉降缝、伸缩缝填塞、铺筑滤水层、制作安装泄水孔。 6. 基坑及墙背回填
		d	砂砾（碎石）垫层	1. 材料规格。 2. 厚度	m³	按设计图所示，以体积计算	1. 运料。 2. 铺料整平。 3. 夯实

5.2.7.2　计量与支付

1. 计量

（1）砌体挡土墙、干砌挡土墙和混凝土挡土墙工程应以图纸所示或监理人的指示为依据，按实际完成并经验收的数量，按砂浆强度等级及混凝土强度等级分别以 m³ 计量。砂砾或碎石垫层按完成数量以 m³ 计量。

（2）混凝土挡土墙的钢筋，按图纸所示经监理人验收后，以 kg 计量。

（3）嵌缝材料、砂浆勾缝、泄水孔及其滤水层，混凝土工程的脚手架、模板、浇筑和养生、表面修整，基础开挖、运输与回填等有关作业，均作为承包人应做的附属工作，不另行计量与支付。

2. 支付子目（见表5－2－14）

表 5－2－14
支 付 子 目

子 目 号	子 目 名 称	单 位
209－1	砌体挡土墙	
－a	M…浆砌片（块）石	m³
－b	M…浆砌混凝土块	m³
－c	M…浆砌料石	m³
－d	砂砾垫层	m³
209－2	干砌挡土墙	
－a	片（块）石	m³
－b	砂砾垫层	m³
209－3	混凝土挡土墙	
－a	C…混凝土	m³
－b	钢筋	kg
－c	砂砾垫层	m³

5.2.8 锚杆、锚定板挡土墙

工作内容为锚杆挡土墙的施工及有关的工程作业。

5.2.8.1 工程量清单计量规则

锚杆、锚定板挡土墙工程量清单计量规则见表5－2－15。

表 5－2－15
锚杆、锚定板挡土墙工程量清单计量规则

项目	目	节	细目	项目名称	项目特征	计量单位	工程量计算规则	工 程 内 容
	10			锚杆挡土墙				第210节
		1		锚杆挡土墙				
			a	混凝土立柱（C…）	1. 材料规格。 2. 断面尺寸。 3. 强度等级	m³	按设计图所示，以体积计算	1. 挖基、基底清理。 2. 模板制作安装。 3. 现浇混凝土或预制、安装构件。 4. 墙背回填
			b	混凝土挡板（C…）				
			c	钢筋	1. 材料规格。 2. 抗拉强度等级	kg	按设计图所示，以重量计算	钢筋制作安装
			d	锚杆				1. 钻孔、清孔。 2. 锚杆制作安装。 3. 注浆。 4. 张拉。 5. 抗拔力试验

5.2.8.2　计量与支付

1. 计量

（1）锚杆挡土墙、锚定板挡土墙工程计量应以图纸所示和监理人的指示为依据，按实际完成并经验收的数量，混凝土挡板和立柱以 m³ 为单位计量，钢筋及锚杆以 kg 为单位计量。

（2）锚孔的钻孔、锚杆的制作和安装、锚孔灌浆、钢筋混凝土立柱和挡土板的制作安装、墙背回填、防排水设置及锚杆的抗拔力试验等，以及一切未提及的相关工作均为完成锚杆挡土墙及锚定板挡土墙所必需的工作，均含入相关支付子目单价之中，不单独计量。

2. 支付子目（见表 5-2-16）

表 5-2-16　　　　　　　　支　付　子　目

子 目 号	子 目 名 称	单 位
210-1	锚杆挡土墙	
-a	混凝土立柱	m³
-b	混凝土挡板	m³
-c	锚杆	kg
-d	钢筋	kg
210-2	锚定板挡土墙	
-a	混凝土锚定板	m³
-b	钢筋混凝土肋柱	m³
-c	混凝土挡板	m³
-d	拉杆	kg
-e	钢筋	kg

5.2.9　加筋土挡土墙

工作内容包括在公路填方路段修建加筋土挡土墙及其有关的全部作业。

5.2.9.1　工程量清单计量规则

加筋土挡土墙工程清单计量规则见表 5-2-17。

表 5-2-17　　　　加筋土挡土墙工程量清单计量规则

项	目	节	细目	项目名称	项目特征	计量单位	工程量计算规则	工　程　内　容
	11			加筋土挡土墙				第211节
		1		加筋土挡土墙				
			a	钢筋混凝土带挡土墙	1. 材料规格。2. 断面尺寸。3. 加筋用量。4. 强度等级	m³	按设计图所示，以体积计算	1. 围堰排水。2. 挖基、基底清理。3. 浇筑或砌筑基础。4. 预制安装墙面板。5. 铺设加筋带。6. 沉降缝填塞、铺设滤水层、制作安装泄水孔。7. 填筑与碾压。8. 墙面封顶
			b	聚丙烯土工带挡土墙				

5.2.9.2　计量与支付

1. 计量

（1）加筋土挡墙的墙面板、钢筋混凝土带、混凝土基础以及混凝土帽石，经监理人验收合格，以 m³ 计量。浆砌片石基础以 m³ 计量。

（2）铺设聚丙烯土工带，按图纸及验收数量以 kg 计量。

（3）基坑开挖与回填、墙顶抹平层、沉降缝的填塞、泄水管的设置及钢筋混凝土带的钢筋等，均作为承包人的附属工作，不另计量。

（4）加筋土挡墙的路堤填料按图纸的规定和要求，在本规范第 204 节计量。

2. 支付子目

支付子目见表 5-2-18。

表 5-2-18　　　　　　　　支付子目

子目号	子目名称	单位
211-1	加筋土挡墙	
-a	M…砂浆砌片石基础	m³
-b	C…混凝土基础	m³
-c	C…混凝土帽石	m³
-d	C…混凝土墙面板	m³
-e	C…钢筋混凝土带	m³
-f	聚丙烯土工带	kg

5.2.10　喷射混凝土和喷浆边坡支护

5.2.10.1　工程量清单计量规则

喷射混凝土和喷浆边坡支护工程量清单计量规则见表 5-2-19。

表 5-2-19　　　喷射混凝土和喷浆边坡支护工程量清单计量规则

项	目	节	细目	项目名称	项目特征	计量单位	工程量计算规则	工程内容
	12			喷射混凝土和喷浆边坡防护				第212节
		1		挂网喷浆防护边坡				
			a	挂铁丝网喷浆防护	1. 材料规格。2. 厚度。3. 强度等级	m²	按设计图所示，以面积计算	1. 整修边坡。2. 挂网、锚固。3. 喷浆。4. 养生
		2		挂网锚喷混凝土防护边坡（全坡面）				
			a	挂钢筋网喷混凝土防护	1. 结构型式。2. 材料规格。3. 厚度。4. 强度等级	m²	按设计图所示，以面积计算	1. 整修边坡。2. 挂网、锚固。3. 喷射混凝土。4. 养生
			b	挂铁丝网喷混凝土防护				
			c	挂土工格栅喷混凝土防护				

续表

项	目	节	细目	项目名称	项目特征	计量单位	工程量计算规则	工 程 内 容
			d	锚杆	1. 材料规格。 2. 抗拉强度	kg	按设计图所示，以重量计算	1. 清理边坡。 2. 钻孔、清孔。 3. 注浆。 4. 放入锚杆、安装端头垫板。 5. 抗拔力试验
			3	坡面防护				
			a	喷射水泥砂浆	1. 材料规格。 2. 厚度。 3. 强度等级	m²	按设计图所示，以面积计算	1. 整修边坡。 2. 喷射（砂浆）混凝土。 3. 养生
			b	喷射混凝土				

有关问题的说明及提示：

排水、防护、支挡工程的钢筋、锚杆、锚索除锈制作安装运输及锚具、锚垫板、注浆管、封锚、护套、支架等，包括在相应的工程项目中，不另行计量。

5.2.10.2 计量与支付

1. 计量

（1）锚杆按图纸或监理人指示为依据，经验收合格的实际数量，以 m 为单位计量。

（2）喷射混凝土和喷射水泥砂浆边坡防护的计量，应以图纸所示和监理人的指示为依据，按实际完成并经验收的数量，以 m² 计量；钢筋网、铁丝网以 kg 计量；土工格栅以 m² 计量。

（3）喷射前的岩面清理，锚孔钻孔，锚杆制作以及钢筋网和铁丝网编织及挂网土工格栅的安装铺设等工作，均为承包人为完成锚杆喷射混凝土和喷射砂浆边坡防护工程应做的附属工作，不另行计量与支付。

（4）土钉支护施工以图纸为依据，经监理人验收合格，分不同类型组合的工程项目按下列内容分别计量：

1）土钉钻孔桩、击入桩分别按 m 为单位计量；

2）含钢筋网或土工格栅网的喷射混凝土面层区分不同厚度按 m² 为单位计量；

3）钢筋、钢筋网以 kg 为单位计量；

4）土工格栅以净面积为单位计量；

5）网格梁、立柱、挡土板以 m³ 为单位计量；

6）永久排水系统依结构形式参照路基排水设施相关规定计量；

7）土钉支护施工中的土方工程、临时排水工程以及未提及的其他工程均作为土钉支付施工的附属工作，不予单独计量，其费用含入相关工程子目单价之中。

2. 支付子目（见表5-2-20）

表 5-2-20 支 付 子 目

子 目 号	子 目 名 称	单 位
212-1	挂网土工格栅喷浆防护边坡	
-a	厚…mm 喷浆防护边坡	m²
-b	铁丝网	kg

子 目 号	子 目 名 称	单 位
-c	土工格栅	m^2
-d	锚杆	m
212-2	挂网锚喷混凝土防护边坡（全坡面）	
-a	厚…mm喷混凝土防护边坡	m^2

5.2.11 边坡加固

工作内容为开挖边坡的加固，其内容包括钻孔、锚索制作、锚索安装、注浆、张拉、锚固及检验等有关施工作业。

5.2.11.1 工程量清单计量规则

边坡加固工程量清单计量规则见表5-2-21。

表 5-2-21　　　　　　　　　边坡加固工程量清单计量规则

项	目	节	细目	项目名称	项目特征	计量单位	工程量计算规则	工 程 内 容
	13			边坡加固				第213节
		1		预应力锚索	1. 材料规格。2. 抗拉强度	kg	按设计图所示，以重量计算	1. 整修边坡。2. 钻孔、清孔。3. 锚索制作安装。4. 张拉。5. 注浆。6. 锚固、封端。7. 抗拔力试验
		2		锚杆				
		3		锚固板		m^3	按设计图所示，以体积计算	1. 整修边坡。2. 钢筋制作安装。3. 现浇混凝土或预制安装构件。4. 养护

5.2.11.2 计量与支付

1. 计量

（1）预应力锚索长度按图纸要求，经监理人验收合格以m为单位计量。

（2）混凝土锚固板按图纸要求，经监理人验收合格以m^3为单位计量。

（3）钻孔、清孔、锚索安装、注浆、张拉、锚头、锚索护套、场地清理以及抗拔力试验等均为锚索的附属工作，不另行计量。

（4）混凝土的立模、浇筑、养生等为锚固板的附属工作，不另行计量。

2. 支付子目

支付子目见表5-2-22。

表 5-2-22　　　　　　　　　支 付 子 目

子 目 号	子 目 名 称	单 位
213-1	预应力锚索（钢绞线规格）	m
213-2	混凝土锚固板（C…）	m^3

5.2.12　混凝土抗滑桩

工作内容包括设置抗滑桩及其有关的施工作业。

5.2.12.1　工程量清单计量规则

混凝土抗滑桩工程量清单计量规则见表 5-2-23。

表 5-2-23　　　　　　　混凝土抗滑桩工程量清单计量规则

项目	目节	节	细目	项目名称	项目特征	计量单位	工程量计算规则	工 程 内 容
	14			混凝土抗滑桩				第 214 节
		1		混凝土抗滑桩				1. 挖运土石方。 2. 通风排水。 3. 支护。 4. 钢筋制作安装。 5. 灌注混凝土。 6. 无破损检验
			a	…m×…m 钢筋混凝土抗滑桩	1. 材料规格。 2. 断面尺寸。 3. 强度等级	m	按设计图所示，按不同桩尺寸，以长度计算	
			b	钢筋混凝土挡板		m³	按设计图所示，以体积计算	1. 钢筋制作安装。 2. 现浇混凝土或预制安装挡板

5.2.12.2　计量与支付

1. 计量

（1）抗滑桩按图纸规定尺寸及深度为依据，现场实际完成并验收合格的实际桩长以 m 计量，设置支撑和护壁、挖孔、清孔、通风、钎探、排水及浇筑混凝土以及无破损检验，均作为抗滑桩的附属工程，不另行计量。

（2）抗滑桩用钢筋按图纸规定及经监理人验收的实际数量，以 kg 计量。

（3）桩板式抗滑挡墙应按图纸要求进行施工，经监理人验收合格，挡土板以 m³ 为单位计量。桩板式抗滑挡墙施工中的挖孔桩按 1）款规定计量。钻孔灌注桩、锚杆、锚索等项工作按实际发生参照"钻孔灌注桩、喷射混凝土和喷浆边坡防护、预应力锚索边坡加固"相关规定进行计量。

（4）土方工程、临时排水等相关工作均作为辅助工作不予计量，费用含入相关工程报价中。

2. 支付子目（见表 5-2-24）

表 5-2-24　　　　　　　　　支 付 子 目

子 目 号	子 目 名 称	单 位
214-1	混凝土抗滑桩	
-a	…m×…m，C…混凝土抗滑桩	m
-b	…m×…m，C…混凝土抗滑桩	m
-c	钢筋（带肋钢筋）	kg
214-2	桩板式抗滑挡墙	
-a	挡土板	m³
-b	…	

5.2.13　河道防护

工作内容包括河床加固铺砌及顺坝、丁坝、调水坝及锥坡等砌筑工程及其有关的施工作业。

5.2.13.1　工程量清单计量规则

河道防护工程量清单计量规则见表5-2-25。

表5-2-25　　　　　　　　　　　　河道防护工程量清单计量规则

项	目	节	细目	项目名称	项目特征	计量单位	工程量计算规则	工 程 内 容
		15		河道防护				第215节
			1	浆砌片石河床铺砌	1. 材料规格。 2. 强度等级	m³	按设计图所示,以体积计算	1. 围堰排水。 2. 挖基、铺垫层。 3. 砌筑(或抛石)、勾缝。 4. 回填、夯实
			2	浆砌片石坝				
			3	浆砌片石护坡				
			4	抛片石				

5.2.13.2　计量与支付

1. 计量

(1) 河床铺砌、顺坝、丁坝、调水坝及锥坡砌筑等工程及抛石防护,应分别按图纸尺寸和监理人的指示,按实际完成并经验收的数量,以 m³ 计量。砂砾(碎石)垫层以 m³ 计量。

(2) 砌体的基础开挖、回填、夯实、砌体勾缝等工作,均作为承包人应做的附属工作,不另行计量与支付。

2. 支付子目(见表5-2←26)

表5-2-26　　　　　　　　　　　　支 付 子 目

子 目 号	子 目 名 称	单 位
215-1	浆砌片石河床铺砌(M…)	m³
215-2	浆砌片石顺坝(M…)	m³
215-3	浆砌片石丁坝(M…)	m³
215-4	浆砌片石调水坝(M…)	m³
215-5	浆砌片石锥坡(M…)	m³

5.2.14　弃土场恢复

弃土场工程量清单计量规则见表5-2-27。

表 5-2-27　　　　　　　　　　　弃土场工程量清单计量规则

项	目	节	细目	项目名称	项目特征	计量单位	工程量计算规则	工 程 内 容
		16		取弃土场恢复				第203节、第204节
			1	浆砌片石挡土墙	1. 材料规格。 2. 断面尺寸。 3. 强度等级	m^3	按设计图所示，以体积计算	1. 围堰排水。 2. 挖基、基底清理。 3. 砌石、勾缝。 4. 沉降缝填塞、铺设滤水层、制作安装泄水孔。 5. 抹灰压顶。 6. 墙背回填
			2	浆砌片石水沟				1. 挖基整形。 2. 砌筑勾缝。 3. 伸缩缝填塞。 4. 抹灰压顶
			3	播种草籽	1. 草籽种类。 2. 养护期	m^2	按设计图所示，以面积计算	1. 修整边坡、铺设表土。 2. 播草籽。 3. 洒水覆盖。 4. 养护
			4	铺（植）草皮	1. 草皮种类。 2. 铺设形式			1. 修整边坡、铺设表土。 2. 铺设草皮。 3. 洒水。 4. 养护
			5	人工种植乔木	1. 胸径（离地1.2m处树干直径）。 2. 高度	棵	按累计株数计算	1. 挖坑。 2. 苗木运输。 3. 施肥。 4. 栽植。 5. 清理、养护
		14		混凝土抗滑桩				第214节
			1	混凝土抗滑桩				1. 挖运土石方。 2. 通风排水。 3. 支护。 4. 钢筋制作安装。 5. 灌注混凝土。 6. 无破损检验
			a	…m × …m 钢筋混凝土抗滑桩	1. 材料规格。 2. 断面尺寸。 3. 强度等级	m	按设计图所示，按不同桩尺寸，以长度计算	
			b	钢筋混凝土挡板		m^3	按设计图所示，以体积计算	1. 钢筋制作安装。 2. 现浇混凝土或预制安装挡板

有关问题的说明及提示：

取弃土场的防护、排水及绿化在本章的相应工程项目中计量。

【例5-2-1】　试采用工程量清单计价方法确定例【例5-1-5】中各项目的工程数量、定额代号及定额基价。

解：

工程量清单计价方法见表5-2-28～表5-2-32。

表5-2-28 开挖路基土方（262826m³）

工 程 细 目		单 位	定额代号	工程量	定额调整系数	定额基价
165kW以内推土机推土	第一个20m	1000m³	10101218	262.826	0.8（人、机）	1372
	每增运10m	1000m³	10101220	262.826	4	1549
整修边坡		km	10102003	0.88		16566
整修路拱		1000m²	10102001	22.854		121

表5-2-29 开挖路基石方（14440070m³）

工 程 细 目		单 位	定额代号	工程量	定额调整系数	定额基价
165kW以内推土机推石方	第一个20m	1000m³	10101531	1444.007	0.8（人、机）	12421
	每增运10m	1000m³	10101534	1444.007	4	5092
3立方装载机装石（弃方）		1000m³	10101009	400		1916
15t以内汽车运石方	第一个1km	10101149	10101149	400		6275
	每增运0.5km	10101150	10101150	400	4	2904
整修边坡		km	10102003	4.98		16566
整修路拱		1000m²	10102001	129.506		121

表5-2-30 利用土方填方（226574m³）

工 程 细 目		单 位	定额代号	工程量	定额调整系数	定额基价
3立方装载机装土		1000m³	10101003	226.574	1.16	1143
15t以内汽车运土方	1000m³	1000m³	10101121	226.574	1.19	4541
	1000m³	1000m³	10101122	226.574	6×1.19	3427
土方碾压		1000m³	10101802	226.574		4299
耕地填前压实		1000m²	10100504	39		261
刷坡		100m³	10102102	120		14135
整修边坡		km	10102003	1.63		16566
整修路拱		1000m²	10102001	42.51		121

表5-2-31 利用石方填方（1135109m³）

工 程 细 目		单 位	定额代号	工程量	定额调整系数	定额基价
3立方装载机装石		1000m³	10101009	1135.109	0.92	1763
15t以内汽车运石方	1000m³	1000m³	10101149	1135.109	0.92	5773
	1000m³	1000m³	10101150	1135.109	7×0.92	4675
石方碾压		1000m³	10101815	1135.109		6915
耕地填前压实		1000m²	10100504	187.2		261
刷坡		100m³	10102103	576		21426
整修边坡		km	10102003	7.85		16566
整修路拱		1000m²	10102001	204.048		121

表 5-2-32　　　　借土方填方（210576m³）

工 程 细 目		单 位	定额代号	工程量	定额调整系数	定额基价
165kW 以内推土机推集土方		1000m³	10101218	210.576	0.8（人、机）	1372
3 立方装载机装土		1000m³	10101003	210.576	1.16	1143
15t 以内汽车运石方	1000m³	1000m³	10101121	210.576	1.19	4541
	1000m³	1000m³	10101122	210.576	8×1.19	4570
土方碾压		1000m³	10101802	210.576		4299
耕地填前压实		1000m²	10100504	33.8		261
刷坡		100m³	10102102	104		14135
整修边坡		km	10102003	1.42		16566
整修路拱		1000m²	10102001	36.842		121

习　题

1. ［例 5-1-5］中，如公司驻地距工地 100km，粮食运距 75km，燃料运距 50km，蔬菜运距 20km，水运距 15km，计算定额直接费；如人工费为 50 元/工日，机械工程费及材料费采用定额价格不变，不考虑间接费，计划利润 7%，税率 3.41%，试确定该项目建筑安装工程费并确定上列工程工程量清单价。

2. 某平原微丘区二级公路，路线总长度为 30km，其路基土、石方工程的设计资料如下表所示，试确定：

（1）路基设计断面方、计价方数量。

（2）若编制年工程所在地的各项预算价格，以定额基价为基础上调 10% 计算，编制该路基土、石方的施工图预算建筑安装工程费（注：其他工程费和间接费不计）。

设 计 资 料

序　号	项 目 名 称	单 位	数 量	附 注
1	本桩利用土方	m³	22000	硬土
2	远运利用土方	m³	48000	硬土、运距 250m
3	借土方	m³	620000	硬土、运距 40m
4	填土方	m³	690000	
5	本桩利用方	m³	9000	软石
6	远运利用石方	m³	77000	软石、运距 200m
7	填石方	m³	93478	

3. 某二级公路路段挖方 20000m³，其中松土 4000m³，普通土 12000m³，硬土 4000m³；填方数量 24000m³，本路段挖方可利用方量为 18000m³（松土 2000m³，普通土 12000m³，硬土 4000m³）；远运利用方量为普通土 4000m³（天然方），采用机动翻斗车运土。运距 200m。试确定借方（压实方）数量；如借方运距为 1.5km，采用 75kW 推土机

推土，8t 自卸汽车配合 2m³ 容量装载机运普通土，15t 以内振动压路机压实。试确定上述分项工程的预算定额，并计算相应工程量下的人工、机械台班数量及定额基价。

4. 某高速公路某段软基施工，设计采用 3000kN·m 强夯进行处理，施工面积 5000m²，拟用三遍强夯法施工，试确定该分项工程的定额工、料、机耗量及基价。

5. 某一二级公路路基土、石方工程，计有挖土方 30000m³（其中松土 5000m³、普通土 15000m³、硬土 10000m³），开炸石方计 10000m³。本断面挖方可利用方量为 19000m³（松土 3000m³、普通土 8000m³、硬土 5000m³、石方 3000m³），远运利用方量为普通土 2000m³（天然方）。需填方数量为 40000m³，不足部分借土填方。试计算：

（1）路基设计断面方数量。

（2）利用方数量（压实方）。

（3）借方数量（借硬土，压实方）。

（4）计价方数量。

（5）弃方数量。

第6章 路面工程计量与计价

6.1 路面工程定额工程量计量

6.1.1 定额说明

（1）定额包括各种类型路面以及路槽、路肩、垫层、基层等，除沥青混合料路面、石拌基层稳定土混合料运输以 1000m³ 路面实体为计算单位外，其他均以 1000m³ 为计算单位。

（2）路面项目中的厚度均为压实厚度，培路肩厚度为净培路肩的夯实厚度。

（3）定额中混合料石按最佳含水量编制，定额中已包括养生用水并适当扣除材料天然含水量，但山西、青岛、甘肃、宁夏、内蒙古、新疆、西藏等省、自治区，由于湿度偏低，用水量可根据具体情况在定额数量的基础上酌情增加。

（4）定额中凡列有洒水汽车的子目，均按 5km 范围内洒水汽车在水源处的自吸水编制，不计水费。如工地附近无天然水源可利用，必须采用供水（如自来水）时，可根据定额子目中洒水汽车的台班数量，按每台班 35m³ 来计算定额用水量，乘以供水部门规定的水价增加洒水汽车的台班消耗，但增加的洒水汽车台班消耗量不得再计水费。

（5）定额中的水泥混凝土均已包括其拌和费用，使用定额时不得再另行计算。

（6）压路机台班按行驶速度：两轮光轮压路机为 2.0km/h、三轮光轮压路机为 2.5km/h、轮胎式压路机为 5.0km/h、振动压路机为 3.0km/h 进行编制。如设计为单车道路面宽度时，两轮光轮压路机乘以 1.14 的系数、三轮光轮压路机乘以 1.33 的系数、轮胎式压路机和振动压路机乘以 1.29 的系数。

（7）自卸汽车运输稳定土混合料、沥青混合料和水泥混凝土定额项目，仅适用于平均运距在 15km 以内的混合料运输，当平均运距超过 15km 时，应按社会运输的有关规定计算其运输费用。当运距超过第一个定额运距单位时，其运距尾数不足一个增运定额单位的半数时不计算，等于或超过半数时按一个增运距单位计算。

6.1.2 路面基层及垫层

（1）各类稳定土基层、级配碎石、级配砾石基层的压实厚度在 15cm 以内，填隙碎石一层的压实厚度在 12cm 以内，其他种类的基层和底基层压实厚度在 20cm 以内，拖拉机、平地机和压路机的台班消耗按定额数量计算。如超过上述压实厚度进行分层拌和、碾压时，拖拉机、平地机和压路机的台班消耗按定额数量加倍计算，每 1000m² 增加 3 个工日。

（2）各类稳定土基层定额中的材料消耗系按一定配合比编制的，当设计配合比与定额标明的配合比不同时，有关材料可按式（6-1-1）进行换算：

$$C_i = [C_d + B_d \times (H - H_0)]L_i / L_d \qquad (6-1-1)$$

式中 C_i——按设计配合比换算后的材料数量；

C_d——定额中基本压实厚度的材料数量；

B_d——定额中压实厚度每增减 1cm 的材料数量；

H_0——定额的基本压实厚度；

H——设计的压实厚度；

L_d——定额标明的该种材料的百分率；

L_i——设计配合比的该种材料的百分率。

【例 6-1-1】 石灰、粉煤灰稳定碎石基层，定额取定的配合比为 5：15：80，基本压实厚度为 15cm；设计配合比为 4：12：84，设计厚度为 13cm，求各种材料调整后数量。

解：

水泥、石灰稳定类基层定额中的水泥或石灰与其他材料系按一定配合比编制的，当设计配合比与定额标明的配合比不同时，有关材料可分别按上式换算。

查《公路工程预算定额》113 页 2-1-7-31、32，计算如下：

石灰：$[15.987+1.066×(13-15)]×4/5=11.084t$

粉煤灰：$[63.95+4.26×(13-15)]×12/15=44.344m^3$

碎石：$[166.54+11.10×(13-15)]×84/80=151.56m^3$

（3）人工沿路翻拌和筛拌稳定土混合中均已包括土的过筛工消耗，因此土的预算价格中不应再计算过筛费用。

（4）土的预算价格，按材料采集及加工和材料运输定额中的有关项目计算。

（5）各类稳定土基层采用稳定基层定额时，每 1000m² 路面减少 12~15t 光轮压路机 0.18 台班。

6.1.3 路面面层

（1）泥结碎石、级配碎石、级配砾石、天然砂砾、粒料改善土壤路面面层的压实厚度在 15cm 以内，拖拉机、平地机和压路机的台班消耗按定额数量计算。如等于或超过上述压实厚度进行分层拌和、碾压时，拖拉机、平地机和压路机的台班消耗按定额数量加倍计算，每 1000m² 增加 3 个工日。

【例 6-1-2】 某沥青混合料路面面层摊铺工程，采用机械摊铺，沥青混合料为粗粒式，厚度 10cm，路面宽 8.0m，路段长 12km，需分层拌和碾压，试计算所需人工劳动量及压路机作业量。

解：

查《公路工程预算定额》163 页 2-2-14-15，定额单位为 100m³ 路面实体工程量为：

$$8×12000×0.1/100=96 \text{ 定额单位}$$

题示面层需分层碾压，按规定人工每 1000m² 需增加人工 3.0 工日，压路机台班按定额数加倍。

人工：$39.4×96+(8×12000)/1000×3=4070.4$ 工日

6~8t 压路机作业量：$7.68×2×96=1474.56$ 台班

12~15t 压路机作业量：$5.76×2×96=1105.92$ 台班

（2）泥结碎石及级配碎石、级配砾石面层定额中，均未包括磨耗层和保护层，需要时应按磨耗层和保护层定额另行计算。

（3）沥青表面处治路面、沥青贯入式路面和沥青上拌下贯式路面的下贯层以及透层、黏层、封层定额中已计入热化、熬制沥青用的锅、灶等设备的费用，使用定额时不得另行计算。

（4）沥青碎石混合料、沥青混凝土和沥青碎石玛蹄脂混合料路面定额中均已包括混合料拌和、运输、摊铺作业时的损耗因素，路面实体按路面设计面积乘以压实厚度计算。

（5）沥青路面定额中均未包括透层、黏层和封层，需要时可按有关定额另行计算。

（6）沥青路面定额中的乳化沥青和改性沥青均按外购成品料进行编制，如在现场自行配制时，其配制费用计入材料预算价格中。

（7）如沥青玛蹄脂碎石混合料设计采用的纤维稳定剂的掺和比例与定额不同时，可按设计用量调整定额中纤维稳定剂的消耗。

（8）沥青路面定额中，均未考虑为保证石料与沥青的黏附性而采用的抗剥离措施的费用，需要时，应根据石料的性质，按设计提出的抗剥离措施，计算其费用。

（9）在冬五区、冬六区采用层铺法施工沥青路面时，其沥青用量可按定额用量乘以下列系数：沥青表面处治：1.05；沥青贯入式基层或连接层：1.02；面层：1.028；沥青上拌下贯式下贯部分：1.043。

【例 6-1-3】　某冬五区沥青贯入式面层工程，路面宽 8.5m，铺装长度 10km，设计厚度 6cm，需铺黏层，采用层铺法施工，试求其总劳动量和总用油量。

解：

查《公路工程预算定额》142 页 2-2-8-10，定额单位 1000m² 根据说明 9 冬五区沥青路面采用层铺法施工时，其用油量沥青贯入式面层乘 1.028 系数。

人工：17.7×8.5×10000/1000＝1504.5 工日

石油沥青：6.283×8.5×10000/1000×1.028＝549.01t

另根据说明 5 的规定，应另记黏层的工、料、机等。

查《公路工程预算定额》170 页 2-2-16-5，定额单位 1000m²

人工：0.7×8.5×10000/1000＝59.5 工日

石油沥青：0.412×8.5×10000/1000＝35.02t

总计人工劳动量：1504.5＋59.5＝1564 工日

总计石油沥青：549.01＋35.02＝584.03t

（10）定额是按一定的油石比编制的，当设计采用的油石比与定额不同时，可按设计油石比调整定额中的沥青用量，换算公式（6-1-2）所示：

$$S_i = S_d \times L_i / L_d \tag{6-1-2}$$

式中　S_i——按设计油石比换算后的沥青数量；

　　　S_d——定额中的沥青数量；

　　　L_d——定额中标明的油石比；

　　　L_i——设计采用的油石比。

6.1.4　路面附属工程

（1）整修和挖除旧路面按设计提出的需要整修的旧路面面积和需要挖除的旧路面体积计算。

（2）整修旧路面定额中，砂石路面均按整修厚度 6.5cm 计算，沥青表处面层按整修厚度 2cm 计算，沥青混凝土面层按整修厚度 4cm 计算，路面基层的整修厚度均按 6.5cm 计算。

（3）硬路肩工程项目，根据其不同设计层次结构，分别采用不同的路面定额项目进行计算。

（4）铺砌水泥混凝土预制块人行道、路缘石、沥青路面镶边和土硬路肩加固定额中，均已包括水泥混凝土预制块的预制，使用定额时不得另行计算。

【例 6 - 1 - 4】　××公路工程中路面基层为 30cm 厚的石灰砂砾土，计 35 万 m²，拟分为二层施工。底层厚度为 15cm，采用稳定土拌和机拌和施工；上层厚度为 15cm，采用厂拌法施工，15t 自卸汽车运 5km，石灰含量均为 5％。

问题：

（1）确定该项目的定额。

（2）分析两种施工方法所需主要机械设备的型号和数量。

注：假定基层施工期为 6 个月，每月工作日 22 天，机械设备幅度差 1.43（指施工产量定额换算为预算定额的幅度差）；厂拌法施工所需稳定土厂拌设备安装、拆除以及场地清理、平整、垫层、碾压不包括在内。

解：

（1）石灰砂砾土定额项目（见表 6 - 1 - 1）。

表 6 - 1 - 1　　　　　　　　石灰砂砾土定额项目

序号	工 程 细 目	单 位	数 量	定额代号	定 额 调 整
1	15cm 石灰砂砾土基层（路拌）	1000m²	350	20103025	12～15t 光轮压路机(1078)－0.18
2	15cm 石灰砂砾土基层（厂拌）	1000m²	350	20107019	
3	15t 自卸汽车运第一个 1km	1000m³	52.5	20108021	
4	15t 自卸汽车每增运 0.5km	1000m³	52.5	20108022	定额×8
5	机械铺筑	1000m²	350	20109003	

（2）施工 6 个月，每月工作日 22 天，机械设备幅度差 1.43，定额消耗量除以 6×22×1.43＝188.76，即为每天一班工作制所需的施工机械数量。

计算结果见表 6 - 1 - 2。

表 6 - 1 - 2　　　　　　　　施 工 机 械 数 量

机械设备名称	15cm 石灰砂砾土基层（路拌）		15cm 石灰砂砾土基层（厂拌）		施工机械消耗量合计	计划一班工作制配备台数
	定额	消耗量	定额	消耗量		
150kW 平地机	0.37	129.5	0.37	129.5	259	2
6～8t 光轮压路机	0.27	94.5	0.14	49	143.5	1
12～15t 光轮压路机	1.27－0.18	381.5	1.27	444.5	826	5
235kW 稳定土拌和机	0.29	101.5				1
6000L 洒水汽车	0.88	308	0.31	108.5	416.5	3
3m³ 装载机			0.41	143.5	143.5	1
300t/h 稳定土厂拌设备			0.21	73.5	73.5	1
15t 自卸汽车第一个 1km			5.9	309.75	586.95	4
15t 自卸汽车增运 0.5km			0.66	277.2		

【例 6 - 1 - 5】　某公路工程采用沥青混凝土路面，施工图设计的路面为中粒式沥青混凝土混合料，厚度为 18cm（4＋6＋8＝18cm）。某标段路线长度 25km，面层数量为 610350m。在施工过程中，由于某种原因造成中面层施工结束后相隔较长的时间才铺季节性上面层。根据施工组织设计资料，在距路线两端 1/3 处各有一块比较平坦的场地，且与路线相邻。施工工期为 5 个月。拌和站场地处理费用不考虑。

问题：

请根据上述资料列出本标段中路面工程造价所涉及的相关定额的名称、单位、定额代号、数量等内容，并填入表格，需要时应列式计算或文字说明。

解：

（1）面层混合料拌和设备数量计算。

沥青路面混合料拌和设备按 160t/h 考虑，沥青拌和设备利用系数按 0.85 考虑，混凝土料的重度按 2.36t/h 计算，拌和设备每天的工作时间按 10h 计算，工作时间按 4 个月考虑。则混合料拌和设备的需要量为：

613500×0.18×2.36÷150÷30÷4÷10÷0.85＝1.58 台。按设置两台拌和设备考虑。

（2）面层混合料综合平均运距。

根据施工期安排和工程数量，沿线按设沥青混合料拌和站一处考虑，按设 160t/h 沥青拌和设备 2 台，其混合料综合平均运距为：

25÷3÷2×3＋25÷3×2÷2×2÷3＝6.94km。按 7km 考虑。

（3）计算结果见表 6 - 1 - 3。

表 6 - 1 - 3　　　　　　　　　路 面 工 程 定 额 项 目

序　号	工　程　细　目	定额代号	单　位	数　量	定额调整或系数
1	沥青透层	20216003	1000m³	646.971	
2	沥青混凝土面层拌和	20211010	1000m³	109.863	
3	15t 自行汽车运第一个 1km	20213021	1000m³	109.863	
4	15t 自行汽车运每增运 0.5km	20213023	1000m³	109.863	6
5	沥青混合料摊铺	20214020	1000m³	109.863	
6	黏层沥青	20216005	1000m²	610.35	
7	沥青混合料拌和设备安拆	20215004	座	2	

6.2　路面工程清单项目工程量计量

根据《公路工程工程量计量规则》，路面工程包括：垫层、底基层、基层、沥青混凝土面层、水泥混凝土面层、其他面层、透层、黏层、封层、路面排水、路面其他工程。

6.2.1　有关问题的说明及提示

（1）水泥混凝土路面模板制作安装及缩缝、胀缝的填灌缝材料、高密度橡胶板，均包含在浇筑不同厚度水泥混凝土面层的工程项目中，不另行计量。

（2）水泥混凝土路面养生用的养护剂、覆盖的麻袋、养护器材等，均包含在浇筑不同厚度水泥混凝土面层的工程项目中，不另行计量。

（3）水泥混凝土路面的钢筋包括传力杆、拉杆、补强角隅钢筋及结构受力连续钢筋、支架钢筋。

（4）沥青混凝土路面和水泥混凝土路面所需的外掺剂不另行计量。

（5）沥青混合料、水泥混凝土和（底）基层混合料拌和场站、贮料场的建设、拆除、恢复均包括在相应工程项目中，不另行计量。

（6）钢筋的除锈、制作安装、成品运输，均包含在相应工程的项目中，不另行计量。

6.2.2 垫层

工作内容为是在完成和验收合格，经监理人批准的路基上铺筑碎石、砂砾、煤渣、矿渣和水泥稳定土、石灰稳定土垫层。它包括所需的设备、劳力和材料，以及施工、试验等全部作业。

6.2.2.1 工程量清单计量规则（见表 6-2-1）

表 6-2-1 垫层工程量清单计量规则

项	目	节	细目	项目名称	项目特征	计量单位	工程量计算规则	工 程 内 容
三				路面				第300章
	2			路面垫层				第302节
		1		碎石垫层	1. 材料规格。 2. 厚度。 3. 强度等级	m²	按设计图所示，按不同厚度以顶面面积计算	1. 清理下承层、洒水。 2. 配运料。 3. 摊铺、整形。 4. 碾压。 5. 养护

6.2.2.2 计量与支付

1. 计量

（1）碎石、砂砾垫层应按图纸和监理人指示铺筑、经监理人验收合格的面积，按不同厚度以 m² 计量。

（2）水泥稳定土、石灰稳定土垫层应按图纸和监理人指示铺筑、经监理人验收合格的面积，按不同厚度以 m² 计量。

（3）对个别特殊形状的面积，应采用适当计算方法计量，并经监理人批准以 m² 计量。除监理人另有指示外，超过图纸所规定的面积，均不予计量。

2. 支付

（1）费用的支付，主要包括以下内容：

1）承包人提供工程所需的材料、机具、设备和劳力等。

2）原材料的检验、混合料设计与试验，以及经监理人批准的按照规范所要求的试验路段的全部作业。

3）铺筑前对下承层的检查和清扫、混合料的拌和、运输、摊铺、压实、整型、养护等。

4）质量检验所要求的检测、取样和试验等工作。

（2）按上述规定计量，经监理人验收并列入工程量清单的以下支付子目的工程量，其每一计量单位，将以合同单价支付。此项支付包括一切为完成本项工程所必需的全部费用。（如无特殊说明，以下各子目相同，不再单独列出）

3. 支付子目（见表 6-2-2）

表 6-2-2　　　　　　　　　　支 付 子 目

子 目 号	子 目 名 称	单 位
302-1	碎石垫层	
-a	厚…mm	m²
302-2	砂砾垫层	
-a	厚…mm	m²
302-3	水泥稳定土垫层	
-a	厚…mm	m²
302-4	石灰稳定土垫层	
-a	厚…mm	m²

6.2.3　路面底基层与基层

工作内容为在已完成并经监理人验收合格的路基或垫层上，铺筑各类底基层（或在底基层上铺筑基层）。它包括所需的设备、劳力和材料，以及施工、试验等全部作业。

6.2.3.1　工程量清单计量规则（见表 6-2-3）

表 6-2-3　　　　　　　路面底基层与基层工程量清单计量规则

项	目	节	细目	项目名称	项目特征	计量单位	工程量计算规则	工 程 内 容
三				路面				第 300 章
	3			路面底基层				第 303 节、第 304 节、第 305 节、第 306 节
		1		石灰稳定土（或粒料）底基层				
		2		水泥稳定土（或粒料）底基层	1. 材料规格。 2. 配比。 3. 厚度。 4. 强度等级	m²	按设计图所示，按不同厚度以顶面面积计算	1. 清理下承层、洒水。 2. 拌和、运输。 3. 摊铺、整形。 4. 碾压。 5. 养护
		3		石灰粉煤灰稳定土（或粒料）底基层				
		4		级配碎（砾）石底基层	1. 材料规格。 2. 级配。 3. 厚度。 4. 强度等级			
		4		路面基层				第 304 节、第 305 节、第 306 节

续表

项	目	节	细目	项目名称	项目特征	计量单位	工程量计算规则	工 程 内 容
			1	水泥稳定粒料基层	1. 材料规格。 2. 掺配量。 3. 厚度。 4. 强度等级	m²	按设计图所示，以顶面面积计算	1. 清理下承层、洒水。 2. 拌和、运输。 3. 摊铺、整形。 4. 碾压。 5. 养护
			2	石灰粉煤灰稳定基层				
			3	级配碎（砾）石基层	1. 材料规格。 2. 级配。 3. 厚度。 4. 强度等级			
			4	贫混凝土基层	1. 材料规格。 2. 厚度。 3. 强度等级			
			5	沥青稳定碎石基层	1. 材料规格。 2. 沥青含量。 3. 厚度。 4. 强度等级			1. 清理下承层。 2. 铺碎石。 3. 洒铺沥青。 4. 碾压

6.2.3.2　计量与支付

1. 计量

（1）基层与底基层应按图纸所示和监理人指示铺筑的平均面积，经监理人验收合格，按不同厚度以 m² 计量。

（2）对个别特殊形状的面积，应采用监理人认可的计算方法计算。除监理人另有指示外，超过图纸所规定的计算面积或体积均不予计量。

（3）桥梁和明涵处的搭板、埋板下变截面稳定土基层与底基层按图纸所示和监理人的指示铺筑，经监理人验收合格后，以 m³ 计量。

2. 支付

（1）费用的支付，主要包括以下内容：

1）承包人提供工程所需的材料、机具、设备和劳力等。

2）原材料的检验、混合料设计与试验，以及经监理人批准的按照规范所要求的试验路段的全部作业。

3）铺筑前对下承层的检查和清扫、混合料的拌和、运输、摊铺、压实、整型、养护等。

4）质量检验所要求的检测、取样和试验等工作。

（2）支付子目（见表6－2－4）。

表 6 - 2 - 4　　　　　　　　　　支 付 子 目

子 目 号	子 目 名 称	单 位
303 - 1	石灰稳定土底基层	
- a	厚…mm	m²
303 - 2	搭板、埋板下石灰稳定土底基层	m³
304 - 1	水泥稳定土底基层	
- a	厚…mm	m²
304 - 2	搭板、埋板下水泥稳定土底基层	m³
304 - 3	水泥稳定土基层	
- a	厚…mm	m²
305 - 1	石灰粉煤灰稳定土底基层	
- a	厚…mm	m²
305 - 2	搭板、埋板下石灰粉煤灰稳定土底基层	m³
305 - 3	石灰工业废渣稳定土基层	
- a	厚…mm	m²
306 - 1	级配碎石底基层	
- a	厚…mm	m²
306 - 2	搭板、埋板下级配碎石底基层	m³
306 - 3	级配碎石基层	
- a	厚…mm	m²
306 - 4	级配砾石底基层	
- a	厚…mm	m²
306 - 5	搭板、埋板下级配砾石底基层	m³
306 - 6	级配砾石基层	
- a	厚…mm	m²
307 - 1	沥青稳定碎石基层（ATB—25）	
- a	厚…mm	m²
- b	厚…mm	m²

6. 2. 4　透层与黏层

工作内容为在已建成并经监理人验收合格的基层上洒布透层沥青；在沥青面层、水泥混凝土路面或桥面上洒布黏层沥青。它包括所需的设备、劳力和材料，以及施工、试验等全部作业。

6.2.4.1 工程量清单计量规则（见表 6－2－5）

表 6－2－5　　　　路面透层、黏层和封层工程量清单计量规则

项	目	节	细目	项目名称	项目特征	计量单位	工程量计算规则	工 程 内 容
三				路面				第 300 章
		7		透层、黏层、封层				第 307 节
			1	透层	1. 材料规格。 2. 沥青用量。	m²	按设计图所示以面积计算	1. 清理下承层。 2. 沥青加热、掺配运油。 3. 洒油、撒矿料。 4. 养护
			2	黏层				
			3	封层				
			a	沥青表处封层	1. 材料规格。 2. 厚度。 3. 沥青用量	m²	按设计图所示，按不同厚度以面积计算	1. 清理下承层。 2. 沥青加热、运输。 3. 洒油、撒矿料。 4. 碾压。 5. 养护。
			b	稀浆封层				1. 清理下承层。 2. 拌和。 3. 摊铺。 4. 碾压。 5. 养护

6.2.4.2 计量与支付

1. 计量

（1）透层和黏层按图纸规定的或监理人指示的喷洒面积，经监理人验收合格，以 m² 计量。

（2）对个别特殊形状的面积，应采用适当的计算方法计量。除监理人另有指示外，超过图纸规定的计算面积均不予计量。

2. 支付

（1）支付费用主要包括下列内容：

1）承包人提供工程所需的材料，使用的工具、设备和劳力等。

2）材料的检验、试验，以及按规范规定的全部作业。

3）喷洒前对层面的检查和清扫，材料的加热、运输、喷洒、养护等工作。

（2）支付子目（见表 6－2－6）。

表 6－2－6　　　　支 付 子 目

子 目 号	子 目 名 称	单 位
308－1	透层	m²
308－2	黏层	m²

6.2.5　沥青混凝土面层

工作内容为在经监理人验收合格的基层上，按照图纸和监理人指示铺筑一层或多层的

热拌沥青混合料面层。它包括提供全部设备、劳力和材料，以及施工、养护、试验等全部作业。

6.2.5.1 工程量清单计量规则（见表 6-2-7）

表 6-2-7 沥青混凝土面层工程量清单计量规则

项	目	节	细目	项目名称	项目特征	计量单位	工程量计算规则	工程内容
三				路面				第 300 章
	8			沥青混凝土面层				第 308 节
		1		细粒式沥青混凝土面层	1. 材料规格。 2. 配合比。 3. 厚度。 4. 压实度。	m²	按设计图所示不同厚度以面积计算	1. 清理下承层。 2. 拌和、运输。 3. 摊铺、整形。 4. 碾压
		2		中粒式沥青混凝土面层				
		3		粗粒式沥青混凝土面层				

6.2.5.2 计量与支付

1. 计量

热铺沥青混凝土，应按图纸所示或监理人指示的平均铺筑面积，经监理人验收合格，按粗、中、细粒式沥青混凝土和不同厚度分别以 m² 计量。除监理人另有指示外，超过图纸所规定的面积均不予计量。

2. 支付

（1）费用的支付，主要包括以下内容。

1）承包人提供工程所需的材料、机具、设备和劳力等。

2）原材料的检验、混合料设计与试验，以及经监理人批准的按照规范所要求的试验路段的全部作业。

3）铺筑前对下承层的检查和清扫、材料的拌和、运输、摊铺、压实、整型、养护等。

4）质量检验所要求的检测、取样和试验等工作。

（2）支付子目（见表 6-2-8）。

表 6-2-8 支付子目

子目号	子目名称	单位
309-1	细粒式沥青混凝土	
-a	厚…mm	m²
-b	厚…mm	m²
309-2	中粒式沥青混凝土	
-a	厚…mm	m²
-b	厚…mm	m²
309-3	粗粒式沥青混凝土	
-a	厚…mm	m²
-b	厚…mm	m²

6.2.6　表面处治及其他面层

工作内容为按图纸所示施工，并经监理人验收合格的基层上铺筑单层或多层沥青表面处治面层；在沥青面层或沥青面层延迟期较长的基层上铺筑封层。它包括所需的设备、劳力和材料，以及施工、试验等全部作业。

6.2.6.1　工程量清单计量规则（见表 6-2-9）

表 6-2-9　　　　表面处治及其他面层工程量清单计量规则

项	目	节	细目	项目名称	项目特征	计量单位	工程量计算规则	工 程 内 容
三				路面				第 300 章
	9			表面处治及其他面层				第 309 节
		1		沥青表面处治				
			a	沥青表面处治（层铺）	1. 材料规格。 2. 沥青用量。 3. 厚度	m²	按设计图所示，按不同厚度以面积计算	1. 清理下承层。 2. 沥青加热、运输。 3. 铺矿料。 4. 洒油。 5. 整形。 6. 碾压。 7. 养护
			b	沥青表面处治（拌和）	1. 材料规格。 2. 配合比。 3. 厚度。 4. 压实度			1. 清理下承层。 2. 拌和、运输。 3. 摊铺、整形。 4. 碾压
		2		沥青贯入式面层	1. 材料规格。 2. 沥青用量。 3. 厚度	m²	按设计图所示，按不同厚度以面积计算	1. 清理下承层。 2. 沥青加热、运输。 3. 铺矿料。 4. 洒油。 5. 整形。 6. 碾压。 7. 养护
		3		泥结碎（砾）石路面	1. 材料规格。 2. 厚度			1. 清理下承层。 2. 铺料整平。 3. 调浆、灌浆。 4. 撒嵌缝料。 5. 洒水。 6. 碾压。 7. 铺保护层
		4		级配碎（砾）石面层	1. 材料规格。 2. 级配。 3. 厚度	m²	按设计图所示，按不同厚度以面积计算	1. 清理下承层。 2. 配运料。 3. 摊铺。 4. 洒水。 5. 碾压
		5		天然砂砾面层	1. 材料规格。 2. 厚度			1. 清理下承层。 2. 运输铺料、整平。 3. 洒水。 4. 碾压

6.2.6.2　计量与支付

1. 计量

（1）沥青表面处治按图纸所示或监理人指示铺筑，经监理人验收合格，按不同厚度分别以 m² 计量。

（2）封层按图纸规定的或监理人指示的喷洒面积，经监理人验收合格，以 m² 计量。

（3）表面处治除监理人另有指示外，超过图纸规定的面积不予计量。

2. 支付

（1）用的支付，主要包括以下内容。

1）承包人提供工程所需的材料、机具、设备和劳力等。

2）材料的检验、试验，以及按规范规定的全部作业。

3）喷洒前对层面的检查和清扫，材料的加热、运输、喷洒、养护等工作。

（2）支付子目（见表 6-2-10）。

表 6-2-10　　　　　　　　　支　付　子　目

子　目　号	子　目　名　称	单　　位
309-1	沥青表面处治	
-a	厚…mm	m²
-b	厚…mm	m²
309-2	封层	m²

6.2.7　改性沥青混凝土面层

工作内容为在完成并经监理人验收合格的基层或其他沥青面层上，铺筑改性沥青混合料面层。它包括提供所需的设备、劳力和材料，以及施工、养护、试验等全部作业。

6.2.7.1　工程量清单计量规则（见表 6-2-11）

表 6-2-11　　　　　　改性沥青混凝土面层工程量清单计量规则

项	目	节	细目	项目名称	项目特征	计量单位	工程量计算规则	工程内容
三				路面				第300章
	10			改性沥青混凝土面层				第310节
		1		改性沥青面层	1. 材料规格。 2. 配合比。 3. 外掺材料品种、用量。 4. 厚度。 5. 压实度	m²	按设计图所示，按不同厚度以面积计算	1. 清理下承层。 2. 拌和、运输。 3. 摊铺、整形。 4. 碾压。 5. 养护
		2		SMA面层				

6.2.7.2　计量与支付

1. 计量

改性沥青混合料按图纸要求及监理人的指示按不同厚度及实际摊铺的面积以 m² 计量。

2．支付

（1）费用的支付，主要包括以下内容：

1）承包人提供工程所需的材料、机具、设备和劳力等。

2）原材料的检验、混合料设计与试验，以及经监理人批准的按照规范所要求的试验路段的全部作业。

3）铺筑前对下承层的检查和清扫、材料的拌和、运输、摊铺、压实、整型、养护等。

4）质量检验所要求的检测、取样和试验等工作。

（2）支付子目（见表6-2-12）。

表6-2-12 支 付 子 目

子 目 号	子 目 名 称	单 位
311-1	细粒式改性沥青混合料路面	
-a	厚…mm	m²
-b	厚…mm	m²
311-2	中粒式改性沥青混合料路面	
-a	厚…mm	m²
-b	厚…mm	m²
311-3	SMA 路面	
-a	厚…mm	m²
-b	厚…mm	m²

6.2.8 水泥混凝土面层

工作内容为在完成并经监理人验收合格的基层上，铺筑水泥混凝土面板的工作。它包括提供所需的设备、人工和材料，以及施工、养护、试验、检测等全部作业。

6.2.8.1 工程量清单计量规则（见表6-2-13）

表6-2-13 水泥混凝土面层工程量清单计量规则

项	目	节	细目	项目名称	项目特征	计量单位	工程量计算规则	工 程 内 容
三				路面				第300章
	11			水泥混凝土面层				第311节
		1		水泥混凝土面层	1.材料规格。 2.配合比。 3.外掺剂品种、用量。 4.厚度。 5.强度等级	m²	按设计图所示，按不同厚度以面积计算	1.清理下承层、湿润。 2.拌和、运输。 3.摊铺、抹平。 4.压（刻）纹。 5.胀缝制作安装。 6.切缝、灌缝。 7.养生
		2		连续配筋混凝土面层				1.清理下承层、湿润。 2.拌和、运输。 3.摊铺、抹平。 4.压（刻）纹。 5.胀缝制作安装。 6.灌缝。 7.养生

续表

项	目	节	细目	项目名称	项目特征	计量单位	工程量计算规则	工程内容
		3		钢筋	1. 材料规格。 2. 抗拉强度。	kg	按设计图所示，各规格钢筋按有效长度（不计入规定的搭接长度）以重量计算	钢筋制作安装

6.2.8.2　计量与支付

1. 计量

（1）水泥混凝土面板按图纸和监理人指示铺筑的面积、经监理人验收合格，按不同厚度以 m² 计量。除监理人另有指示外，任何超过图纸所规定的尺寸的计算面积，均不予计量。

（2）水泥混凝土路面的补强钢筋及拉杆、传力杆等钢筋按图纸要求设置，经监理人现场验收后以 kg 计量。因搭接而增加的钢筋不予计入。

（3）接缝材料等未列入支付子目中的其他材料均含入水泥混凝土路面单价之中，不单独计量与支付。

2. 支付

（1）费用的支付，主要包括以下内容：

1）承包人提供工程所需的材料、机具、设备和劳力等。

2）原材料的检验、混合料设计与试验，以及经监理人批准的按照规范所要求的试验路段的全部作业。

3）铺筑混凝土面板前对基层的检查和清扫、混凝土混合料的拌和、运输、摊铺、终饰、接缝、养护等。

4）质量检验所要求的检测、取样和试验等工作。

（2）支付子目（见表6-2-14）。

表6-2-14　　　　　　支　付　子　目

子目号	子目名称	单位
312-1	水泥混凝土面板	
-a	厚…mm（混凝土弯拉强度…MPa）	m²
-b	厚…mm（混凝土弯拉强度…MPa）	m²
312-2	钢筋	
-a	HPB235	kg
-b	HRB335	kg

6.2.9　培土路肩、中央分隔填土、土路肩加固及路缘石

工作内容包括路肩培土、中央分隔带的回填土以及土路肩加固工程等施工作业。

6.2.9.1 工程量清单计量规则（见表 6－2－15）

表 6－2－15　　　　　　　　锚杆、锚定板挡土墙工程量清单计量规则

项	目	节	细目	项目名称	项目特征	计量单位	工程量计算规则	工 程 内 容
三				路面				第 300 章
		12		培土路肩、中央分隔带回填土、土路肩加固及路缘石				第 312 节
			1	培土路肩	1. 土壤类别。 2. 压实度	m³	按设计图所示，按压实体积计算	1. 挖运土。 2. 培土、整形。 3. 压实
			2	中央分隔带填土				
			3	现浇混凝土加固土路肩	1. 材料规格。 2. 断面尺寸。 3. 垫层厚度。 4. 强度等级	m	按设计图所示，沿路肩表面量测，以长度计算	1. 清理下承层。 2. 配运料。 3. 浇筑。 4. 接缝处理。 5. 养生
			4	混凝土预制块加固土路肩				
			5	混凝土预制块路缘石	1. 断面尺寸。 2. 强度等级		按设计图所示，以长度计算	1. 预制构件。 2. 运输。 3. 砌筑、勾缝

6.2.9.2 计量与支付

1. 计量

（1）培土路肩及中央分隔带回填土按压实后并经验收的工程数量分别以 m³ 为单位计量。现浇混凝土加固土路肩、混凝土预制块加固土路肩经验收的工程数量分别以延米为单位计量。

（2）水泥混凝土加固土路肩经验收合格后，沿路肩表面量测其长度以延米为单位计量，加固土路肩的混凝土立模、摊铺、振捣、养生、拆模，预制块预制铺砌，接缝材料等及其他有关加固土路肩的杂项工作均属承包人的附属工作，均不另行计量。

（3）路缘石按图纸所示的长度进行现场量测，经验收合格以延米为单位计量。埋设缘石的基槽开挖与回填、夯实以及混凝土垫层或水泥砂浆垫层等有关杂项工作均属承包人的附属工作，不另行计量。

2. 支付子目（见表 6－2－16）

表 6－2－16　　　　　　　　　　　　　支 付 子 目

子 目 号	子 目 名 称	单 位
313－1	培土路肩	m³
313－2	中央分隔带回填土	m³
313－3	现浇混凝土加固土路肩（厚…mm）	m
313－4	混凝土预制块加固土路肩	m
313－5	混凝土预制块路缘石	m

6.2.10　路面及中央分隔带排水

工作内容为路面和中央分隔带排水工程，包括纵、横、竖向排水管、渗沟、缝隙式圆形集水管、集水井、路肩排水沟和拦水带等结构物的施工及有关的作业。

6.2.10.1　工程量清单计量规则（见表 6-2-17）

表 6-2-17　　　　　　　路面及中央分隔带排水工程量清单计量规则

项	目	节	细目	项目名称	项目特征	计量单位	工程量计算规则	工 程 内 容
三				路面				第 300 章
		13		路面及中央分隔带排水				第 313 节
			1	中央分隔带排水				
			a	沥青油毡防水层	材料规格	m²	按设计图所示，以铺设的净面积计算（不计入按规范要求的搭接卷边部分）	1. 挖运上石方。 2. 粘贴沥青油毡。 3. 接头处理。 4. 涂刷沥青。 5. 回填
			b	中央分隔带渗沟	1. 材料规格。 2. 断面尺寸	m	按设计图所示，按不同断面尺寸以长度计算	1. 挖运土石方。 2. 土工布铺设。 3. 埋设 PVC 管。 4. 填碎石（砾石）。 5. 回填
			2	超高排水				
			a	纵向雨水沟（管）	1. 材料规格。 2. 断面尺寸。 3. 强度等级	m	按设计图所示，按不同断面尺寸以长度计算	1. 挖运土石方。 2. 现浇（预制）沟管或安装 PVC 管。 3. 伸缩缝填塞。 4. 现浇或预制安装端部混凝土。 5. 栅形盖板预制安装。 6. 回填
			b	混凝土集水井		座	按设计图所示，按不同尺寸以座数计算	1. 挖运土石方。 2. 现浇或预制混凝土。 3. 钢筋混凝土盖板预制安装。 4. 回填
			c	横向排水管	材料规格	m	按设计图所示，按不同孔径以长度计算	1. 挖运土石方。 2. 铺垫层。 3. 安装排水管。 4. 接头处理。 5. 回填

项	目	节	细目	项目名称	项目特征	计量单位	工程量计算规则	工 程 内 容
		3		路肩排水				
			a	沥青混凝土拦水带	1. 材料规格。 2. 断面尺寸。 3. 配合比	m	按设计图所示，沿路肩表面量测以长度计算	1. 拌和、运输。 2. 铺筑
			b	水泥混凝土拦水带	1. 材料规格。 2. 断面尺寸。 3. 强度等级			1. 配运料。 2. 现浇或预制混凝土。 3. 砌筑（包括漫槽）。 4. 勾缝
			c	混凝土路肩排水沟				
			d	砂砾（碎石）垫层	1. 材料规格。 2. 厚度	m³	按设计图所示，以压实体积计算	1. 运料。 2. 铺料、整平。 3. 夯实
			e	土工布	材料规格	m²	按设计图所示，以铺设净面积计算（不计入按规范要求的搭接卷边部分）	1. 下层整平。 2. 铺设土工布。 3. 搭接及锚固土工布

6.2.10.2 计量与支付

1. 计量

（1）中央分隔带处设置的排水设施，按图纸施工，经监理人验收合格的实际工程数量分别按下列项目计量：

1）排水管按不同材料、不同直径分别以 m 计量。

2）纵向雨水沟（管）按长度以 m 计量。

3）集水井按不同尺寸以座计量。

4）渗沟按不同截面尺寸以延米计量。

5）防水沥青油毡以 m² 计量。

（2）路肩排水沟，经监理人验收合格的实际工程数量，分别按下列项目计量。

1）混凝土路肩排水沟按长度以 m 计量。

2）路肩排水沟砂砾垫层（路基填筑中已计量者除外）按 m³ 计量。

3）土工布以 m² 计量。

（3）排水管基础开挖和基础浇筑、胶泥隔水层及出水口预制混凝土垫块及混凝土包封等不另行计量，包含在排水管单价中。

（4）渗沟上的土工布不另计量，包含在渗沟单价中。

（5）拦水带按长度以 m 计量。

2. 支付子目（见表 6 - 2 - 18）

表 6 - 2 - 18　　　　　　　　　　支　付　子　目

子 目 号	子 目 名 称	单 位
314 - 1	排水管	
- a	PVC-U 管（φ⋯mm）	m
- b	铸铁管（φ⋯mm）	m
- c	混凝土管（φ⋯mm）	m
314 - 2	纵向雨水沟（管）	m
314 - 3	C⋯混凝土集水井	座
314 - 4	中央分隔带渗沟（⋯mm×⋯mm×⋯mm）	m
314 - 5	沥青油毡防水层	m²
314 - 6	路肩排水沟	
- a	混凝土路肩排水沟	m
- b	砂砾垫层	m³
- c	土工布	m²
314 - 7	拦水带	
- a	沥青混凝土拦水带	m
- b	水泥混凝土拦水带	m

习　　　题

1. 某高速公路沥青路面项目，路线长 36km，行车道宽 22m，沥青混凝土厚度 18cm。在距离路线两段 1/3 处各有 1 处较平整场地适宜设置沥青拌和场，上路距离均为 200m，根据经验估计每设置 1 处拌和场的费用为 90 万元。施工组织提出了设 1 处和设 2 处拌和场的两种施工组织方案进行比较。假设施工时工料机价格水平与定额基价一致，请从经济角度出发，选择费用较省的施工组织方案。

2. 某水泥、石灰稳定土基层工程，定额标明的配比为 6：4：90，设计配比为 5.5：3.5：91，厚度 14cm，试确定其设计配合比下的原料定额值。

3. 试确定 16cm 厚级配碎石路面面层的人工、材料、机械的预算定额。

4. 拖拉机带铧犁拌和某石灰、粉煤灰稳定碎石路面基层，设计配合比石灰：粉煤灰：碎石为 4：11：85，设计厚度为 16cm，试以预算定额求各材料按设计配合比调整后每 1000m² 单位的数量，当设计厚度超过压实厚度时，机械台班应如何计算？

第 7 章 桥涵工程计量与计价

7.1 桥涵工程定额工程量计量

7.1.1 定额说明

桥涵工程包括开挖基坑，围堰、筑岛及沉井，打桩，灌注桩、砌筑，现浇混凝土及钢筋混凝土，预制、安装混凝土及钢筋混凝土构件，构件运输，拱盔、支架，钢结构和杂项工程等项目。

7.1.1.1 工程量计算一般规则

（1）现浇混凝土、预制混凝土、构件安装的工程量为构筑物或预制构件的实际体积，不包括其中空心部分的体积，钢筋混凝土项目的工程量不扣除钢筋（钢丝、钢绞线）、预埋件和预留孔道所占的体积。

（2）构件安装定额中在括号内所列的构件体积数量，表示安装时需要备制的构件数量。

（3）钢筋工程量为钢筋的设计质量，定额中已计入施工操作损耗，一般钢筋因接长所需增加的钢筋质量已包括在定额中不得将这部分质量计入钢筋设计质量内。但对于某些特殊的工程，必须在施工现场分段施工采用搭接接长时，其搭接长度的钢筋质量未包括在定额中，应在钢筋的设计质量内计算。

7.1.1.2 混凝土工程

（1）定额中混凝土强度等级均按一般图纸选用，其施工方法除小型构件采用人拌人捣外，其他均按机拌机捣计算。

（2）定额中混凝土工程除小型构件、大型预制构件底座、混凝土搅拌站按拆和钢桁架桥式码头项目中已考虑混凝土的拌和费用外，其他混凝土项目中均未考虑混凝土的拌和费用，应按有关定额另行计算。

（3）定额中混凝土均按露天养生考虑，如采用蒸汽养生时，应从各有关定额中扣减人工 1.5 个工日及其他材料费 4 元，并按蒸汽养生有关定额计算。

（4）定额中混凝土工程均已包括操作范围内的混凝土运输。现浇混凝土工程的混凝土平均运距超过 50m 时，可根据施工组织设计的混凝土平均运距，按杂项工程中混凝土运输定额增列混凝土运输。

（5）定额中采用泵送混凝土的项目均已包括水平和向上垂直泵送所消耗人工、机械，当水平泵送距离超过定额综合范围时，可按表 7-1-1 增列人工及机械消耗量。向上垂直泵不得调整。

表 7－1－1　　　　　　　　　　人 工 及 机 械 消 耗 量

项目		定额综合的水平泵送距离（m）	每 100m³ 混凝土每增加水平距离 50m 增列数量	
			人工（工日）	混凝土输送泵（台班）
基础	灌注桩	100	1.55	0.27
	其他	100	1.27	0.18
上、下部构造		50	2.82	0.26
桥面铺装		250	2.82	0.36

（6）凡预埋在混凝土中的钢板、型钢、钢管等预埋件，均作为附属材料列入混凝土定额内。至于连接用的钢板，型钢等则包括在安装定额内。

（7）大体积混凝土项目必须采用埋设冷却管来降低混凝土水化热时，可根据实际需要另行计算。

（8）除另有说明外，混凝土定额中均已综合脚手架、上下架、爬梯及安全围护等搭拆及摊销费用，使用定额时不得另行计算。

7.1.1.3　钢筋工程

（1）定额中凡钢筋直径在 10mm 以上的接头，除注明为钢套筒连接外，均采用电弧搭接焊或电阻对接焊。

（2）定额中的钢筋按选用图纸分为光圆钢筋、带肋钢筋，如设计图纸的钢筋连接用钢套筒数量与定额有出入时，可按调整钢筋品种的比例关系。

（3）定额中钢筋时按一般定尺长度计算的，如设计提供的钢筋连接用钢套筒数量与定额有出入时，可按设计数量调整定额中的钢套筒消耗，其他消耗不调整。

7.1.1.4　模板工程

（1）模板不单列项目。混凝土工程中所需的模板包括钢模板、组合钢模板、木模板，均按其周转摊销量计入混凝土定额中。

（2）定额中的模板均为常规版，当设计或施工对混凝土结构的外观有特殊要求需要对模板进行特殊处理时，可根据定额中所列的混凝土模板接触面积增列相应的特设模板材料的费用。

（3）定额中所列的钢模板材料指工厂加工的适用于某种构件的定型钢模板，其质量包括立模需的钢支撑及有关配件；组合钢模板材料指市场供应的各种型号的组合钢模板，其质量仅为组合钢模板的质量，不包括立模所需的支撑、拉杆等配件，定额中已计入所需配件材料的摊销量；木模板按工地制作编制，定额中将制作所需土、料、机械台班消耗按周转摊销量计算。

（4）定额中均包括各种模板的维修、保养所需的工、料及费用。

7.1.1.5　设备摊销费用

定额中设备摊销费的设备指属于固定资产的金属设备，包括万能杆件、装配式钢桥桁架及有关配件拼装的金属架桥设备。设备摊销费按设备质量每吨每月 90 元计算（除设备本身折旧费用，还包括设备的维修、保养等费用）。各项目中凡注明允许调整的，可按计划使用时间调整。

【例 7-1-1】 某桥梁现浇混凝土总数量很大，采用混凝土搅拌站集中拌和施工，搅拌站生产能力 $25m^3/h$ 以内，平均运距 1000m，采用容量为 $6m^3$ 以内混凝土搅拌运输车运输，试求该桥实体式墩台基础工程预算定额中人工工日、机械台班各为多少？对运输混凝土定额应做如何处理？

解：

查《公路工程定额》452 页 4-6-1-3 确定定额中材料、机械的消耗量。

查《公路工程定额》699 页 4-11-11-2 及 4-11-11-6 确定混凝土搅拌站安装、拆除及混凝土拌和的定额值。

查额定 4-11-11-20 确定混凝土运输的定额值。

7.1.2 开挖基坑

（1）工程量计算规则。

1）基坑开挖工程量按基坑容积计算公式计算。

2）基坑挡土板的支挡面积，按坑内需支挡的实际侧面积计算。

基坑水泵台班消耗，可根据覆盖层土壤类别和施工水位高度采用下列数值计算。

3）墩（台）基坑水泵台班消耗＝湿处挖基工程量×挖基水泵台班＋墩（台）座数×修筑水泵台班。

4）基坑水泵台班消耗表中水位高低栏中"地面水"适用于围堰内挖基，水位高度指施工水位至坑顶的高度，其水泵消耗台班已包括排除地下水所需台班数量，不得再按"地下水"加计水泵台班；"地下水"适用于岸滩湿处的挖基，水位高度指施工水位至坑底的高度，其工程量应为施工水位以下的湿处挖基工程数量，施工水位至坑顶部分的挖基，应按干处挖基对待，不计水泵台班。

（2）干处挖基指开挖无地面水及地下水位以上部分的土壤，湿处挖基指开挖在施工水位以下部分的土壤。挖基坑石方、淤泥、流沙不分干处、湿处均采用同一定额。

（3）开挖基坑土、石方运输按弃土于坑外 10m 范围内考虑，如坑上水平运距超过 10m 时，另按路基、石方增运定额计算。

（4）基坑深度为坑的顶面中心标高至底面的数值。在同一基坑内，不论开挖哪一深度均执行该基坑的全部深度定额。

（5）电动卷扬机配抓斗及人工开挖配卷扬机吊运基坑土、石方定额中，已包括移动摇头扒杆用工，但摇头扒杆的配置数量应根据工程需要按吊装设备定额另行计算。

（6）开挖基坑定额中，已综合了基底夯实、基坑回填及检平石质基底用工，湿处挖基还包括挖边沟、挖集水井及排水作业用工，使用定额时，不得另行计算。

（7）开挖基坑定额中不包括挡土板，需要时应据实按有关定额另行计算。

（8）机械挖基定额中，已综合了基底标高以上 20cm 范围内采用人工开挖和基底修整用工。

（9）基坑开挖定额均按原土回填考虑，若采用取土回填时，应按路基工程有关定额另行取土费用。

（10）挖基定额中未包括水泵台班，挖基及基础、墩台修筑所需的水泵班按"基坑水泵台班消耗"表的规定计算，并计入挖基项目中。

【例 7 - 1 - 2】   某桥共有 6 个墩、台基坑开挖工程，采取 2 个坑平行施工。用电动卷扬机配抓斗开挖，其中某岸墩基坑。已知施工期无常水，运距 20m，水中挖砂砾 37.5m³、水中挖岩石 185.0m³、基坑总挖方 269.5m³、基底以上 20cm 处用人工挖方 12.5m³。试确定该基坑所需各种定额（实际编预算时，不必逐个基坑计算或确定其定额）。

解：

（1）根据开挖基坑节说明的规定可知该基坑的干处挖基工程量为地下水位以上的土方：

即 269.5－37.5－185.0＝47.0m³。

开挖深度按《公路工程预算定额》第四章桥涵工程节说明 3 的规定均应按坑全深计。但由于该基坑采用机械挖基坑土石方，故本例没有必要区分干处、湿处挖基以及基坑深度等。

（2）用卷扬机配抓斗挖基坑土石方定额，按定额 P278 页表"4－1－3－1"确定。砂砾部分（每 1000m³ 实体）。

人工 304.1 工日；

30kN 以内单筒慢速卷扬机 30.21 台班；

小型机具使用费 391.9 元；

石方部分按定额 P278 页表"4－1－3－1"每 1000m³ 实体计。

7.1.3 筑岛、围堰及沉井工程

（1）工程量计算规则。

1）草木、草（麻）袋、竹笼围堰长度按围堰中心长度计算，高度按施工水深加 0.5m 计算。木笼铁丝围堰实体木笼所包围的体积。

2）套箱围堰的工程量为套箱金属结构的质量。套箱整体下沉时悬吊平台的钢结构及套箱内支撑的钢结构均已综合在定额中，不得作为套箱工程量进行计算。

3）沉井制作的工程量：重力式沉井为设计图纸井壁及隔墙混凝土数量；钢丝网水泥薄壁浮运沉井为刃脚及骨架钢材的质量，但不包括铁丝网的质量；钢壳沉井的工程量为钢材的总质量。

4）沉井下沉定额的工程量按沉井刃脚外缘所包围的面积乘沉井刃脚下沉入土深度计算。沉井下沉安土、石所在的不同深度分别采用不同下沉深度的定额。定额中的下沉深度指沉井顶面到作业面的高度。定额中已综合了溢流（翻砂）的数量，不得另加工程量。

5）沉井浮运、接高、定位落床定额的工程量为沉井刃脚外缘所包围的面积，分节施工的沉井接高的工程量应按各节沉井接高工程量之和计算。

6）锚碇系统定额的工程量指锚碇的数量，按施工组织设计的需要量计算。

7）地下连续墙导墙的工程量按设计需要设置的岛墙的混凝土体积计算；成槽盒墙体混凝土的工程量按地下连续墙设计长度、厚度和深度的乘积计算；锁扣管吊拔河清底置换的工程量按地下连续墙的设计槽段数（指槽壁单元槽段）计算；内衬的工程量按设计需要的内衬混凝土体积计算。

（2）围堰定额适用于挖基围堰和筑岛围堰。草木、草（麻）袋、竹笼、木笼铁丝围堰定额中已包括 50m 以内人工挖运土方的工日数量，定额括号内所列"土"的数量不计价，仅限于取土运距超过 50m，按人工挖运土方的增运定额，增加运输用工。

（3）沉井制作分钢筋混凝土重力式沉井、钢丝网水泥薄壁浮运沉井。钢壳浮运沉井三种。沉井浮运、落床、下沉、填塞定额，均适用于以上三种沉井。

（4）沉井下沉的工作台、三角架、运土坡道、卷扬机工作台均已包括在定额中。井下爆破材料除硝铵炸药外，其他列入其他材料费中。

（5）沉井下水轨道的钢轨、枕木、铁件按周转摊销量计入定额中，定额还综合了轨道的基础及围堰等的工、料，使用定额时，不得另行计算。但轨道基础的开挖工作本定额中未计入，需要时按有关定额另行计算。

（6）沉井浮运定额仅适用于只有一节的沉井或多节沉井的底节，分节施工的沉井除底节外的其他各节的浮运、接高均应执行沉井接高定额。

（7）导向船、定位船船体本身加固所需的工、料、机消耗及沉井定位落床所需的锚绳均已综合在沉井定位落床定额中，使用定额时，不得另行计算。

（8）无导向船定位落床定额已将所需的地笼、锚碇等的工、料、机消耗综合在定额中，使用定额时，不得另行计算。有导向船定位落床定额未综合锚碇系统，应根据施工组织设计的需要按有关定额另行计算。

（9）锚碇系统定额均已将锚链的消耗计入定额中，并已将抛锚、起锚所需的工、料、机消耗综合在定额中，使用定额时，不得随意进行抽换。

（10）钢壳沉井接高所需的吊装设备定额中未计入，需要时应按金属设备吊装定额另行计算。

（11）钢壳沉井作双壁钢围堰使用时，应按施工组织设计计算回收，但回收部分的拆除所需的工、料、机消耗本定额未计入，需要时应根据实际情况按有关定额另行计算。

（12）沉井下沉定额中的软质岩石是指饱和单轴极限抗压强度在40MPa以上的各类较坚硬和坚硬的岩石。

（13）地下连续墙定额中未包括施工便道、挡土帷幕、注浆加固等，需要时应根据施工组织设计另行计算。挖出的土石方或凿铣的泥渣如需要外运时，应按路基工程中相关定额进行计算。

【例7-1-3】 某桥施工组织设计要求施工采用草袋围堰，围堰高为1.7m，围堰长60m，土运距100m，试求预算定额下的工、料消耗量。

解：

查定额P286页4-2-2，定额单位10m围堰。因为P286页注中规定围堰高度可以内插，围堰高1.7m是介于1.5m和1.8m之间的，所以定额应在4-2-2-3及4-2-2-4之间内插。具体计算如下：

人工：$6 \times [17.7 + 0.2 \times (24.7 - 17.7)/0.3] = 134.2$工日

草袋：$6 \times [543 + 0.2 \times (741 - 543)/0.3] = 4050$个

土：$6 \times [33.54 + 0.2 \times (45.3 - 33.54)/0.3] = 248.28 \text{m}^3$

运距100m大于定额运距50m，增列超运距运输用工。查定额P9页1-1-6-4，定额单位1000m^3：$(100 - 50)/10 \times 18.2 \times 248.28/1000 = 22.59$人工；

总用工数$= 134.2 + 22.59 = 156.79$工日。

7.1.4　打桩工程

（1）工程量计算规则。

1）打预制钢筋混凝土方桩和管桩的工程量，应根据设计尺寸及长度以体积计算（管桩的空心部分应予以扣除）。设计中规定凿去的桩头部分的数量，应计入设计工程量内。

2）钢筋混凝土方桩的预制工程量，应为打桩定额中括号内的备制数量。

3）拔桩工程量按实际需要数量计算。

4）打钢板桩的工程量按设计需要的钢板桩质量计算。

5）打桩用的工作平台的工程量，按施工组织设计所需的面积计算。

6）船上打桩工作平台的工程量，根据施工组织设计，按一座桥梁实际需要打桩机的台数和每台打桩机需要的船上工作平台面积的总和计算。

（2）土质划分：打桩工程土壤分为Ⅰ、Ⅱ两组。

Ⅰ组土——较易穿过的土壤，如轻亚黏土、砂粪土、腐殖土、湿的及松散的黄土等。

Ⅱ组土——较难穿过的土壤，如黏土、干的固结黄土、砂砾、砾石、卵石等。

当穿过两组土层时，如打入Ⅱ组土各层厚度之和不小于土层总厚度的 50% 或打入Ⅱ组土连续厚度大于 1.5m 时，按Ⅱ组土计，不足上述厚度时，则按Ⅰ组土计。

（3）打桩定额：均按在已搭好的工作平台上操作计算，但未包括打桩用的工作平台的搭设和拆除等的工、料消耗，需要时应按打桩工作平台定额另行计算。

（4）打桩定额中已包括打导桩、打送桩及打桩架的安、拆工作，并将打桩架、送桩、导桩及导桩夹木凳的工、料按摊销的方式计入定额中，编制预算时，不得另行计算。但定额中均未包括拔桩。破桩头工作，已计入承台定额中。

（5）打桩定额均为打直桩，如打斜桩时，机械乘 1.20 的系数，人工乘 1.08 的系数。

（6）利用打桩时搭设的工作平台拔桩时，不得另行计算搭设工作平台的工、料消耗。如需搭设工作平台时，可根据施工组织设计规定的面积，按打桩的工作平台人工消耗的 50% 计算人工消耗，但各种材料一律不计。

（7）打每组钢板桩时，用的夹板材料及钢板桩的街头、连接（接头）、整形等的材料已按摊销方式，将其工、料计入定额中，使用定额时，不得另行计算。

（8）钢板桩木支撑的制作、试拼、安装的工、料消耗，均计入打桩定额中，拆除的工、料消耗已计入拔桩定额中。

（9）打钢板桩、钢管桩定额中未包括钢板桩、钢管桩的防锈工作，如需进行防锈处理，另按相应定额计算。

（10）打钢管桩工程如设计钢管桩数量与本定额不相同时，可按设计数量抽换定额中的钢管桩消耗，但定额中的其他消耗量不变。

【例 7-1-4】　某桥采用在水中工作平台上打基础桩。已知地基上层为亚黏土 8.0m、黏土 1.0m、干的固结黄土；设计斜桩入土深为 12m，设计规定凿去桩头 1.0m，打桩工作平台 160m²。试分析打钢筋混凝上方桩及工作平台的预算定额中哪些项目需要调整。

解：

（1）打钢筋混凝土方桩的定额可从预算定额 P323 页"4-3-1-6"表中查得。定额单位 10m³ 及 10 个接头。

（2）由于本例打入黏土和干的黄土中连续长度 4m＞1.5m 故应按Ⅱ类土计算。

（3）打斜桩时机械乘 1.20 系数、人工乘 1.08 系数。

（4）破桩头工作已计入承台定额，这里不再计列。但根据工程量计算规则的规定，凿去桩头的数量应计入打桩的工程量中。

（5）根据上列各项，确定打钢筋混凝土方桩的定额为：

①斜桩：

人工：$23.2 \times 1.08 = 25.056$ 工日。

材料部分定额消耗量不做调整、同于 4-3-1-6 数值。

10t 以内轮胎式起重机：$0.17 \times 1.20 = 0.204$ 台班

1.8t 以内柴油打桩机：$2.18 \times 1.20 = 2.616$ 台班

221kW 以内燃油拖轮：$0.6 \times 1.20 = 0.72$ 艘班

200t 以内驳船：$1.34 \times 1.20 = 1.608$ 艘班

②工作平台定额

查定额 4-3-7-4，定额单位 100m²。

人工：$51.2 \times 160/100 = 81.92$ 工日

锯材：$1.466 \times 160/100 = 2.346$ m³

型钢：$0.971 \times 160/100 = 1.554$ t

其他材料的计算方法同上，50kV 以内单筒慢速卷扬机：$2.42 \times 160/100 = 3.872$ 台班。

7.1.5 灌注桩工程

（1）工程量计算规则。

1）灌注桩成孔工程量按设计入土深度计算。定额中的孔深指护筒顶至桩底（设计标高）的深度。造孔定额中同一孔内的不同土质，不论其所在的深度如何，均采用总孔深定额。

2）人工挖孔的工程量按护筒（护壁）外缘所包围的面积乘设计孔深计算。

3）浇筑水下混凝土的工程量按设计桩径横截面面积乘设计桩长计算，不得将孔因素计入工程量。

4）灌注桩工作平台的工程量按设计需要的面积计算。

5）钢护筒的工程量按护筒的设计质量计算。设计质量为加工后的成品质量，包括加劲肋及连接用法兰盘等全部钢材的质量。当设计提供不出钢护筒的质量时，可参考表 7-1-2 的质量进行计算，桩径不同时可内插计算。

表 7-1-2　　　　　　　　护筒单位质量换算

桩径（cm）	100	120	150	200	250	300	350
护筒单位质量（kg/m）	170.2	238.2	289.3	499.1	612.6	907.5	1259.2

（2）灌注桩造孔根据造孔的难易程度，将土质分为 8 种：

1）砂土：粒径不大于 2mm 的砂类土，包括淤泥、轻亚黏土。

2）黏土：亚黏土、黏土、黄土，包括土状风化。

3）沙砾：粒径 2～20mm 的角砾、圆砾含量（指质量比，下同）不大于 50％，包括礓石及粒状风化。

4）砾石：粒径 2～20mm 的角砾、圆砾含量大于 50％，有时还包括粒径 20～200mm 的碎石、卵石，其含量在 10％以内，包括块状风化。

5）卵石：粒径 20～200mm 的碎石、卵石含量大于 10％，有时还包括块石、漂石，其含量在 10％以内，包括块状风化。

6）软石：饱和单轴极限抗压强度在 40MPa 以下的各类松软的岩石，如盐岩，胶结不紧的砾岩、泥质页岩、砂岩，较坚实的泥灰岩、块石土及漂石土，软而节理较多的石灰岩等。

7）次坚石：饱和单轴极限抗压强度在 40～100MPa 的各类较坚硬的岩石，如硅质页岩，硅质砂岩，白云岩，石灰岩，坚实的泥灰岩，软玄武岩、片麻岩、正长岩、花岗岩等。

8）坚石：饱和单轴极限抗压强度在 100MPa 以上的各类坚硬的岩石，如硬玄武岩、坚实的石灰岩、白云岩、大理岩、石英岩、闪长岩、粗粒花岗岩、正长岩等。

（3）灌注桩成孔定额分为人工挖孔、卷扬机带冲抓锥冲孔、卷扬机带冲击锥冲孔、冲击钻机钻孔、回旋钻机钻孔、潜水钻机钻孔等六种。定额中已按摊销方式计入钻架的制作、拼装、移位、拆除及钻头维修所耗用的工、料、机械台班数量，钻头的费用已计入设备摊销费中，使用定额时，不得另行计算。

（4）灌注桩混凝土定额按机械拌和、工作平台上导管倾注水下混凝土编制，定额中已包括混凝土灌注设备（如导管等）摊销的工、料费用及扩孔增加的混凝土数量，使用定额时，不得另行计算。

（5）钢护筒定额中，干出来埋设按护筒设计质量的周转摊销量计入定额中，使用定额时，不得另行计算。水中埋设按护筒全部设计质量计入定额中，可根据设计确定回收量按规定计算回收金额。

（6）护筒定额中，已包括陆地上埋设护筒用的黏土或水中埋设护筒定位用的导向架及钢质或钢筋混凝土护筒接头用的软件，硫磺胶泥等埋设时用的材料、设备消耗，使用定额时，不得另行计算。

（7）浮箱工作平台定额中，每只浮箱的工作面积为 $3 \times 6 = 18 m^2$。

（8）使用成孔定额时应根据施工组织设计的需要合理选用定额子目，当不采用泥浆船的方式进行水中灌注桩施工时，除按 90kW 以内内燃拖轮数量的一半保留拖轮和驳船的数量外，其余拖轮和驳船的消耗应扣除。

（9）在河滩、水中采用筑岛方法施工时，应采用陆地上成孔定额计算。

（10）本定额系按一般黏土造浆进行编制的，如实际采用膨润土造浆时，其膨润土的用量可按定额中黏土用量乘系数进行计算：

$$Q = 0.095 \times V \times 1000 \tag{7-1-1}$$

式中　Q——膨润土的用量，kg；

　　　V——黏土的用量，m^3。

当设计桩径与定额采用桩径不同时，可按表 7-1-3 系数调整。

表 7-1-3 调 整 系 数

桩径（cm）	130	140	160	170	180	190	210	220	230	240
调整系数	0.94	0.97	0.7	0.79	0.89	0.95	0.93	0.94	0.96	0.96
计算基数	桩径 150cm 以内		桩径 200cm 以内				桩径 250cm 以内			

7.1.6 砌筑工程

（1）定额中的 M5、M7.5、M12.5 水泥砂浆为砌筑用砂浆，M10、M15 水泥砂浆为勾缝用的砂浆。

（2）定额中已按砌体的总高度配置了脚手架，高度在 10m 以内的配踏步，高度大于 10m 的配井字架，并计入搭拆用工，其材料用量均以摊销方式计入定额中。

（3）浆砌混凝土预制块定额中，未包括预制块的预制，应按定额中括号内所列预制块数量，另按预制混凝土构件的有关定额计算。

（4）浆砌料石或混凝土预制块作镶面时，其内部应按填覆石定额计算。

（5）桥涵拱圈定额中，未包括拱盔和支架，需要时应按“拱盔、支架工程”中有关定额另行计算。

（6）定额中均未包括垫层及拱背、台背填料盒砂浆抹面，需要时应按杂项工程中有关定额另行计算。

（7）砌筑工程的工程量为砌体的实际体积，包括构成砌体的砂浆体积。

7.1.7 现浇混凝土及钢筋混凝土

（1）定额中未包括现浇混凝土及钢筋混凝土上部构造所需的拱盔、支架，需要时按有关定额另行计算。

（2）定额中片石混凝土中片石含量均按 15%计算。

（3）有底模承台适用于高桩承台施工。

（4）使用套箱围堰浇筑承台混凝土时，应采用无底模承台的定额。

（5）定额中均未包括扒杆、提升模架、拐脚门架、悬浇挂篮、移动模架等金属设备，需要时，应按有关定额另行计算。

（6）桥面铺装定额中，橡胶沥青混凝土仅适用于钢桥桥面铺装。

（7）墩台高度为基础顶、承台顶或为梁底到盖梁顶、墩台帽顶或 0 号块件底的高度。

（8）索塔高度为基础顶、承台顶或为梁底到索塔顶的高度。当塔墩固结时，工程量为基础顶面或承台顶部以上至塔顶的全部工程数量之和；当塔墩分离时，工程量应为桥面顶部以上塔顶的数量，桥面顶部以下部分的数量应按墩台定额数量。

（9）斜拉索锚固套筒定额中已综合加劲钢板和钢筋的数量，其工程量以混凝土箱型中锚固套筒钢管的质量计算。

（10）斜拉索钢锚箱的工程量为钢锚箱钢板、剪力钉、定位件的质量之和，不包括钢管和型钢的质量。

7.1.8 预制、安装混凝土及钢筋混凝土构件

（1）工程量计算规则。

1）预制构件的工程量为构件的实际体积（不包括空心部分的体积），但预应力构件的

工程量为构件预制体积与构件端头封锚混凝土的数量之和。预制空心板的空心堵头混凝土已综合在与之定额内，计算工程量时不应再计列这部分混凝土的数量。

2）使用定额时，构件的预制数量应为安装定额中括号内所列的构件备制数量。

3）安装的工程量为安装构件的体积。

4）构件安装时的现浇混凝土的工程量为现浇混凝土和砂浆的数量之和。但如在安装定额中已列砂浆消耗的项目，则在工程量中不应再计列砂浆的数量。

5）预制、悬拼预应力箱梁临时支座的工程量为临时支座中混凝土及硫磺砂浆的体积之和。

6）移动模架的质量包括（牛腿）、主梁、鼻梁、横梁、吊架、工作平台及爬梯的质量，不包括液压构件和内外模板（含模板支撑系统）的质量。

7）预应力钢绞线、预应力精轧螺纹粗钢筋及配锥形（弗氏）锚的预应力钢丝的工程量为锚固长度与工作长度的质量之和。

8）配镦头锚的预应力钢丝的工程量为锚固长度的质量。

9）先张钢绞线质量为设计图纸质量，定额中已包括钢绞线损耗及预制场构件间的工作长度及张拉工作长度。

10）缆绳吊装的索跨指两塔架间的距离。

（2）预制钢筋混凝土上部构造中，矩形板、空心板、连接板、少筋微弯板、预应力桁架梁、顶推预应力连续梁、桁架拱、钢架拱均已包括底模板，其余系按配合底座（或台座）施工考虑。

（3）顶进立交箱涵、圆管涵的顶进靠背由于形式很多，宜根据不同的地形、地质情况设计，定额中未单独编列子目，需要时可根据施工图纸采用有关定额另行计算。

（4）顶进立交箱涵、圆管涵定额根据全部顶进的施工方法编制。顶进设备未包括在顶进定额中，应按顶进时设备定额另行计算。"铁路线加固"定额除铁路线路的加固外，还包括临时信号灯，行车期间的线路维修和行车指挥等全部工作。

（5）预制立交箱涵、箱梁的内模、翼板的门式支架等工、料已包括在定额中。

（6）顶推预应力连续梁按多点顶推的施工工艺编制，顶推使用的滑道单独编列子目，其他滑块、拉杆、拉锚器及顶推用的机具、预制箱梁的工作平台均摊入顶推定额中。顶推用的导梁及工作平台底模顶升千斤以下的工程，定额中未计入，应按有关定额另行计算。

（7）构件安装系指从架设孔起至安装就位，整体化完成的全部施工工序。本节定额中除安装矩形板、空心板及连续板凳项目的现浇混凝土可套用桥面铺装定额计算外，其他安装上部构造定额中均单独编列有现浇混凝土子目。

（8）定额中凡采用金属结构吊装设备和缆索吊装设备安装的项目，均未包括吊装设备的费用，应按有关定额另行计算。

（9）制作、张拉预应力钢筋、钢丝束定额，是按不同的锚头形式分别编制的，当每吨钢丝的束数或每吨钢筋的根数有变化时，可根据定额进行抽换。定额中的"××锚"是指金属加工部件的质量，锚头所用其他材料已分别列入定额中有关材料或其他材料费内。定额中的束长一次张拉的长度。

（10）预应力钢筋、钢丝束及钢绞线定额中均已计入预应力管道及压浆的消耗量，使用定额时不得另行计算。墩头锚的锚具质量可按设计数量进行调整。

（11）对于钢绞线不同型号的锚具，使用定额时可按表7-1-4规定计算。

表7-1-4   锚 具 型 号 对 照 表

设计采用锚具型号（孔）	1	4	5	6	9	10	14	15	16	17	24
套用定额的锚具型号（孔）		3		7			12		19		

（12）金属结构吊装设备定额是根据不同的安装方法划分子目的，如"单导梁"是指安装用的拐脚门架、蝴蝶架、导梁等全套设备。定额是以10t设备质量为单位，并列有参考质量。实际质量与定额数量不同时，可根据实际质量计算，但设备质量部包括列入材料部分的铁件、钢丝绳、鱼尾板、道钉机列入"小型机具使用费"内的滑车等。

（13）预制场用龙门架、悬浇箱梁用的墩顶拐脚门架，可套用高度9m以内的跨墩门架定额，但质量应根据实际计算。

（14）安装金属支座的工程量是指办成品钢板的质量（包括座板、齿板、垫板、辊轴等）。至锚栓、梁上的钢筋网、铁件等均以材料数量综合在定额内。

7.1.9 构件运输

（1）构件运输中各种运输距离以10m、50m、1km为计算单位，不足第一个10m、50m、1km者均按10m、50m、1km计，超过第一个定额运距单位时，其运距尾数不足一个增运定额单位半数时不计，等于或超过半数时按一个定额运距单位计算。

（2）运输便道、轨道的敷设，栈桥码头、扒杆、龙门架、缆索的架设等，均未包括在定额内，应按有关章节定额另行计算。

（3）定额未单列构件出坑堆放的定额，如需出坑堆放，可按相应构件运输第一个运距单位定额计列。

（4）凡以手摇卷扬机和电动卷扬机配合运输的构件重载升坡时，第一个定额运距单位不增加人工及机械，每增加定额单位运距按以下规定乘换算系数。

手推车运输每增运10m定额的人工，按表7-1-5乘换算系数。

表7-1-5   换 算 系 数 （一）

坡度（%）	1以内	5以内	10以内
系数	1.0	1.5	2.5

垫滚子绞运每增运10m定额的人工河小型机具使用费，按表7-1-6乘换算系数。

表7-1-6   换 算 系 数 （二）

坡度（%）	0.4以内	0.7以内	1.0以内	1.5以内	2.0以内	2.5以内
系数	1.0	1.1	1.3	1.9	2.5	3.0

轻轨平车运输配电动卷扬机每增运50m定额的人工及电动卷扬机台班，按表7-1-7乘换算系数。

表 7 - 1 - 7

表 7 - 1 - 7　　　　　　　　　　　换 算 系 数 （三）

坡度（%）	0.7 以内	1.0 以内	1.5 以内	2.0 以内	3.0 以内
系数	1.00	1.05	1.10	1.15	1.25

7.1.10　拱盔、支架工程

（1）桥梁拱盔、木支架及简单支架均按有效宽度 8.5m 计，钢支架按有效宽度 12.0m 计，如实际宽度与定额不同时可按比例换算。

（2）木结构制作按机械配合人工编制，配备的木工机械均已计入定额中。结构中的半圆木构件，用圆木对剖加工所需的工日及机械台班均已计入定额内。

（3）所有拱盔均包括底模板及工作台的材料，但不包括现浇混凝土的侧模板。

（4）桁构式拱盔安装、拆除用的人字扒杆、地锚移动用工及拱盔缆风设备工料已计入定额，但不包括扒杆制作的工、料，扒杆数量根据施工组织设计另行计算。

（5）桁构式支架定额中已包括了墩台两旁支撑排架及中间拼装、拆除用支撑架，支撑架已加计了拱矢高度并考虑了缆风设备。定额以孔为计量单位。

（6）木支架及轻型门式钢支架的锚梁和地梁已计入定额中，地梁以下的基础工程未计入定额中，如需要时，应按有关相应定额另行计算。

（7）简单支架定额适用于安装钢筋混凝土双曲拱桥拱肋及其他桥梁需增设的临时支架。稳定支架的缆风设施已计入定额内。

（8）涵洞拱盔支架、桥涵支架定额单位的水平投影面积为涵洞乘以净跨径。

（9）桥梁拱盔定额单位的立面积是指起拱线以上的弓形侧面积，其工程量按式（7 - 1 - 3）计算：

$$F = K \times (净跨径)^2 \qquad (7 - 1 - 3)$$

（10）桥梁支架定额单位的立面积为桥梁净跨径乘以高度，拱桥高度为起拱线以下至地面的高度，梁式桥高度为墩、台帽顶至地面的高度，这里的地面指支架地梁的底面。

（11）刚拱架的工程量为刚拱架及支座金属构件的质量之和，其设备摊销费按 4 个月计算，若实际使用期与定额不同时可予以调整。

（12）铜管支架定额指采用直径大于 30cm 的钢管作为立柱，在立柱上采用金属构件搭设水平支撑平台的支架，其中下部指立柱顶面以下的部分，上部指立柱顶面以上的部分，下部工程量按立柱质量计算，上部工程按支架水平投影面积计算。

（13）支架预压的工程量按支架上现浇混凝土的体积计算。

【例 7 - 1 - 5】　拱盔宽度 18m，净跨径 30m，拱矢比 1/4，起拱线至地面高度 12m，全桥工 5 孔。试计算 2 孔的拱盔立面积、支架立面积和该桥的满堂式木拱盔人工、基价预算定额。

解：

（1）拱盔立面积工作量（2 孔）

拱盔立面积工程量

$$F = 2 \times K \times (净跨)2 = 2 \times 0.172 \times 302 = 2 \times 154.8 = 309.6 m^2$$

（2）支架立面积工程量（2 孔）按"拱盔、支架工程"一节说明 1 之规定，因拱盔宽度 18m>8.5m，应按比例换算定额值。由目录查得本例定额在"4-9-2-3"表中，并算得定额值（每 $10m^2$）

人工：37.9×(18/8.5)＝80.26 工日；

基价：3933×(18/8.5)＝8328.71 元。

7.1.11 钢结构工程

（1）工程量计算规则。

1）定位钢支架质量为定位支架型钢、钢板、钢管质量之和，以 t 为单位计算。

2）锚固拉杆质量为拉杆、连接器、螺母（包括锁紧或球面）、垫圈（包括锁紧和球面）质量之和，以 t 为单位计算。

3）锚固体系环氧钢绞线质量以 t 为单位计算。本定额包括了钢绞线张拉的工作长度。

4）塔顶门架质量为门架型钢质量，以 t 为单位计算。钢格栅以钢格栅和反力架质量之和计算，以 t 为单位。主索鞍质量包括承板、鞍体、安装板、挡块、槽盖、拉杆、隔板、锚梁、锌质填块的质量，以 t 为单位。散索鞍质量包括底板、底座、承板、鞍体、压紧梁、隔板、拉杆、锌质填块的质量，以 t 为单位计算。主索鞍定额按索鞍顶推按 6 次计算，如顶推次数不同，则按人工 1.8 工日/10t·次，顶推设备 0.18 台班/10t·次进行增减。鞍罩为钢结构，以套为单位计算，1 个主索鞍处为 1 套。鞍罩的防腐和抽湿系统费用需另行计算。

5）牵引系统长度为牵引系统所需的单侧长度，以 m 为单位计算。

6）猫道系统长度为猫道系统的单侧长度，以 m 为单位计算。

（2）钢桁架桥定额是按高强螺栓栓接、连孔拖拉架设编制的，钢索吊桥的加劲桁拼装定额也是按高强螺栓栓接编制的，如采用其他方法施工，应另行计算。

（3）钢桁架桥中的钢桁架，施工用的导梁钢桁和连接及加固杆件，钢索吊桥中的钢桁、钢纵横梁、悬吊系统构件、套筒及拉杆构件均为半成品，使用定额时应按半成品价格计算。

（4）主索锚碇除套筒及拉杆、承托板以外，其他项目如锚洞开挖、衬砌，护索罩的预制、安装，检查井的砌筑等，应按其他章节有关定额另计。

（5）钢索吊桥定额中已综合了缆索吊装设备及钢桁油漆项目，使用定额时不得另行计算。

（6）抗风缆结构安装中未包括锚碇部分，使用定额时应按有关定额另行计算。

（7）安装金属栏杆的工程量是指钢管的质量。至于栏杆座钢板、插销等均以材料数量综合在定额内。

（8）定额中成品构件单价构成：工厂化生产，无需施工企业自行加工的产品为成品构件，以材料单价的形式进入定额。其材料单价为出厂价格加上运输至施工场地的费用。

1）平行钢丝拉索，吊杆、系杆、索股等以 t 为单位，以平行钢丝、钢丝绳或钢绞线质量计量，不包括锚头和 PE 或套管等防护料的质量，但锚头和 PE 或套管防护料的费用应含在成品单价中。

2）钢绞线斜拉索的工程量以钢绞线的质量计算，其单价包括厂家现场编索和锚具费用。悬索桥锚固系统预应力环氧钢绞线单价中包括两端锚具费用。

3）钢箱梁、索鞍、拱肋、钢纵横梁等以 t 为单位。钢箱梁和拱肋单价中包括工地现场焊接费用。

（9）施工电梯、施工塔式起重机未计入定额中。需要时根据施工组织设计另行计算其安拆及使用费用。

（10）钢管拱桥定额中未计入钢塔架、扣塔、地锚、索道的费用，应根据施工组织设计套用预制、安装混凝土及钢筋混凝土构件相关定额另行计算。

（11）悬索桥的主缆、吊索、索夹、检修道定额未包括涂装防护，应另行计算。

（12）定额未含施工监控费用，需要时另行计算。

（13）定额未含施工期间航道占费用，需要时另行计算。

7.1.12　杂项工程

（1）杂项工程包括：平整场地、锥坡填土、拱上填料及台背排水、土牛（拱）胎、防水层、基础垫层、水泥砂浆勾缝及抹面、伸缩缝及泄水管、混凝土构件蒸汽养生室建筑及蒸汽养生、预制构件底座、先张法预应力张拉台座、混凝土搅拌站、混凝土搅拌船及混凝土运输、钢桁架栈桥式码头、冷却管、施工电梯、塔吊安拆、拆除旧建筑物等项目，本节定额适用于桥涵及其他构造物工程。

（2）大型预制构件底座定额分为平面底座和曲面底座两项。

平面底座定额适用于 T 形梁、I 形梁、等截面箱梁，每根梁底座面积的工程量按式（7-1-2）计算：

$$底座面积＝（梁长＋2.00m）×（梁宽＋1.00m） \qquad (7-1-2)$$

曲面底座定额适用于梁底为曲面的箱型梁（如 T 形刚构等），每块梁底座的工程量按式（7-1-3）计算：

$$底座面积＝构件下弧长×底座实际修建宽度 \qquad (7-1-3)$$

平面底座的梁宽指预制梁的顶面宽度。

（3）模数式伸缩缝预留槽钢纤维混凝土中钢纤维的含量按水泥用量的 1‰ 计算，如设计钢纤维含量与定额不同时，可按设计用量抽换定额中钢纤维的消耗。

（4）蒸汽养生室面积按有效面积计算，其工程量按每一养生室安置两片梁，其梁间距离为 0.8m，并按长度每端增加 1.5m，宽度每边增加 1.0m 考虑。定额中已将其附属工程及设备，按摊销量计入定额中，编制预算时不得另行计算。

（5）混凝土搅拌站的材料，均已按桥次摊销列入定额中。

（6）钢桁架桥式码头定额适用于大型预制构件装船。码头上部为万能杆件及各类型钢加工的半成品和钢轨等，均已按摊销费计入定额中。

（7）施工塔式起重机和施工电梯所需安拆数量和使用时间按施工组织设计的进度安排进行计算。

【例 7-1-6】 预制构件场预制 T 形梁的梁长 19.96m、梁肋底宽 0.18m、翼板宽1.60m、共 12 个底座。试计算预制 T 形梁的底座所需水泥用量和养生 12 片梁所需的蒸汽养生室工程量及其所需原木和锯材数。

解：

（1）预制 T 形梁的底座所需水泥量。

每个底座面积＝(梁长＋2.00m)×(梁底宽＋1.00m)

＝(19.26＋2.00)×(0.18＋1.00)＝25.91m²

底座总面积＝25.91×12＝310.92m²

由预算定额 P695 页"4－11－9－1"表查得定额、按底座工程量计算水泥用量。

325 号水泥：0.836×310.92/10＝25.99t

(2) 蒸汽养生室面积（工程量）。

因蒸汽养生室面积按有效面积计算，其工程量按每一养生室安置两片梁，其梁间距为 0.8m，并按长度每端增加 1.5m，宽度每边各增加 1.0m 考虑。

每个养生室面积＝19.96＋2×1.5＋2×1.6＋0.8＋2×1.0＝28.96m²

养生室总工程量＝12/2×28.96＝173.76m²

根据定额 P693 页"4－11－8－1"表查得蒸汽养生室建筑的定额并按工程量计算所需原木。

原木：0.007×173.76/10＝0.122m²。

锯材：0.141×173.76/10＝2.450m³。

【例 7－1－7】 某四车道高速公路，路基宽 26.00m，设计若干座钢筋混凝土矩形板小桥。其中有一座一孔标准跨径 5.00m 的小桥，其上部构造行车道钢筋混凝土矩形板设计 C25 混凝土 62.40m³、钢筋 5.24t，台高 5.00m。10 座小桥设一处预制场计 1 万 m²，场中面积 30％要铺筑砂砾垫层 15cm 厚，20％面积用水泥砂浆 2cm 厚进行抹面，作为构件预制底板。预制场至桥址平均运距计 10km，用汽车运至安装地点。小桥有浅水 0.30m 深，须用草袋围堰，适当平整用砂砾垫层 3.00m³。加固后才能架设桥梁临时支架，以便现浇上部构造混凝土。

试分别就预制、安装和现浇上部混凝土两种施工方法，提出行车道板的各项工程细目、预算定额表号及工程量。

解：

本案例主要考虑矩形板桥上部构造采用不同的施工方法时，工程造价的构成内容。其中支架为跨径×台高为 25m。有效宽度为 12m 计，当实际宽度为 26m 时，应调整定额 26÷12＝2.17 倍，见表 7－1－8、表 7－1－9。

表 7－1－8　　　　　　　　　　预　制　安　装

序号	工程细目名称	单　位	工程量	定额代号	定额系数或调整
1	预制矩形板混凝土	10m³	6.24	40709002	
2	矩形板钢筋	1t	5.24	40709003	
3	矩形板混凝土拌和	10m³	6.24	41111001	1.01
4	矩形板安装	10m³	5.24	40710002	
5	构件出坑	100m³	0.624	40803010	
6	构件运输第一个 1km	100m³	0.624	40803010	
7	增运 9km	100m³	0.624	40803018	18
8	预制场地平整	1000m²	1	41101002	
9	预制场砂砾垫层	10m³	4.5	41105001	
10	预制场水泥砂浆抹面	100m²	2	41106017	

表 7-1-9   现　　浇

序号	工程细目名称	单　　位	工程量	定额代号	定额系数或调整
1	现浇矩形板混凝土	10m³	6.24	40608001	
2	矩形板钢筋	1t	5.24	40608004	
3	矩形板混凝土拌和	10m³	6.24	41111001	1.02
4	现浇支架	10m²	2.5	40903008	2.17
5	支架预压	10m³	6.24	40906001	
6	支架基础排水围堰	10m	6.2	40202001	
7	河床平整	1000m²	0.15	41101002	
8	支架河床铺砂砾垫层	10m³	0.3	41105001	

【例 7-1-8】　某大桥，桥梁全长 1282m，两岸接线各 1km，路基工程已全部完工（可做预制场使用，路基宽度 26m）。上部构造为 $13 \times 30m + 7 \times 40m + 20 \times 30m$ 先简支后连续预应力混凝土（后张法）T 形梁结构，其中 30m 预应力混凝土 T 形梁每孔桥 14 片梁，梁高 1.8m，梁顶宽 1.6m，梁底宽 48cm。40m 预应力混凝土 T 形梁每孔桥 14 片梁，梁高 2.4m，梁顶宽 1.6m，梁底宽 50cm，上部构造预制安装总工期按 8 个月计算，每片梁预制周期按 8 天计算。上部构造的主要工程量详见表 7-1-10。

表 7-1-10   工 程 数 量 表

序号	工 程 细 目		单位	工程量	备　　注
1	30m 预制 T 形梁	混凝土	m³	2951	锚具数量：OVM15-7：784 套
2		钢绞线	t	108.288	
3		光圆钢筋	t	221.021	
4		带肋钢筋	t	359.126	
5	40m 预制 T 形梁	混凝土	m³	9243	锚具数量：OVM15-7：3234 套
6		钢绞线	t	296.136	
7		光圆钢筋	t	724.954	
8		带肋钢筋	t	1224.839	

请列出该桥梁工程上部构造施工图预算所涉及的相关定额的名称、单位、定额代号、数量、定额调整等内容，并填入表 7-1-11 中，需要时应列式计算或文字说明。

解：

(1) 预制底座计算。

需要预制的 30m 跨 T 形梁的数量：$(13+20) \times 14 = 462$ 片

需要预制的 40m 跨 T 形梁的数量：$7 \times 14 = 98$ 片

T 形梁的预制安装总工期为 8 个月，考虑到预制与安装存在一定的时差，本题按 1 个月考虑，因此，预制与安装的工期均为 7 个月，每片梁预制需要 8 天，故需要底座数量为：

30m 跨底座：$462 \times 8 \div 210 = 17.6$ 个，即底座数量应不少于 18 个。

40m 跨底座：$98 \times 8 \div 210 = 3.7$ 个，即底座数量应不少于 4 个。

底座面积：$18 \times (30+2) \times (0.48+1) + 4 \times (40+2) \times (0.5+1) = 1104.48m$

由于接线路基工程已经完工，不需要考虑预制场地平整。

（2）吊装设备计算。

由于按 22 个底座计算能满足工期要求，因此预制场可以设置在大桥一岸接线，则：

场地龙门架：按 40m 梁吊装重量计算，龙门架应配备 2 套（即预制 1 套，存梁 1 套），重量参考预算定额的参考重量按跨径 20、高 12m 计算，即 $43.9 \times 2 = 87.8t$。设备使用期按安装、拆除 1 个月，使用 8 个月，共 9 个月计算。

架桥机：按 40m 梁吊装重量计算，全桥配备 1 套，重量参考预算定额的参考重量 165t 计算，设备使用期按安装、拆除 2 个月，使用 7 个月共 9 个月计算。

（3）临时轨道计算。

考虑大桥运输的方便，大梁底座顺桥方向布置，每排布置 4 个，共布置 6 排，考虑工作场地，每排之间空 3m 的间隙。在梁场的长度按 50m 计算，因此预制场总长为：

$$32 \times 5 + 42 + 7 \times 3 + 50 = 273m$$

考虑到运输的方便，预制场与桥头直接相连。因此在路基上的临时轨道长度约：$273 \times 2 = 546m$，按 550m 计算；在桥上运梁临时轨道等于桥梁总长，即 1282m，架桥机的行走临时轨道一般为两孔桥梁的长度，即 $40 \times 2 \times 2 = 160m$，因此在桥梁上的临时轨道长度应为 $1282 + 160 = 1442m$，按 1450m 计算。

（4）预制构件运距计算。

30mT 形梁运输的平均运距：

$$[20 \times 30 \div 2 \times 20 + (20 \times 30 + 7 \times 40 + 13 \times 20 \div 2) \times 13] \div 33 = 605m$$

40m T 形梁运输的平均运距：$20 \times 30 + 7 \times 40 \div 2 = 740m$

30m T 形梁单片梁的重量：$9243 \div 462 \times 2.50 = 50t$

40m T 形梁单片梁的重量：$2951 \div 98 \times 2.50 = 75t$

（5）预应力钢绞线束数量的计算。

$$(3234 + 784)/(2 \times 404.424) = 4.97 束/t$$

表 7-1-11 预算表

序号	工程细目	定额代号	单位	数量	定额调整或系数
1	T 形梁预制	40714001	10m³	1219.4	
2	混凝土拌和	41111003	10m³	1219.4	1.01
3	光圆钢筋	40714003	1t	945.975	光滑：1.025；带肋：0
4	带肋钢筋	40714003	1t	1583.965	光滑：0；带肋：1.025
5	T 形梁安装	40714007	10m³	1219.4	
6	预应力钢绞线	40720029	1t	404.424	
7		40720030	1t	404.424	1.15
8	大梁预制底座	41109001	10m²	110.45	

续表

序号	工程细目		定额代号	单位	数量	定额调整或系数
9	300m T 形梁运输	第一个 50m	40802005	10m³	924.3	
10		每增运 50m	40802014	10m³	924.3	11
11	300m T 形梁运输	第一个 50m	40802006	10m³	295.1	
12		每增运 50m	40802015	10m³	295.1	14
13	30m T 形梁运输出坑堆放		40802005	10m³	924.3	
14	40m T 形梁运输出坑堆放		40802006	10m³	295.1	
15	双导梁		40731002	10t	16.5	预备摊销费：8100
16	预制场龙门架		40731004	10t	8.78	预备摊销费：8100
17	临时轨道	路基上	70104003	100m	5.5	
18		桥面上	70104004	100m	14.5	

7.2　桥涵工程清单项目工程量计量

　　根据《公路工程工程量计量规则》，桥梁涵洞工程包括：桥梁荷载试验、补充地质勘探、钢筋、挖基、混凝土灌注桩、钢筋混凝土沉桩、钢筋混凝土沉井、扩大基础；现浇混凝土下部构造，混凝土上部构造。预应力钢材，现浇预应力上部构造，预制预应力混凝土上部构造，斜拉桥上部构造，钢架拱上部构造；浆砌块片石及混凝土预制块、桥面铺装、桥梁支座、伸缩缝装置、涵洞工程。

7.2.1　有关问题的说明及提示

　　（1）本章所列基础、下部结构、上部结构混凝土的钢筋，包括钢筋及钢筋骨架用的铁丝、钢板、套筒、焊接、钢筋垫块或其他固定钢筋的材料以及钢筋除锈、制作安装、成品运输，作为钢筋工程的附属工作，不另行计量。

　　（2）附属结构、圆管涵、倒虹吸管、盖板涵、拱涵、通道的钢筋，均包含在各项目内，不另行计量。附属结构包括缘石、人行道、防撞墙、栏杆、护栏、桥头搭板、枕梁、抗震挡块、支座垫块等构造物。

　　（3）预应力钢材、斜拉索的除锈制作安装运输及锚具、锚垫板、定位筋、连接件、封锚、护套、支架、附属装置和所有预埋件，包括在相应的工程项目中，不另行计量。

　　（4）本章所列工程项目涉及到的养护、场地清理、吊装设备、拱盔、支架、工作平台、脚手架的搭设及拆除、模板的安装及拆除，均包括在相应工程项目内，不另行计量。

　　（5）混凝土拌和场站、构件预制场、贮料场的建设、拆除、恢复，安装架设设备摊销、预应力张拉台座的设置及拆除均包括在相应工程项目中，不另行计量。

　　材料的计量尺寸为设计净尺寸。

　　（6）桥梁支座，包括固定支座、圆形板式支座、球冠圆板式支座，以体积 dm³ 计量，盆式支座按套计量。

　　注：设计图纸标明的及由于地基出现溶洞等情况而进行的桥涵基底处理计量规则见第二章路基工程中特殊路基处理。

7.2.2　桥梁、涵洞验测

7.2.2.1　桥梁荷载试验

（1）特大桥、结构复杂的大桥完工以后，承包人应协助和配合发包人，对桥梁或桥梁的某一部分进行荷载试验，以验证结构物是否具有足够承受设计荷载的能力。

（2）荷载试验由发包人委托有资格的科研或设计单位承担。

（3）桥梁荷载测试项目按图纸规定，一般动载试验包括冲击、自振频率、动挠度、脉动、动应变试验；静载试验包括静挠度及静应变试验。上述项目发包人将根据具体情况，选择部分或全部进行试验，必要时可增加其他项目进行试验。

（4）根据试验结果，结构物或结构物的任一部分，如由于施工原因不能满足图纸要求，承包人应进行重建或补强，重建或补强结构物的费用由承包人负责

7.2.2.2　地质情况变化时的处理

桥梁基础在施工过程中，若地质情况有变化，承包人应及时报告监理人并提出处理意见，经监理人批准后实施。需要进行补充钻探，以查明桥梁基础的地质情况时，报请监理人审查批准后，承包人可进行补充地质钻探并取样做必要的试验，据以继续进行基础施工或改变基础设计。改变基础设计时，应按变更设计程序进行，并经监理人审查批准。

7.2.2.3　工程量清单计量规则（见表 7-2-1）

7.2.2.4　计量与支付

1. 计量

（1）试验费用由发包人估定，以暂估价的形式按总额计入工程总价内。

表 7-2-1　　　　　　　　　　　桥涵检测工程量清单计量规则

项	目	节	细目	项目名称	项目特征	计量单位	工程量计算规则	工程内容
四				桥梁涵洞				第400节
	1			检测				第401节、第408节
		1		桥梁荷载试验（暂定工程量）	1. 结构类型。 2. 桩长桩径			1. 荷载试验(桥梁、桩基)。 2. 破坏试验
		2		补充地质勘探及取样钻探（暂定工程量）	1. 地质类别。 2. 深度	总额	按规定检测内容，以总额计算	按试验合同内容（主要试验桥梁整体或部分工程的承载能力及变形）钻探
		3		钻取混凝土芯样（暂定工程量）	桩长桩径			钻孔取芯
		4		无破损检测				检测

（2）钻探及取样试验按实际完成并经监理人验收后，分不同钻径以 m 计量。

（3）其他工程内容，均不计量。

2. 支付

按上述规定计量，经监理人验收列入了工程量清单的地质钻探及取样试验支付子目，其每一计量单位将以合同单价支付。此项支付包括为完成钻探取样所需的全部材料、劳力、设备、试验及成果分析的全部费用，是对完成钻探及取样试验的全部偿付。（如无特殊说明，以下各子目相同，不再单独列出）

3. 支付子目（见表 7-2-2）

表 7-2-2　　　　　　　　　　　　支 付 子 目

子 目 号	子 目 名 称	单 位
401-1	桥梁荷载试验（暂估价）	总额
401-2	地质钻探及取样试验（暂定工程量）	
-a	φ70mm	m
-b	φ110mm	m

7.2.3　模板、拱架和支架

工作内容包括就地浇筑和预制混凝土、钢筋混凝土、预应力混凝土，石料及混凝土预制块砌体所用的模板、拱架和支架的设计制作、安装、拆卸施工等有关作业。

本节工作为有关工程的附属工作，不作计量与支付。

7.2.4　钢筋

工作内容包括桥梁及结构物工程中钢筋的供应、试验、储存、加工及安装。

7.2.4.1　工程量清单计量规则

钢筋工程量清单计量规则见表 7-2-3。

表 7-2-3　　　　　　　　　钢筋工程量清单计量规则

项目	目	节	细目	项目名称	项目特征	计量单位	工程量计算规则	工程内容
四				桥梁涵洞				第 400 章
	3			钢筋				第 403 节
			a	光圆钢筋	1. 材料规格。 2. 抗拉强度	kg	按设计图所示，各规格钢筋按有效长度（不计入规定的搭接长度），以重量计算	1. 制作、安装。 2. 搭接
			b	带肋钢筋				
		3		上部结构钢筋				
			a	光圆钢筋	1. 材料规格。 2. 抗拉强度	kg	按设计图所示，各规格钢筋按有效长度（不计入规定的搭接长度及吊勾）以重量计算	1. 制作、安装。 2. 搭接
			b	带肋钢筋				
		4		钢管拱钢材	1. 材料规格。 2. 技术指标	kg	按设计图所示，以重量计算	1. 除锈防锈。 2. 制作焊接。 3. 定位安装。 4. 检测

7.2.4.2　计量与支付

1. 计量

（1）根据图纸所示及钢筋表（不包括固定、定位架立钢筋）所列，按实际安设并经监理人验收的钢筋以千克（kg）计量。其内容包括钢筋混凝土中的钢筋，预应力混凝土中的非预应力钢筋及混凝土桥面铺装中的钢筋。

（2）除图纸所示或监理人另有认可外，因搭接而增加的钢筋不予计入。

（3）钢筋及钢筋骨架用的铁丝、钢板、套筒（连接套）、焊接、钢筋垫块或其他固定、定位架立钢筋的材料，以及钢筋的防锈、截取、套丝、弯曲、场内运输、安装等，作为钢筋工程的附属工作，不另行计量。

2. 支付子目（见表7-2-4）

表7-2-4　　　　　　　　　　　支　付　子　目

子　目　号	子　目　名　称	单　位
403-1	基础钢筋（包括灌注桩、承台、沉桩、沉井等）	
-a	光圆钢筋（HPB235、HPB300）	kg
-b	带肋钢筋（HRB335、HRB400）	kg
403-2	下部结构钢筋	
-a	光圆钢筋（HPB235、HPB300）	kg
-b	带肋钢筋（HRB335、HRB400）	kg
403-3	上部结构钢筋	
-a	光圆钢筋（HPB235、HPB300）	kg
-b	带肋钢筋（HRB335、HRB400）	kg
403-4	附属结构钢筋	
-a	光圆钢筋（HPB235、HPB300）	kg
-b	带肋钢筋（HRB335、HRB400）	kg

7.2.5　基础挖方及回填

工作内容为结构物基坑的开挖与回填以及与之有关的场地清理、支护（撑）、排水、围堰等作业。

7.2.5.1　工程量清单计量规则

基础挖方及回填工程量清单计量规则见表7-2-5。

表7-2-5　　　　　　　基础挖方及回填工程量清单计量规则

项	目	节	细目	项目名称	项目特征	计量单位	工程量计算规则	工程内容
四				桥梁涵洞				第400章
	4			基础挖方及回填				第404节
		1		干处挖土方			按设计图所示，基础所占面积周边外加宽0.5m，垂直由河床顶面至基础底标高实际工程体积计算（因施工、放坡、立模而超挖的土方不另计量）	1. 防排水。 2. 基坑支撑。 3. 挖运土石方。 4. 清理回填
			2	干处挖石方	土壤类别	m³		
			3	水中挖土方				1. 围堰、排水。 2. 基坑支撑。 3. 挖运土石方。 4. 清理回填
			4	水中挖石方				

7.2.5.2　计量与支付

1. 计量

（1）基础挖方应按下述规定，取用底、顶面间平均高度的棱柱体体积，分别按干处、水下及土、石，以 m³ 计量。干处挖方与水下挖方是以经监理人认可的施工期间实测的地下水位为界线。在地下水位以上开挖的为干处挖方；在地下水位以下开挖的为水下挖方。

基础底面、顶面及侧面的确定应符合下列规定：

1) 基础挖方底面：按图纸所示或监理人批准的基础（包括地基处理部分）的基底高程。

2) 基础挖方顶面：按监理人批准的横断面上所标示的原地面线计算。

3) 基础挖方侧面：按顶面到底面，以超出基底周边 0.5m 的竖直面为界。

（2）当承包人遇到特殊或非常规情况时，应及时通知监理人，由监理人定出特殊的基础挖方界线。凡未取得监理人批准，承包人以特殊情况为理由而完成的任何挖方将不予计量，其基坑超深开挖，应由承包人用砂砾或监理人批准的回填材料予以回填压实。

（3）为完成基础挖方所做的地面排水及围堰、基坑支撑及抽水、基坑回填与压实、错台开挖及斜坡开挖等，作为挖基工程的附属工作，不另行计量。

（4）台后路基填筑及锥坡填土在第 204 节内计量与支付。

（5）基坑土的运输作为挖基工程的附属工作，不另行计量与支付。

2. 支付子目（见表 7-2-6）

表 7-2-6　　　　　　　　　　　支　付　子　目

子 目 号	子 目 名 称	单 位
404-1	干处挖土方	m³
404-2	水下挖土方	m³
404-3	干处挖石方	m³
404-4	水下挖石方	m³

7.2.6　钻孔灌注桩

工作内容包括钻孔、安设和拆除护筒、安设钢筋笼、灌注混凝土以及按图纸规定及监理人指示的有关钻孔灌注桩的其他作业。

7.2.6.1　工程量清单计量规则

钻孔灌注桩工程量清单计量规则见表 7-2-7。

表 7-2-7　　　　　　　　　钻孔灌注桩工程量清单计量规则

项	目	节	细目	项目名称	项目特征	计量单位	工程量计算规则	工程内容
四				桥梁涵洞				第 400 章
	5			混凝土灌注桩				第 405 节、第 407 节
		1		水中钻孔灌注桩	1. 土壤类别。2. 桩长桩径。3. 强度等级	m	按设计图所示，在设计施工水位以下，按不同桩径的钻孔灌注桩以长度（桩底标高至承台底面或系梁顶面标高，无承台或系梁时，则以桩位处地面线为分界线，地面线以下部分为灌注桩桩长）计算	1. 搭设作业平台或围堰筑岛。2. 安置护筒。3. 护壁、钻进成孔、清孔。4. 埋检测管。5. 浇筑混凝土。6. 锉桩头

续表

项	目	节	细目	项目名称	项目特征	计量单位	工程量计算规则	工程内容
			2	陆上钻孔灌注桩	1. 土壤类别。 2. 桩长桩径。 3. 强度等级	m	按设计图所示，按不同桩径的钻孔灌注桩以长度（桩底标高至承台底面或系梁顶面标高，无承台或系梁时，则以桩位处地面线为分界线，地面线以下部分为灌注桩桩长）计算	1. 搭设作业平台或围堰筑岛。 2. 安置护筒。 3. 护壁、钻进成孔、清孔。 4. 埋检测管。 5. 浇筑混凝土。 6. 锉桩头
			3	人工挖孔灌注桩				1. 挖孔、抽水。 2. 护壁。 3. 浇混凝土

7.2.6.2 计量与支付

1. 计量

（1）钻孔灌注桩以实际完成并经监理人验收后的数量，按不同桩径的桩长以 m 计量，计量应自图纸所示或监理人批准的桩底高程至承台底或系梁底。对于与桩连为一体的柱式墩台，如无承台或系梁时，则以桩位处地面线为分界线，地面线以下部分为灌注桩桩长，若图纸有标识的，按图纸标识为准。未经监理人批准，由于超钻而深于所需的桩长部分，将不予计量。

（2）开挖、钻孔、清孔、钻孔泥浆、护筒、混凝土、破桩头，以及必要时在水中填土筑岛、搭设工作台架及浮箱平台、栈桥等其他为完成工程的子目，作为钻孔灌注桩的附属工作，不另行计量。混凝土桩无破损检测及所预埋的钢管等材料，均作为混凝土桩的附属工作，不另行计量。

（3）钢筋在第 403 节内计量，列入 403-1 子目内。

（4）监理人要求钻取的芯样，经检验，如混凝土质量合格，钻取的芯样应予计量，否则不予计量。混凝土取芯按取回的混凝土芯样的长度以米计量。

2. 支付子目（见表 7-2-8）

表 7-2-8　　　　　支　付　子　目

子 目 号	子 目 名 称	单 位
405-1	钻孔灌注桩（φ…m）	m
405-2	钻取混凝土芯样（φ70mm）（暂定工程量）	m
405-3	破坏荷载试验用桩（φ…m）（暂定工程量）	m

7.2.7 沉桩

工作内容包括桥梁基础钢筋混凝土或预应力混凝土沉桩的制作、养生、移运、沉入等以及按照图纸规定及监理人指示的有关沉桩的其他作业。

7.2.7.1 工程量清单计量规则

沉桩工程量清单计量规则见表 7-2-9。

表 7-2-9　　　　　　　　　　　沉桩工程量清单计量规则

项	目	节	细目	项目名称	项目特征	计量单位	工程量计算规则	工程内容
四				桥梁涵洞				第 400 章
		6		沉桩				第 406 节
			1	钢筋混凝土沉桩	1. 土壤类别。 2. 桩长桩径。 3. 强度等级	m	按设计图所示，以桩尖标高至承台底或盖梁底标高长度计算	1. 预制混凝土桩。 2. 运输。 3. 锤击、射水、接桩
			2	预应力钢筋混凝土沉桩				

7.2.7.2　计量与支付

1. 计量

（1）钢筋混凝土或预应力混凝土沉桩以实际完成并经监理人验收后的数量，按不同桩径的桩身长度以 m 计量。桩身长度的计量应自图纸所示或监理人批准的桩尖高程至承台底或盖梁底。未经监理人批准，沉入深度超过图纸规定的桩长部分，将不予计量与支付。

（2）为完成沉桩工程而进行的钢筋混凝土桩浇筑预制、养生、移运、沉入、桩头处理等一切有关作业，均为沉桩工程所包括的工作内容，不另计量与支付。

（3）试桩如系工程用桩，则该试桩按不同桩径分别列入支付子目中的钢筋混凝土沉桩子目内；如果试桩不作为工程用桩，则应按不同桩径以 m 为单位计量，列入支付子目中的试桩子目内。

（4）沉桩的无破损检验作为沉桩工程的附属工作，不另行计量。

（5）钢筋混凝土或预应力混凝土沉桩（包括试桩）所用钢筋在第 403 节内计量，列入403-1 子目内，其余钢板及材料加工等均含在钢筋混凝土沉桩工程子目中，不另行计量与支付。

（6）制造预应力混凝土沉桩用预应力钢材在第 411 节内计量。制造预应力混凝土沉桩用法兰盘及其他钢材，除按上述规定在第 403 节、第 411 节计量外的所有钢材均含入预应力沉桩工程子目中，不另行计量与支付。

（7）试桩的试验机具其提供、运输、安装、拆卸以及试验数据的分析和提供试验报告等，均系该试桩的附属工作，不另行计量与支付。

2. 支付子目（见表 7-2-10）

表 7-2-10　　　　　　　　　　　　　支　付　子　目

子 目 号	子 目 名 称	单　位
406-1	钢筋混凝土沉桩（ϕ…m）	m
406-2	预应力混凝土沉桩（ϕ…m）	m
406-3	试桩（ϕ…m）	m

7.2.8　挖孔灌注桩

工作内容包括挖孔，提供、安放和拆除孔壁支撑及护壁，设置钢筋，灌注混凝土以及按照图纸规定及按监理人指示的有关挖孔灌注桩的其他作业。

7.2.8.1　工程量清单计量规则

挖孔灌注桩的清单项目设置名称、项目特征、工程量计算规则见前述钻孔灌注桩的相关内容。

7.2.8.2　计量与支付

1. 计量

（1）挖孔灌注桩以实际完成并经监理人验收后的数量，按不同桩径的桩长以 m 计量。计量应自图纸所示或监理人批准的从桩底高程至承台底或系梁底；如无承台或系梁时，则从桩底至图纸所示的桩顶；当图纸未示出桩顶位置，或示有桩顶位置但桩位处预先有夯填土时，由监理人根据情况确定。监理人认为由于超挖而深于所需的桩长部分，将不予计量。

（2）设置支撑和护壁、挖孔、清孔、通风、钎探、排水、混凝土、每桩的无破损检验以及其他为完成此项工程的项目，均为挖孔灌注桩的附属工作，不另行计量。

（3）钢筋在第 403 节内计量，列入 403-1 子目内。

（4）监理人要求钻取的混凝土芯样检验，经钻取检验后，如混凝土质量合格，钻取的芯样应予计量；否则不予计量。钻取芯样长度按取回的芯样以 m 计量。

2. 支付子目（见表 7-2-11）

表 7-2-11　　　　　　　　　　　　支　付　子　目

子　目　号	子　目　名　称	单　位
407-1	挖孔灌注桩（ϕ…m）	m
407-2	钻取混凝土芯样（ϕ70mm）（暂定工程量）	m
407-3	破坏荷载试验用桩（ϕ…m）（暂定工程量）	m

7.2.9　桩的垂直静荷载试验

工作内容包括对钻（挖）孔灌注桩的足尺比例的荷载试验，其中包括压载、拉桩、高吨位千斤顶及所有其他进行试验需要的材料、设备和工作。

1. 计量

（1）试桩不论是检验荷载或破坏荷载，均以经监理人验收或认可的单根试桩计量。计量包括压载、沉降观测、卸载、回弹观测、数据分析，以及为完成此项试验的其他工作子目。

（2）检验荷载试验桩如试验后作为工程结构的一部分，其工程量在第 405 节及第 407 节有关支付子目内计量与支付。破坏荷载试验用的试桩，将来不作为工程结构的一部分，其工程量在第 405 节的支付子目 405-3 及第 407 节的支付子目 407-3 内计量与支付。

（3）路缘石按图纸所示的长度进行现场量测，经验收合格以延米为单位计量。埋设缘石的基槽开挖与回填、夯实以及混凝土垫层或水泥砂浆垫层等有关杂项工作均属承包人的附属工作，不另行计量。

2. 支付子目（见表 7-2-12）

表 7-2-12　　　　　　　　　　　支　付　子　目

子目号	子目名称	单位
408-1	桩的检验荷载试验（暂定工程量）（φ···m）（kN）	每一试桩
408-2	φ···m 桩破坏荷载试验（···m）（暂定工程量）	每一试桩

注　1. 检验荷载试验应在括号内注明试桩检验荷载重量，按第 408.03 小节规定该试桩检验荷载为两倍设计荷载。
　　2. 破坏荷载试验桩应在括号内注明试桩长度。

7.2.10　沉井

工作内容包括施工场地准备，筑岛，沉井的制作，沉井下沉，基底处理，沉井封底，井孔填充，沉井顶板浇筑等以及按照图纸或监理人指示的沉井有关作业。

7.2.10.1　工程量清单计量规则

沉井工程量清单计量规则见表 7-2-13。

表 7-2-13　　　　　　　　　　沉井工程量清单计量规则

项	目	节	细目	项目名称	项目特征	计量单位	工程量计算规则	工程内容
四				桥梁涵洞				第 400 章
	9			沉井				第 409 节
		1		混凝土或钢筋混凝土沉井				
			a	井壁混凝土				1. 围堰筑岛。
			b	顶板混凝土	1. 土壤类别。			2. 现浇或预制沉井。
			c	填芯混凝土	2. 桩长桩径。	m³	按设计图所示，以体积计算	3. 浮运。 4. 抽水、下沉。 5. 浇筑混凝土。
			d	封底混凝土	3. 强度等级。			6. 挖井内土及基底处理。 7. 浇注混凝土。 8. 清理恢复河道
		2		钢沉井				
			a	钢壳沉井	1. 材料规格。 2. 土壤类别。 3. 断面尺寸。	t	按设计图所示，以重量计算	1. 制作。 2. 浮运或筑岛。 3. 下沉。 4. 挖井内土及基底处理。 5. 切割回收。 6. 清理恢复河道
		6		沉桩				第 406 节

7.2.10.2　计量与支付

1. 计量

（1）沉井制作完成，符合图纸规定要求，经监理人验收后，混凝土及钢筋按以下规定计量：

1）沉井的混凝土，按就位后沉井顶面以下各不同部位（井壁、顶板、封底、填芯）

和不同混凝土级别的体积以 m³ 为单位计量。

2）沉井所用钢筋，列入第 403 节基础钢筋支付子目内计量。

（2）沉井制作及下沉奠基，其中包括场地准备，围堰筑岛，模板、支撑的制作安装与拆除，沉井浇筑、接高，沉井下沉，空气幕助沉，井内挖土，基底处理等工作，均应视为完成沉井工程所必需的工作，不另行计量。

（3）沉井刃脚所用钢材，视作沉井的附属工程材料，不另行计量。

2. 支付子目（见表 7-2-14）

表 7-2-14　　　　　　　　　支 付 子 目

子 目 号	子 目 名 称	单 位
409-1	钢筋混凝土沉井	
-a	井壁混凝土（C…）	m³
-b	顶板混凝土（C…）	m³
-c	填芯混凝土（C…）	m³
-d	封底混凝土（C…）	m³

7.2.11　结构混凝土工程

工作内容包括工程中结构混凝土的材料供应和拌和、立模、浇筑、拆模、修整、养生和质量要求。

混凝土强度等级系指 150mm 标准立方体试件（粗集料最大粒径为 40mm），在温度（20±3）℃、相对湿度大于 90％的潮湿环境下，养生 28d 经抗压试验所得极限抗压强度，单位为 MPa，具有不低于 95％的保证率。混凝土强度等级以 C 为前缀表示。如 C30（30级）、C40（40级）。图纸有称"标号"时，应以相同"强度等级"代替，并应符合该强度等级混凝土的技术要求。

7.2.11.1　工程量清单计量规则

结构混凝土工程量清单计量规则见表 7-2-15。

表 7-2-15　　　　　　　结构混凝土工程量清单计量规则

项	目	节	细目	项目名称	项目特征	计量单位	工程量计算规则	工程内容
四				桥梁涵洞				第 400 章
	10			结构混凝土工程				第 410 节、第 412 节、第 414 节、第 418 节
		1		基础				
			a	混凝土基础（包括支撑梁、桩基承台，但不包括桩基）	1. 断面尺寸。 2. 强度等级。 3. 结构类型			1. 套箱或模板制作、安装、拆除。 2. 混凝土浇筑。 3. 养生
		2		下部结构混凝土				

项	目	节	细目	项目名称	项目特征	计量单位	工程量计算规则	工程内容
			a	斜拉桥索塔				
			b	重力式 U 形桥台				1. 支架、模板、劲性骨架制作安装及拆除。 2. 浇筑混凝土。 3. 养生
			c	肋板式桥台	1. 断面尺寸。 2. 强度等级。 3. 部位	m²	按设计图所示，以体积计算	
			d	轻型桥台				
			e	柱式桥墩				
			f	薄壁式桥墩				
			g	空心桥墩				
		3		上部结构混凝土				
			a	连续刚构				1. 支架模板制作、安装、拆除。 2. 预埋钢筋、钢材制作、安装。 3. 浇筑混凝土。 4. 构件运输、安装。 5. 养生
			b	混凝土箱形梁				
			c	混凝土 T 形梁				
			d	钢管拱	1. 断面尺寸。 2. 强度等级	m³	按设计图所示，以体积计算	
			e	混凝土拱				
			f	混凝土空心板				
			g	混凝土矩形板				
			h	混凝土肋板				
		6		现浇混凝土附属结构				
			a	人行道	1. 结构型式。 2. 材料规格。 3. 强度等级	m³	按设计图所示，以体积计算	1. 钢筋、钢板、钢管制作安装。 2. 浇筑混凝土。 3. 运输构件。 4. 养生
			b	防撞墙（包括金属扶手）				
			c	护栏				
			d	桥头搭板				
			e	抗震挡块				
			f	支座垫石				
		7		预制混凝土附属结构（栏杆、缘石、人行道）				
			a	缘石	1. 结构型式。 2. 强度等级	m³	按设计图所示，以体积计算	1. 钢筋制作安装。 2. 预制混凝土构件。 3. 运输。 4. 砌筑安装。 5. 勾缝
			b	人行道				
			c	栏杆				

7.2.11.2 计量与支付

1. 计量

（1）以图纸所示或监理人指示为依据，按现场已完工并经验收的混凝土，分别以不同结构类型及混凝土等级，以 m³ 计量。

（2）直径小于 200mm 的管子、钢筋、锚固件、管道、泄水孔或桩所占混凝土体积不予扣除。作为砌体砂浆的小石子混凝土，不另行计量。

（3）桥面铺装混凝土在第 415 节内计量与支付；结构钢筋在第 403 节内计量。

（4）为完成结构物所用的施工缝连接钢筋、预制构件的预埋钢板、防护角钢或钢板、脚手架或支架及模板、排水设施、防水处理、基础底碎石垫层、混凝土养生、混凝土表面修整及为完成结构物的其他杂项子目，以及混凝土预制构件的安装架设设备拼装、移运、拆除和为安装所需的临时性或永久性的固定扣件、钢板、焊接、螺栓等，均作为各项相应混凝土工程的附属工作，不另行计量。

2. 支付子目（见表 7-2-16）

表 7-2-16   支 付 子 目

子 目 号	子 目 名 称	单 位
410-1	混凝土基础（包括支撑梁、桩基承台，但不包括桩基）	m³
410-2	混凝土下部结构	m³
410-3	现浇混凝土上部结构	m³
410-4	预制混凝土上部结构	m³
410-5	上部结构现浇整体化混凝土	m³
410-6	现浇混凝土附属结构	m³
410-7	预制混凝土附属结构	m³

注 1. 子目号 410.1-410-4 按不同结构类型及混凝土等级分列子项。
　　2. 预制板、梁和拱上建筑的整体化现浇混凝土，以子项列入 410-5 子目内。
　　3. 子目号 410-6 及 410-7 混凝土附属结构包括缘石、人行道、防撞墙、栏杆、护栏、桥头搭板、枕梁、抗震挡块、支座垫块等，按其种类及混凝土等级分列子项。

7.2.12 预应力混凝土工程

工作内容为预应力混凝土结构物的预应力钢材（包括钢丝、钢绞线、热轧钢筋、精轧螺纹粗钢筋）的供应、加工、冷拉、安装、张拉及封锚等作业；对先张法预应力混凝土，尚包括张拉台座的建造；对后张预应力混凝土，尚包括预应力系统（锚具、连接器及相应的预应力钢材）的选择、试验及供应，管道形成及灌浆；以及预应力混凝土的浇筑。

7.2.12.1 工程量清单计量规则

预应力混凝土工程量清单计量规则见表 7-2-17。

表 7 - 2 - 17　　　　　　　　　　　预应力混凝土工程量清单计量规则

项	目	节	细目	项目名称	项目特征	计量单位	工程量计算规则	工程内容
四				桥梁涵洞				第 400 章
			1	先张法预应力钢丝			按设计图所示，以埋入混凝土中的实际长度计算（不计入工作长度）	1. 制作安装预应力钢材。 2. 制作安装管道。 3. 安装锚具、锚板。 4. 张拉。 5. 压浆。 6. 封锚头
			2	先张法预应力钢绞线				
			3	先张法预应力钢筋				
			4	后张法预应力钢丝	1. 材料规格。 2. 抗拉强度。	kg	按设计图所示，以两端锚具间的理论长度计算（不计入工作长度）	1. 放索。 2. 牵引。 3. 安装。 4. 张拉。 5. 索力调整。 6. 锚固。 7. 防护。 8. 安装放松、减振设施。 9. 静载试验
			5	后张法预应力钢绞线				
			6	后张法预应力钢筋				
			7	斜拉索			按设计图所示，以斜拉索的重量计算	

7.2.12.2　计量与支付

1. 计量

（1）预应力混凝土结构物（包括现浇和预制预应力混凝土）按图纸尺寸或监理人指示为依据，按已完工并经验收合格的结构体积，以 m³ 计量。计量中包括悬臂浇筑、支架浇筑及预制安装预应力混凝土梁、板的一切作业。

（2）完工并经验收的预应力混凝土结构的预应力钢材，按图纸所示和本条款规定相应长度计算，预应力钢材数量以 kg 计量。后张法预应力钢材的长度按两端锚具间的理论长度计算；先张法预应力钢材的长度按构件的长度计算。除上述计算长度以外的锚固长度及工作长度的预应力钢材含人相应预应力钢材报价之中，不另行计量。

（3）预应力混凝土结构的非预应力钢筋，在"钢筋"部分计量与支付。

（4）预应力钢材的加工、锚具、管道、锚板及联结钢板、焊接、张拉、压浆等，作为预应力钢材的附属工作，不另行计量。预应力锚具包括锚圈、夹片、连接器、螺栓、垫板、喇叭管、螺旋钢筋等整套部件。

（5）后张法预应力混凝土梁封锚及端部加厚混凝土，计入相应梁段混凝土之中，不单独计量。

（6）预制板、梁的整体化现浇混凝土及其钢筋，分别在"结构混凝土及钢筋"部分计量。

（7）桥面铺装混凝土在第 415 节计量。

2. 支付子目（见表 7-2-18）

表 7-2-18 支 付 子 目

子 目 号	子 目 名 称	单 位
411-1	先张法预应力钢丝	kg
411-2	先张法预应力钢绞线	kg
411-3	先张法预应力钢筋	kg
411-4	后张法预应力钢丝	kg
411-5	后张法预应力钢绞线	kg
411-6	后张法预应力钢筋	kg
411-7	现浇预应力混凝土上部结构	m³
411-8	预制预应力混凝土上部结构	m³

注 1. 预应力钢丝及预应力钢绞线，应注明其松弛级别（Ⅰ级为普通松弛级，Ⅱ级为低松弛级），如在工程中两种级别均采用，则在子目内分别以子项列出。

2. 子目号 411-7、411-8 中的预应力混凝土结构，按不同结构类型、不同混凝土强度等级及不同施工工艺分列子项。

7.2.13 预制构件的安装

工作内容包括钢筋混凝土及预应力混凝土预制构件的起吊、运输、装卸、储存和安装。

经验收的不同形式预制构件的安装，包括构件安装所需的临时性或永久性的固定扣件、钢板、焊接、螺栓等，其工作量包含在第 410 节及第 411 节相应预制混凝土构件或预应力混凝土构件的工程子目中，不另行计量与支付。

7.2.14 砌石工程

工作内容为包括石砌及混凝土预制块砌桥梁墩台、翼墙、拱圈等的砌筑，也可作为涵洞、锥坡、挡土墙、护坡、导流构造物砌体工程的参考。

7.2.14.1 工程量清单计量规则

砌石工程量清单计量规则见表 7-2-19。

表 7-2-19 砌石工程量清单计量规则

项	目	节	细目	项目名称	项目特征	计量单位	工程量计算规则	工程内容
四				桥梁涵洞				第 400 章
		13		砌石工程				第 413 节
			1	浆砌片石	1. 材料规格。 2. 强度等级	m³	按设计图所示的体积计算	1. 选修石料。 2. 拌运砂浆。 3. 运输。 4. 砌筑、沉降缝填塞。 5. 勾缝
			2	浆砌块石				
			3	浆砌料石				

续表

项	目	节	细目	项目名称	项目特征	计量单位	工程量计算规则	工程内容
			4	预制混凝土砌块	1. 断面尺寸。 2. 强度等级	m³	按设计图所示的体积计算	1. 预制混凝土块。 2. 拌运砂浆。 3. 运输。 4. 砌筑。 5. 勾缝

7.2.14.2　计量与支付

1. 计量

（1）以图纸所示或监理人指示为依据，按工地完成的并经验收的各种石砌体或预制混凝土块砌体，以 m³ 计量。

（2）计算体积时，所用尺寸应由图纸所标明或监理人书面规定的计价线或计价体积定之。相邻不同石砌体计量中，应各包括不同石砌体间灰缝体积的一半。镶面石突出部分超过外廓线者不予计量。泄水孔、排水管或其他面积小于 0.02m 的孔眼不予扣除，削角或其他装饰的切削，其数量为所在石料 5％或少于 5％者，不予扣除。

（3）砂浆或作为砂浆的小石子混凝土，作为砌体工程的附属工作，不另计量。

（4）砌体垫铺材料的提供和设置，拱架、支架及砌体的勾缝，作为砌体工程的附属工作，不另计量。

2. 支付子目（见表 7-2-20）

表 7-2-20　　　　　　　　　　　支　付　子　目

子　目　号	子　目　名　称	单　位
413-1	浆砌片石	
-a	M…	m³
413-2	浆砌块石	
-a	M…	m³
413-3	浆砌料石	
-a	M…	m³
413-4	浆砌预制混凝土块	
-a	M…	m³

注　按不同结构及砂浆等级分别在子项列出。

7.2.15　小型钢构件

本节工作包括桥梁及其他公路构造物，除钢筋及预应力钢筋以外的小型钢构件（如管道支架等）的供应、制造、保护和安装。

桥梁及其他公路构造物的钢构件，作为有关子目内的附属工作，不另计量与支付。

7.2.16　桥面铺装

工作内容为混凝土及沥青混凝土桥面铺装。

7.2.16.1 工程量清单计量规则

桥面铺装工程量清单计量规则见表 7 - 2 - 21。

表 7 - 2 - 21　　　　　　　　**桥面铺装工程量清单计量规则**

项	目	节	细目	项目名称	项目特征	计量单位	工程量计算规则	工程内容
四				桥梁涵洞				第 400 章
		15		桥面铺装				第 415 节
			1	沥青混凝土桥面铺装	1. 材料规格。 2. 配合比。 3. 厚度。 4. 压实度	m²	按设计图所示，以面积计算	1. 桥面清洗、安装泄水管。 2. 拌和运输。 3. 摊铺。 4. 碾压
			2	水泥混凝土桥面铺装	1. 材料规格。 2. 配合比。 3. 厚度。 4. 强度等级		按设计图所示，以面积计算	1. 桥面清洗、安装泄水管。 2. 拌和运输。 3. 摊铺。 4. 压（刻）纹
			3	防水层				1. 桥面清洗。 2. 加防剂拌和运输。 3. 摊铺

7.2.16.2 计量与支付

1. 计量

（1）桥面铺装应按图纸所示的尺寸，或按实际完成并经监理人验收的数量，分别按不同材料、级别、厚度，以 m² 计量。由于施工原因而超铺的桥面铺装，不予计量。

（2）桥面防水层按图纸要求施工，并经监理人验收的实际数量，以 m² 计量。

（3）桥面泄水管及混凝土桥面铺装接缝等作为桥面铺的附属工作，不另行计量。

（4）桥面铺装钢筋在第 403 节有关工程子目中计量，本节不另行计量。

2. 支付子目（见表 7 - 2 - 22）

表 7 - 2 - 22　　　　　　　**支　付　子　目**

子　目　号	子　目　名　称	单　位
415 - 1	沥青混凝土桥面铺装（厚…mm）	m²
415 - 2	水泥混凝土桥面铺装（C…级、厚…mm）	m²
415 - 3	防水层（厚…mm）	m²

注　桥面铺装应按其材料、等级及厚度分列子项。

7.2.17 桥梁支座

工作内容包括桥梁隔震橡胶支座和普通橡胶支座及球形支座的供应和安装。

7.2.17.1 工程量清单计量规则

桥面铺装工程量清单计量规则见表 7 - 2 - 23。

表 7－2－23　　　　　　　　　　桥面铺装工程量清单计量规则

项目	节	细目	项目名称	项目特征	计量单位	工程量计算规则	工程内容
四			桥梁涵洞				第 400 章
	16		桥梁支座				第 416 节
		1	矩形板式橡胶支座				
		a	固定支座	1. 材料规格。 2. 强度等级	dm³	按设计图所示的体积计算	安装
		b	活动支座				
		2	圆形板式橡胶支座				
		a	固定支座	1. 材料规格。 2. 强度等级	dm³	按设计图所示的体积计算	安装
		b	活动支座				
		3	球冠圆板式橡胶支座				
		a	固定支座	1. 材料规格。 2. 强度等级	dm³	按设计图所示的体积计算	安装
		b	活动支座	1. 材料规格。 2. 强度等级	dm³	按设计图所示的体积计算	安装
		4	盆式支座				
		a	固定支座			按设计图所示的个（或套）累加数计算	
		b	单向活动支座	1. 材料规格。 2. 强度等级	套		安装
		c	双向活动支座				

7.2.17.2　计量与支付

1. 计量

支座按图纸所示不同的类型，包括支座的提供和安装，以个计量。支座的质量检查、清洗、运输、起吊及安装支座所需的扣件、钢板、焊接、螺栓、粘结以及质量检测等作为支座安装的附属工作，不另行计量。

2. 支付子目（见表 7－2－24）

表 7－2－24　　　　　　　　　　支付子目

子目号	子目名称	单位
416－1	矩形板式橡胶支座	个
416－2	圆形板式橡胶支座	个
416－3	球冠圆板式橡胶支座	个
416－4	盆式支座	个

子目号	子目名称	单位
416－5	隔震橡胶支座	个
416－6	球形支座	个

注 应按支座的型号、规格、材料分列子项。

7.2.18 桥梁接缝和伸缩装置

工作内容包括为桥梁的所有竖向、横向或斜向接缝和伸缩装置，包括橡胶止水片，沥青类等接缝填料，及桥面上伸缩装置的供应和安装。

7.2.18.1 工程量清单计量规则

桥梁接缝和伸缩装置铺装工程量清单计量规则见表7－2－25。

表7－2－25 桥梁接缝和伸缩装置铺装工程量清单计量规则

项	目	节	细目	项目名称	项目特征	计量单位	工程量计算规则	工程内容
四				桥梁涵洞				第400章
	17			桥梁伸缩缝				第417节
		1		橡胶伸缩装置	1. 材料规格。 2. 伸缩量	m	按设计图所示的长度计算	1. 缝隙的清理。 2. 制作安装伸缩缝
		2		模数式伸缩装置				
		3		填充式材料伸缩装置				

7.2.18.2 计量与支付

1. 计量

桥面伸缩装置按图纸要求安装并经监理人验收的数量，分不同结构形式以m计量。其内容包括伸缩装置的提供和安装等作业，除伸缩装置外的其他接缝，如橡胶止水片、沥青类等接缝填料，作为有关工程的附属工作，不另行计量。

安装时切割和清除伸缩装置范围内沥青混凝土铺装或安装伸缩装置所需的部分水泥混凝土及临时或永久性的扣件、钢板、钢筋、焊接、螺栓、粘结等，作为伸缩装置安装的附属工作，不另行计量。

2. 支付子目（见表7－2－26）

表7－2－26 支付子目

子目号	子目名称	单位
417－1	橡胶伸缩装置	m
417－2	模数式伸缩装置	m
417－3	梳齿板式伸缩装置	m
417－4	填充式材料伸缩装置	m

注 伸缩装置应按型号或要求的伸与缩的合计量，分列子项。分列子项时，先小型后大型。人行道伸缩装置、缘石伸缩装置、护栏底座伸缩装置与车行道伸缩装置合并计量，取平均单价。

7.2.19　防水处理

工作内容包括桥梁工程中的混凝土或砌体表面防水工作。与路堤材料或路面接触的所有公路通道等结构物的外表面，亦应按图纸及本节要求做防水处理。

沥青或油毛毡防水层，作为与其有关子目内的附属工作，不另计量与支付。

7.2.20　圆管涵及倒虹吸管涵

工作内容为圆管涵的施工，还包括倒虹吸管涵的修筑等有关作业。

7.2.20.1　工程量清单计量规则

圆管涵及倒虹吸管涵工程量清单计量规则见表 7 - 2 - 27。

表 7 - 2 - 27　　　　　　　　圆管涵及倒虹吸管涵工程量清单计量规则

项目	目	节	细目	项目名称	项目特征	计量单位	工程量计算规则	工程内容
四				桥梁涵洞				第 400 章
	19			圆管涵及倒虹吸管				第 418 节、第 419 节
		1		单孔钢筋混凝土圆管涵	1. 孔径。 2. 强度等级	m	按设计图所示，按不同孔径的涵身长度计算（进出口端墙外侧间距离）	1. 排水。 2. 挖基、基底表面处理。 3. 基座砌筑或浇筑。 4. 预制或现浇钢筋混凝土管。 5. 安装、接缝。 6. 铺涂防水层。 7. 砌筑进出口（端墙、翼墙、八字墙井口）。 8. 回填
		2		双孔钢筋混凝七圆管涵				
		3		倒虹吸管涵				
			a	不带套箱	1. 管径。 2. 强度等级	m	按不同孔径，以沿涵洞中心线量测的进出洞口之间的洞身长度计算	1. 排水。 2. 挖基、基底表面处理。 3. 基础砌筑或浇筑。 4. 预制或现浇钢筋混凝土管。 5. 安装、接缝。 6. 铺涂防水层。 7. 砌筑进出口（端墙、翼墙、八字墙井口）。 8. 回填

项	目	节	细目	项目名称	项目特征	计量单位	工程量计算规则	工程内容
			b	带套箱	1. 管径。 2. 断面尺寸。 3. 强度等级	m	按不同断面尺寸，以沿涵洞中心线量测的进出洞口之间的洞身长度计算	1. 排水。 2. 挖基、基底表面处理。 3. 基础砌筑或浇筑。 4. 预制或现浇钢筋混凝土管。 5. 安装、接缝。 6. 支架、模板、制作安装、拆除。 7. 钢筋制作安装。 8. 混凝土浇筑、养生、沉降缝填塞、铺涂防水层。 9. 砌筑进出口（端墙、翼墙、八字墙井口）

7.2.20.2 计量与支付

1. 计量

(1) 钢筋混凝土圆管涵或倒虹吸管涵，以图纸规定的洞身长度或监理人同意的现场沿涵洞中心线量测的进出洞口之间的洞身长度，分不同孔径及孔数，经监理人检查验收后以 m 计量。管节所用钢筋，不另计量。

(2) 图纸中标明的基底垫层和基座，圆管的接缝材料、沉降缝的填缝与防水材料等，洞口建筑，包括八字墙、一字墙、帽石、锥坡、铺砌、跌水井以及基础挖方及运输、地基处理与回填等，均作为承包人应做的附属工作，不另计量与支付。

(3) 洞口（包括倒虹吸管涵）建筑以外涵洞上下游沟渠的改沟铺砌、加固以及急流槽消力坎的建造等均列入《公路工程标准施工招标文件》中"坡面排水"相应子目内计量。

(4) 建在软土、沼泽地区的圆管涵（含倒虹吸管涵），按图纸要求特殊处理的基础工程量（如：塑料排水板、袋装砂井、各种桩基、喷粉桩等）在本规范第 205 节相关子目中计量与支付，本节不另行计量。

2. 支付

在支付方式上，当完成管涵（含倒虹吸管）基础的浇筑或砌筑，经监理人检查认可后，支付管涵（含倒虹吸管）工程费用的 30%；管涵（含倒虹吸管）工程全部完成后，再支付工程费用的余下部分。

3. 支付子目（见表 7-2-28）

表 7-2-28 支 付 子 目

子 目 号	子 目 名 称	单 位
419-1	单孔钢筋混凝土圆管涵（φ…m）	m
419-2	双孔钢筋混凝土圆管涵（φ…m）	m
419-3	钢筋混凝土圆管倒虹吸管涵（φ…m）	m

注 圆管涵按不同的直径分列。

7.2.21　盖板涵及箱涵

工作内容包括钢筋混凝土盖板涵、箱涵（通道）的建造及其有关的作业。

7.2.21.1　工程量清单计量规则

盖板涵及箱涵工程量清单计量规则见表 7-2-29。

表 7-2-29　　　　　　　　　盖板涵及箱涵工程量清单计量规则

项目	目	节	细目	项目名称	项目特征	计量单位	工程量计算规则	工程内容
四				桥梁涵洞				第 400 章
	20			盖板涵、箱涵				第 418 节、第 420 节
			a	钢筋混凝土盖板涵	1. 断面尺寸。2. 强度等级	m	按设计图所示，按不同断面尺寸以长度计算（进出口端墙间距离）	1. 排水。2. 挖基、基底表面处理。3. 支架、模板、制作安装、拆除。4. 钢筋制作安装。5. 混凝土浇筑、养生、运输。6. 沉降缝填塞、铺涂防水层。7. 铺底及砌筑进出口
			b	钢筋混凝土箱涵				

7.2.21.2　计量与支付

1. 计量

（1）钢筋混凝土盖板涵（含梯坎涵、通道）、钢筋混凝土箱涵（含通道）应以图纸规定的洞身长度或经监理人同意的现场沿涵洞中心线测量的进出口之间的洞身长度，经验收合格后按不同孔径及孔数以米计量，盖板涵、箱涵所用钢筋不另计量。

（2）所有垫层和基座，沉降缝的填缝与防水材料，洞口建筑，包括八字墙、一字墙、帽石、锥坡（含土方）、跌水井、洞口及洞身铺砌以及基础挖方、地基处理与回填土、沉降缝的填缝与防水材料等作为承包人应做的附属工作，均不单独计量。

（3）洞口建筑以外涵洞上下游沟渠的改沟铺砌、加固以及急流槽等均列入《公路工程标准施工招标文件》中"坡面排水"计量。

（4）通道涵按下列原则进行计量与支付：

1）通道涵洞身及洞口计量应符合上述第（1）款及（2）款的规定。

2）通道范围（进出口之间距离）以内的土石方及边沟、排水沟等均含人洞身报价之中不另行计量。

3）通道范围以外的改路土石方及边沟、排水沟等在本规范第 200 章相关章节中计量与支付。

4）通道路面（含通道范围内）分不同结构类型在本规范第 300 章相关章节中计量与支付。

（5）建在软土、沼泽地区的盖板涵、箱涵（含通道），按图纸要求特殊处理的基础工程量（如：塑料排水板、袋装砂井、各种桩基、喷粉桩等）在本规范第 205 节相关子目中计量与支付，本节不另行计量。

2. 支付

在支付方式上，当完成涵洞工程基础部分的浇筑或砌筑，支付涵洞工程费用的20％；完成涵洞墙身的浇筑或砌筑，再支付涵洞工程费用的30％；涵洞工程全部完成后，再支付涵洞工程费用的余下部分。每一阶段完成的工程，均须得到监理人检查认可。

3. 支付子目（见表7－2－30）

表7－2－30　　　　　　　　　　支　付　子　目

子　目　号	子　目　名　称	单　位
420－1	钢筋混凝土盖板涵（…m×…m）	m
420－2	钢筋混凝土箱涵（…m×…m）	m
420－3	钢筋混凝土盖板通道涵（…m×…m）	m
420－4	钢筋混凝土箱形通道涵（…m×…m）	m

7.2.22　拱涵

工作内容包括石砌拱涵和混凝土拱涵的建造等有关作业。

7.2.22.1　工程量清单计量规则

盖板涵及箱涵工程量清单计量规则见表7－2－31。

表7－2－31　　　　　　　　盖板涵及箱涵工程量清单计量规则

项	目	节	细目	项目名称	项目特征	计量单位	工程量计算规则	工程内容
四				桥梁涵洞				第400章
	21			拱涵				第418节、第421节
			1	石砌拱涵	1. 材料规格。 2. 断面尺寸。 3. 强度等级。	m	按设计图所示，按不同断面尺寸以长度计算（进出口端墙间距离）	1. 排水。 2. 挖基、基底表面处理。 3. 支架、拱盔制作安装及拆除。 4. 石料或混凝土预制块砌筑。 5. 混凝土浇筑、养生。 6. 沉降缝填塞、铺涂防水层。 7. 铺底及砌筑进出口
			2	混凝土拱涵	1. 断面尺寸。 2. 强度等级。			
			3	钢筋混凝土拱涵	1. 断面尺寸。 2. 强度等级。	m	按设计图所示，按不同断面尺寸以长度计算（进出口端墙间距离）	1. 排水。 2. 挖基、基底表面处理。 3. 支架、拱盔制作安装及拆除。 4. 钢筋制作安装。 5. 混凝土浇筑、养生。 6. 沉降缝填塞、铺涂防水层。 7. 铺底及砌筑进出口

7.2.22.2　计量与支付

1. 计量

（1）石砌和混凝土拱涵（含梯坎涵、通道）应以图纸规定的洞身长度或经监理人同意的现场沿涵洞中心线测量的进出口之间的洞身长度，经验收合格后按不同孔径以米计量，钢筋不另计量。

（2）所有垫层和基础，沉降缝的填缝与防水材料，洞口建筑，包括八字墙、一字墙、帽石、锥坡（含土方）、跌水井、洞口及洞身铺砌以及基础挖方、地基处理与回填土等作为承包人应做的附属工作，均不单独计量。

（3）洞口建筑以外涵洞上下游沟渠的改沟铺砌、加固以及急流槽等均列入本规范第207 节有关子目计量。

（4）通道涵按下列原则进行计量与支付：

1）通道涵洞身及洞口计量应符合上述第（1）款及（2）款的规定。

2）通道范围（进出口之间距离）以内的土石方及边沟、排水沟等均含入洞身报价之中不另行计量。

3）通道范围以外的改路土石方及边沟、排水沟等在本规范第 200 章相关章节中计量与支付。

4）通道路面（含通道范围内）分不同结构类型在本规范第 300 章相关章节中计量与支付。

（5）建在软土、沼泽地区的盖板涵、箱涵（含通道），按图纸要求特殊处理的基础工程量（如：塑料排水板、袋装砂井、各种桩基、喷粉桩等）在本规范第 205 节相关子目中计量与支付，本节不另行计量。

2. 支付

同盖板涵、箱涵支付。

3. 支付子目（见表 7-2-32）

表 7-2-32　　　　　　　　　　支　付　子　目

子　目　号	子　目　名　称	单　位
421-1	拱涵（…m×…m）	m
421-2	拱形通道涵（…m×…m）	m

习　题

1. 某高速公路有一直径为 150cm 的钢筋混凝土圆管涵，涵管壁厚为 15cm，涵长为32.5m（13×2.5＝32.5m），其施工图设计的工程量见下表。

某施工图设计的工程量

涵身		涵身基础		洞口					挖土方
钢筋	混凝土	混凝土	砂砾石	混凝土帽石	浆砌片石端墙与基础	浆砌片石锥坡与基础	浆砌片石隔水墙与铺砌	砂浆勾缝	
kg				m³				m²	m³
2751	25	109	66	3	29	27	13	45	2174

请列出该涵洞工程造价所涉及的相关定额的名称、单位、定额代号、数量等内容，并填入表格中，需要时应列式计算。（注：混凝土构件和土方的平均运距为1km，预制场设施不考虑）

2.××省拟新建一条六车道高速公路，地处平原微丘区，有一座钢筋混凝土盖板涵，标准跨径4.00m，涵高3.00m，八字墙，路基宽度35.00m。其施工图设计主要工程量如下表所示。

工 程 量

序 号	项 目	单 位	工程量
1	挖基坑土方（干处）	m³	460
2	浆砌片石基础、护底、截水墙	m³	410
3	浆砌片石台、墙	m³	335
4	混凝土帽石	m³	0.6
5	矩形板混凝土	m³	71.7
6	矩形板钢筋	t	6.02
7	沉降缝高3m计10道	m²	50

25座盖板涵的混凝土矩形板预制，设一处预制场计10000m，场地需平整碾压，30%面积需铺砂砾垫层厚15cm，20%面积需做2cm水泥砂浆抹平，作为预制板底模。构件运输4km。该项目其他工程费综合费率Ⅰ为4%，其他工程费综合费率Ⅱ为0%，规费费率为40%，企业管理费综合费率为6%。

若编制年工程所在地的各项预算价格，以定额基价为基础上调10%计算，其中人工费占直接工程费的10%，编制该盖板涵的施工图预算的建筑安装工程费。

3.某桥梁河中四个桥墩基坑开挖采用二组平行作业，人工挖基，摇头扒杆卷扬机吊运。已知基坑总挖方7300m³，其中：干处挖土方1270m³，水中挖砂砾5010m³，水中挖岩石1020m³。约30%余土弃于岸边，手推车运输，水平运距80m，升坡7%，基坑深5m，地下水位深4m，施工期间无地面水，试确定其预算定额人工、材料、机械消耗量。

4.某跨径20m以内的石拱桥，其浆砌块石拱圈工程，设计采用10号水泥砂浆砌筑。试确定砂浆组成材料的预算定额。

5.某靠岸桥台，人工开挖基坑普通土（Ⅱ类土）1000m³。地面水1m，基坑深3m，试确定预算定额。

第8章　隧道工程计量与计价

8.1　隧道工程定额工程量计量

8.1.1　定额说明

隧道工程定额包括开挖、支护、防排水、补砌、装饰、照明、通风及消防设施、洞门及辅助坑道等项目。定额时按照一般凿岩机钻爆法施工的开挖方法进行编制的，适用于新建隧道工程，改（扩）建及公路大中修工程的可参照使用。

（1）隧道工程定额按现行隧道设计、施工规范将围岩分为Ⅰ～Ⅵ6级。

（2）隧道工程定额中混凝土工程均未考虑拌和的费用，应按桥涵工程相关定额另行计算。

（3）隧道工程开挖定额中已综合考虑超挖及预留变形因素。

（4）洞内出渣运输定额已综合洞门外500m运距，当洞门外运距超过此运距时，可按照路基工程自卸汽车运输土石方的增运定额加计增运部分的费用。

（5）定额中均未包括混凝土及预制块的运输，需要时应按有关定额另行计算。

（6）定额中未考虑地震、坍塌、溶洞及大量地下水处理，以及其他特殊情况所需的费用，需要时可根据设计另行计算。

（7）定额中未考虑施工时所需进行的监控量测以及超前地质预报的费用，监控量测的费用已在《公路工程基本建设项目概算预算编制方法》（JTGB06—2007）法人施工辅助费中综合考虑，使用定额时不得另行计算，超前地质预报的费用可根据需要另行计算。

（8）隧道工程项目采用其他章节定额的规定。

1）洞门挖基、仰坡及天沟开挖、明洞明挖土石方等，应使用其他章节有关定额计算。

2）洞内工程项目如需采用其他章节的有关项目时，所采用定额的人工工日、机械台班数量及小型机具使用费，应乘以1.26的系数。

【例8-1-1】　某隧道工程洞内路面采用10cm厚砂砾垫层，机械摊铺，试确定其路面垫层预算定额值。

解：

应采用定额表"2-1-1-2及2-1-2-7"，根据《公路工程预算定额》隧道工程章说明8的规定，所采用定额的人工工日、机械台班及小型机具使用费应乘以1.26的系数。

3）计算定额值为每1000m²。

人工：（29.3-1.7×5）×1.26＝24.2×1.26＝26.208工日

砂砾：191.25-12.75×5＝127.50m³

6～8t光轮压路机：0.25×1.26＝0.315台班

12～15t 光轮压路机：$0.50 \times 1.26 = 0.63$ 台班

8.1.2　洞身工程

（1）工程量计算规则。

1）定额所指隧道长度均指隧道进出口（不含与隧道相连的明洞）洞门端墙墙面之间的距离，即两端墙面与路面的交线同路线中线交点间的距离。双线隧道按上下行隧道长度的评价值计算。

2）洞身开挖、出渣工程量按设计断面数量（成洞断面加衬砌断面）计算，包含洞身及所有附属洞室的数量，定额中已考虑超挖因素，不得将超挖数量计入工程量。

3）现浇混凝土衬砌中浇筑、运输的工程数量，均按设计断面衬砌数量计算，包含洞身及所有附属洞室的衬砌数量。定额中已综合因超挖及预留变形需回填的混凝土数量，不得将上述因素的工程量计入计价工程量中。

4）防水板、明洞防水层的工程数量按设计敷设面积计算。

5）拱顶压浆的工程数量按设计数量计算，设计时可按每延长米 $0.25 m^3$ 综合考虑。

6）喷射混凝土的工程量按设计厚度乘以喷射面积计算，喷射面积按设计外轮廓线计算。

7）砂浆锚杆工程量为锚杆、垫板及螺母等材料质量之和，中空注浆锚杆、自进式锚杆的工程量按锚杆设计长度计算。

8）格栅钢架、型钢钢架工程数量按钢架的设计数量计算，连接钢筋的数量不得作为工程量计算。

9）管棚、小导管的工程量按设计钢管长度计算，当管径与定额不同时，可调整定额中钢管的消耗量。

10）横向塑料排水管每处为单洞两侧的工程数量；纵向弹簧管按隧道纵向每侧铺设长度之和计算；环向盲沟按隧道横断面敷设长度计算。

洞内通风、风水管及照明、管线路的工程量按隧道设计长度计算。

（2）定额人工开挖、机械开挖轻轨斗车运输项目系按上导洞、扩大、马口开挖编制的，也综合了下导洞扇形扩大开挖方法，并综合了木支撑和出渣、通风及临时管线的工料机消耗。

（3）定额正洞机械开挖自卸汽车运输定额系统按开挖、出渣运输分别编制，不分工程部位（即拱部、边墙、仰拱、底板、沟槽、洞室）均使用本定额。施工通风及高压风水管和照明电线路单独编制定额项目。

（4）定额连拱隧道中导洞、侧导洞开挖和中隔墙衬砌石按连拱隧道施工方法编制的，除此以外的其他部位的开挖、衬砌、支护可套用本节其他定额。

（5）格栅钢架和型钢钢架均按永久性支护编制，如作为临时支护使用时，应按规定计取回收。定额中已综合连接钢筋的数量。

（6）喷射混凝土定额中已综合考虑混凝土回弹量，钢纤维混凝土中钢纤维掺入量按喷射混凝土质量的 3% 掺入。当设计采用的钢纤维掺入量与隧道工程定额不同或采用其他材料时，可进行抽换。

（7）洞身衬砌项目按现浇混凝土衬砌、石料、混凝土预制块衬砌分别编制，不分工程部位（即拱部、边墙、仰拱、底板、沟槽、洞室）均使用洞身工程定额。定额中已综合考虑超挖回填因素，当设计采用的混凝土强度等级与定额采用的不符或采用特殊混凝土时，可根据具体情况对混凝土配合比进行抽换。

（8）定额中凡是按不同隧道长度编制的项目，均只编制到隧道长度在 4000m 时，应按以下规定计算：

1）洞身开挖：以隧道长度 4000m 以内的定额为基础，与隧道长度 4000m 以上每增加 1000m 定额叠加使用。

2）正洞出渣运输：通过隧道进出口开挖正洞，以换算隧道长度套用相应的出渣定额计算。换算隧道长度计算公式为式（8-1-1）：

$$换算隧道长度 = 全隧道长度 - 通过辅助坑道开挖正洞的长度 \qquad (8-1-1)$$

当换算隧道长度超过 4000m 时，以隧道长度 4000m 以内定额为基础，与隧道长度 4000m 以上每增加 1000m 定额使用。

通过斜井开挖正洞，出渣运输按正洞和斜井两段分别计算，两者叠加使用。

3）通风、管线路定额，按正洞隧道长度综合编制，当隧道长度超过 4000m 时，以隧道长度 4000m 以内定额为基础，与隧道长度 4000m 以上每增加 1000m 定额叠加使用。

（9）混凝土运输定额仅适用于洞内混凝土运输，洞外运输应按桥涵工程有关定额计算。

（10）洞内排水定额仅适用于反坡排水的情况，排水量按 $10m^3/h$ 以内编制，超过此排水量时，抽水机台班按表 8-1-1 中的系数调整。

表 8-1-1　　　　定额调整系数

涌水量（m³/h）	10 以内	15 以内	20 以内
调整系数	1.00	1.20	1.35

正洞内排水系按全隧道长度综合编制，当隧道长度超过 4000m 时，以隧道长度 4000m 以内定额为基础，与隧道长度 4000m 以上每增加 1000m 定额叠加使用。

照明设施为隧道营运所需的洞内永久性设施。定额中的洞口段包括引入段、适应段、过渡段和出口端，其他段均为基本段。定额中不包括洞外线路，需要时应另行计算。属于设备的变压器、发电设备等，其购置费用应列入预算第二部分"设备及工具、器具购置费"中。

8.1.3　洞门工程

（1）隧道和明洞洞门，均采用洞门工程定额。

（2）洞门墙工程量为主墙和翼墙等圬工体积之和。仰坡、截水沟等应按有关定额另行计算。

（3）洞门工程定额的工程量均按设计数量计算。

8.1.4　辅助坑道

（1）工程量计算规则。

1）开挖、出渣工程量按设计断面数量（成洞断面加衬砌断面）计算，定额中已考虑超挖因素，不得将超挖数量计入工程量。

2）现浇混凝土衬砌工程数量均按设计断面衬砌数量计算。

3）喷射混凝土工程量按设计厚度乘以喷射面积计算，喷射面积按设计外轮廓线计算。

4）锚杆工程量为锚杆、垫板及螺母等材料质量之和。

5）斜井洞内通风、风水管照明及管线路的工程量按斜井设计长度计算。

（2）斜井项目按开挖、出渣、通风及管线路分别编制，竖井项目定额中已综合了出渣、通风及管线路。

（3）斜井相关定额项目系按斜井长度 800m 以内综合编制的，已含斜井建成后，通过斜井进行正洞作业时，斜井内通风及管线路的摊销部分。

（4）斜井支护按正洞相关定额计算。

【例 8 - 1 - 2】 某隧道开挖正洞长 8000m，辅助坑道为斜井长 500m，其中从进出口开挖 6000m，从辅洞开挖 2000m，围岩均为Ⅲ级，开挖方式采用机械开挖自卸车运土。确定该工程适用的预算定额。

解：

（1）确定开挖定额。

从进出口开挖长度 6000m，其中 4000m 适用定额为"3 - 1 - 3 - 21"，另外 2000m 需叠加计算，即增加"3 - 1 - 3 - 27"×2。

从辅助坑道分两部分，第一部分为正洞开挖长度 2000m，适用定额为"3 - 1 - 3 - 9"；第二部分为辅助坑道开挖长度 500m，适用定额为"3 - 3 - 1 - 3"。

（2）确定出渣定额。

通过进出口的正洞出渣，适用定额为"3 - 1 - 3 - 46"+"3 - 1 - 3 - 49"×2。

通过辅助坑道的正洞出渣，出渣运输按正洞和斜井两段分别计算，两者叠加使用，适用定额为"3 - 1 - 3 - 40"+"3 - 1 - 3 - 52"；辅助坑道出渣适用定额为"3 - 3 - 2 - 1"。

8.1.5 通风及消防设施安装

定额中不含通风机、消防栓、消防水泵接合器、水流指示器、电气信号装置、气压水罐、泡沫比例混合器、自动报警系统装置、防火门等的购置费用，应按规定列入预算第二部分"设备及工具、器具购置费"中。

通风机预埋件按设计所示为完成通风机安装而需预埋的一切金属构件的质量计算工程数量，包括钢拱架、通风机拱部钢筋、通风机支座及各部分连接件等。

洞内预埋件工程量按设计预埋件的敷设长度计算，定额中已综合了预留导线的数量。

【例 8 - 1 - 3】 某公路施工图设计有一明洞工程，长 51m，其主要工程量如表 8 - 1 - 2 所示。

表 8 - 1 - 2　　　　　　　　　　　明 洞 工 程 量

隧道洞身开挖 (m³)	现浇拱墙		现浇拱部		回填碎石 (m³)	路面 (m²)
	混凝土 (m³)	钢筋 (t)	混凝土 (m³)	钢筋 (t)		
8780	2500	103	1700	131	1959	1200

隧道断面面积为 156m²，其中拱部面积为 88m²，隧道洞身开挖中Ⅴ类围岩占 90%，Ⅱ类围岩占 10%，弃渣平均运距为 3km，洞内路面设计为中粒式沥青混凝土，厚度为 15cm，混合料平均运距 4km。

试根据上述资料列出本隧道工程造价所涉及的相关定额的名称、单位、定额代号、数量等内容，需要时列式计算或文字说明。

解：

（1）开挖数量计算：开挖 V 类围岩 $8780 \times 0.9 = 7902 \text{m}^3$

开挖 II 类围岩 $8780 \times 0.1 = 872 \text{m}^3$

（2）路面沥青混凝土数量计算：$1200 \times 0.15 = 180 \text{m}^3$

隧道工程定额见表 8-1-3。

表 8-1-3 隧 道 工 程 定 额

序号	工 程 细 目			定额代号	单位	数量	定额调整或系数
1	开挖	土质	2m^3 挖掘机挖装	10109008	1000m^3	7.902	
2			12t 自卸车运输 第一个 1km	10111017	1000m^3	7.902	
3			增运 2km	10111018	1000m^3	7.902	4
4		石质	135kW 推土机推渣	10115025	100m^3	0.878	
5			2m^3 挖掘机挖装	10110008	1000m^3	0.878	
6			12t 自卸车运输 第一个 1km	10111045	1000m^3	0.878	
7			增运 2km	10111046	1000m^3	0.878	4
8	现浇拱墙		混凝土	30118004	10m^3	250	
9			钢筋	30118005	1t	103	
10			混凝土拌和	41111001	10m^3	250	1.02
11	现浇拱部		混凝土	40612009	10m^3	170	
12			钢筋	40612013	1t	131	
13			混凝土拌和	41111001	10m^3	170	1.02
14			拱盔	40902004	10m^2	8.8	6
15			支架	40903007	10m^2	6.8	4.25
16			支架预压	40906001	10m^2	170	
17	回填		回填碎石	30119003	10m^2	195.9	
18	路面		沥青混凝土拌和	20211009	1000m^3	0.18	
19			12t 自卸车运输 第一个 1km	20213007	1000m^3	0.18	
20			增运 3km	20213018	1000m^3	0.18	6
21			沥青混凝土铺筑	20214016	1000m^3	0.18	

8.2 隧道工程清单项目工程量计量

根据《公路工程工程量计量规则》，隧道工程包括：包括洞口与明洞工程、洞身开挖、洞身衬砌、防水与排水、洞内防火涂料和装饰工程、监控量测、地质预报等。

8.2.1 有关问题的说明及提示

（1）场地布置，核对图纸、补充调查、编制施工组织设计，试验检测、施工测量、环境保护、安全措施、施工防排水、围岩类别划分及监控、通信、照明、通风、消防等设备、设施预埋构件设置与保护，所有准备工作和施工中应采取的措施均为各节、各细目工程的附属工作，不另行计量。

（2）风水电作业及通风、照明、防尘为不可缺少的附属设施和作业，均应包括在本章各节有关工程细目中，不另行计量。

（3）隧道名牌、模板装拆、钢筋除锈、拱盔、支架、脚手架搭拆、养护清场等工作均为各细目的附属工作，不另行计量。

（4）连接钢板、螺栓、螺帽、拉杆、垫圈等作为钢支护的附属构件，不另行计量。

（5）混凝土拌和场站、贮料场的建设、拆除、恢复均包括在相应工程项目中，不另行计量。

（6）洞身开挖包括主洞、竖井、斜井。洞外路面、洞外消防系统土石开挖、洞外弃渣防护等计量规则见有关章节。

（7）材料的计量尺寸为设计净尺寸。

8.2.2　洞口与明洞工程

工作内容包括洞口土石方开挖、排水系统、洞门、明洞、坡面防护、挡墙以及洞口的辅助工程等的施工及其他有关作业。

8.2.2.1　工程量清单计量规则

洞口与明洞工程量清单计量规则见表8-2-1。

表 8-2-1　　　　　　　　　　　　洞口与明洞工程量清单计量规则

项	目	节	细目	项目名称	项目特征	计量单位	工程量计算规则	工程内容
五				隧道				第500章
			1	洞口、明洞开挖				
			a	挖土方	1. 土壤类别。 2. 施工方法。 3. 断面尺寸	m³	按设计图示所示，按横断面尺寸乘以长度以天然密实方计算	1. 施工排水。 2. 零填及挖方路基挖松压实。 3. 挖运、装卸。 4. 整修路基和边坡
			b	挖石方	1. 岩石类别。 2. 施工方法。 3. 爆破要求。 4. 断面尺寸			1. 施工排水。 2. 零填及挖方路基挖松压实。 3. 爆破防护。 4. 挖运、装卸。 5. 整修路基和边坡
			c	弃方超运	1. 土壤类别。 2. 超运里程	m³·km	按设计图所示，弃土场地不足须增加弃土场或监理工程师批准变更弃土场导致弃方超过图纸规定运距，按超运弃方数量乘以超运里程计算	1. 弃方超运。 2. 整修弃土场

169

项	目	节	细目	项目名称	项目特征	计量单位	工程量计算规则	工程内容
		2		防水与排水				
			a	浆砌片石边沟、截水沟、排水沟	1. 材料规格。 2. 垫层厚度。 3. 断面尺寸。 4. 强度等级	m³	按设计图所示，按横断面面积乘以长度以体积计算	1. 挖运土石方。 2. 铺设垫层。 3. 砌筑、勾缝。 4. 伸缩缝填塞。 5. 抹灰压顶、养生
			b	浆砌混凝土预制块水沟	1. 垫层厚度。 2. 断面尺寸。 3. 强度等级	m³	按设计图所示，按横断面面积乘以长度以体积计算	1. 挖运土石方。 2. 铺设垫层。 3. 预制安装混凝土预制块。 4. 伸缩缝填塞。 5. 抹灰压顶、养生
			c	现浇混凝土水沟				1. 挖运土石方。 2. 铺设垫层。 3. 现浇混凝土。 4. 伸缩缝填塞。 5. 养生
			d	渗沟	1. 材料规格。 2. 断面尺寸	m³	按设计图所示，按横断面尺寸乘以长度以体积计算	1. 挖基整形。 2. 混凝土垫层。 3. 埋 PVC 管。 4. 渗水土工布包碎砾石填充。 5. 出水口砌筑。 6. 试通水。 7. 回填
			e	暗沟	1. 材料规格。 2. 断面尺寸。 3. 强度等级	m³		1. 挖基整形。 2. 铺设垫层。 3. 砌筑。 4. 预制安装（钢筋）混凝土盖板。 5. 铺砂砾反滤层。 6. 回填
			f	排水管	材料规格	m	按设计图所示，按不同孔径以长度计算	1. 挖运土石方。 2. 铺垫层。 3. 安装排水管。 4. 接头处理。 5. 回填
			g	混凝土拦水块	1. 材料规格。 2. 断面尺寸。 3. 强度等级	m³	按设计图所示，按横断面尺寸乘以长度以体积计算	1. 基础处理。 2. 模板安装。 3. 浇筑混凝土。 4. 拆模养生

项目	目	节	细目	项目名称	项目特征	计量单位	工程量计算规则	工程内容
			h	防水混凝土	1. 材料规格。 2. 配合比。 3. 厚度。 4. 强度等级	m³	按设计图所示以体积计算	1. 基础处理。 2. 加防水剂拌和运输。 3. 浇筑、养生
			i	黏土隔水层	1. 厚度。 2. 压实度	m³	按设计图所示，按压实后隔水层面积乘隔水层厚度以体积计算	1. 黏土挖运。 2. 填筑、压实
			j	复合防水板		m²	按设计图所示，以面积计算	1. 复合防水板铺设。 2. 焊接、固定
			k	复合土工膜	材料规格		按设计图所示，以净面积计算（不计入按规范要求的搭接卷边部分）	1. 平整场地。 2. 铺设、搭接、固定
		3		洞口坡面防护				
			a	浆砌片石	1. 材料规格。 2. 断面尺寸。 3. 强度等级			1. 整修边坡。 2. 挖槽。 3. 铺垫层、铺筑滤水层、制作安装泄水孔。 4. 砌筑、勾缝
			b	浆砌混凝土预制块		m³	按设计图所示，按体积计算	1. 整修边坡。 2. 挖槽。 3. 铺垫层、铺筑滤水、制作安装泄水孔。 4. 预制安装预制块
			c	现浇混凝土	1. 断面尺寸。 2. 强度等级			1. 整修边坡。 2. 浇筑混凝土。 3. 养生
			d	喷射混凝土	1. 厚度。 2. 强度等级			1. 整修边坡。 2. 喷射混凝土。 3. 养生
			e	锚杆	1. 材料规格。 2. 抗拉强度	m	按设计图所示，按不同规格以长度计算	1. 钻孔、清孔。 2. 锚杆制作安装。 3. 注浆。 4. 张拉。 5. 抗拔力试验
			f	钢筋网	材料规格	kg	按设计图所示，以重量计算（不计入规定的搭接长度）	制作、挂网、搭接、锚固

续表

项 目	节	细目	项目名称	项目特征	计量单位	工程量计算规则	工程内容
		g	植草	1. 草籽种类。 2. 养护期	m²	按设计图所示，按合同规定的成活率以面积计算	1. 修整边坡、铺设表土。 2. 播草籽。 3. 洒水覆盖。 4. 养护
		h	土工格室草皮	1. 格室尺寸。 2. 植草种类。 3. 养护期			1. 挖槽、清底、找平、混凝土浇筑。 2. 格室安装、铺种植土、播草籽、拍实。 3. 清理、养护
		i	洞顶防落网	材料规格	m²	按设计图所示，以面积计算	设置、安装、固定
	4		洞门建筑				
		a	浆砌片石	1. 材料规格。 2. 断面尺寸。 3. 强度等级			1. 挖基、基底处理。 2. 砌筑、勾缝。 3. 沉降缝、伸缩缝处理
		b	浆砌料（块）石				
		c	片石混凝土	1. 材料规格。 2. 断面尺寸。 3. 片石掺量。 4. 强度等级	m³	按设计图所示，按体积计算	1. 挖基、基底处理。 2. 拌和、运输、浇筑混凝土。 3. 养生
		d	现浇混凝土	1. 材料规格。 2. 断面尺寸。 3. 强度等级			1. 修补表面。 2. 贴面。 3. 抹平、养生
		e	镶面	1. 材料规格。 2. 强度等级。 3. 厚度		按设计图所示，按不同材料以体积计算	
		f	光圆钢筋	1. 材料规格。 2. 抗拉强度	kg	按设计图所示，各规格钢筋按有效长度（不计入规定的搭接长度）以重量计算	1. 制作、安装。 2. 搭接
		g	带肋钢筋				
		h	锚杆		m	按设计图所示，按不同规格以长度计算	1. 钻孔、清孔。 2. 锚杆制作安装。 3. 注浆。 4. 张拉。 5. 抗拔力试验
	5		明洞衬砌				

续表

项	目	节	细目	项目名称	项目特征	计量单位	工程量计算规则	工程内容
			a	浆砌料（块）石	1. 材料规格。 2. 断面尺寸。 3. 强度等级	m³	按设计图所示，按体积计算	1. 挖基、基底处理。 2. 砌筑、勾缝。 3. 沉降缝、伸缩缝处理
			b	现浇混凝土				1. 浇注混凝土。 2. 养生。 3. 伸缩缝处理
			c	光圆钢筋	1. 材料规格。 2. 抗拉强度	kg	按设计图所示，各规格钢筋按有效长度（不计入规定的搭接长度）以重量计算	1. 制作、安装。 2. 搭接
			d	带肋钢筋				
		6		遮光棚（板）				
			a	现浇混凝土	1. 材料规格。 2. 断面尺寸。 3. 强度等级	m³	按设计图所示，按体积计算	1. 浇注混凝土。 2. 养生。 3. 伸缩缝处理
			b	光圆钢筋				
			c	带肋钢筋	1. 材料规格。 2. 抗拉强度	kg	按设计图所示，各规格钢筋按有效长度（不计入规定的搭接长度）以重量计算	1. 制作、安装。 2. 搭接
		7		洞顶（边墙墙背）回填				
			a	回填土石方	1. 土壤类别。 2. 压实度	m³	按设计图所示，以体积计算	1. 挖运。 2. 回填。 3. 压实
		8		洞外挡土墙				
			a	浆砌片石	1. 材料规格。 2. 断面尺寸。 3. 强度等级	m³	按设计图所示，以体积计算	1. 挖基、基底处理。 2. 砌筑、勾缝。 3. 铺筑滤水层、制作安装泄水孔、沉降缝处理。 4. 抹灰压顶

8.2.2.2 计量与支付

1. 计量

（1）各项工程，应按图纸所示和监理人指示为依据，按照实际完成并经验收的工程数量，进行计量。

（2）洞口路堑等开挖与明洞洞顶回填的土石方，不分土、石的种类，只区分为土方和石方，以 m³ 计量。

（3）弃方运距在图纸规定的弃土场内为免费运距，弃土超出规定弃土场的距离时（比如图纸规定的弃土场地不足要另外增加弃土场，或经监理人同意变更的弃土场），其超出部分另计超运距运费，按 m³·km 计量。若未经监理人同意，承包人自选弃土场时，则弃土运距不论远近，均为免费运距。

（4）隧道洞门的端墙、翼墙、明洞衬砌及遮光栅（板）的混凝土（钢筋混凝土）或石砌圬工，以 m³ 计量。钢筋以 kg 计量

（5）截水沟（包括洞顶及端墙后截水沟）圬工以 m³ 计量。

（6）防水材料（无纺布）铺设完毕经验收以 m² 计量，与相邻防水材料搭接部分不另计量。

（7）洞口坡面防护工程，按不同圬工类型分别汇总以 m³ 计量，锚杆及钢筋网分别以 kg 计量；种植草皮以 m² 计量。

（8）截水沟的土方开挖和砂砾垫层、隧道名牌以及模板、支架的制作安装和拆卸等均包括在相应工程中不单独计量。

（9）泄水孔、砂浆勾缝、抹平等的处理，以及图纸示出而支付子目表中未列出的零星工程和材料，均包括在相应工程子目单价内，不另行计量。

2. 支付

（1）按上述规定计量，经监理人验收的列入工程量清单的以下支付子目的工程量，其每一计量单位将以合同单价支付。此项支付包括材料、劳力、设备、运输等及其为完成洞口及明洞工程所必需的费用，是对完成工程的全部偿付。（如无特殊说明，以下各子目相同，不再单独列出）

（2）洞口土石方开挖与明洞洞顶回填各子目的合同单价，应以路基工程同子目的单价为结算依据。

3. 支付子目（见表 8-2-2）

表 8-2-2 支 付 子 目

子 目 号	子 目 名 称	单 位
502-1	洞口、明洞开挖	总额
-a	土方	m³
-b	石方	m³
-c	弃方超运	m³·km
502-2	防水与排水	
-a	M…砂浆砌片石截水沟	m³
-b	无纺布	m²
⋮	……	
502-3	洞口坡面防护	
-a	M…浆砌片石	m³
-b	C…喷射混凝土	m³

子 目 号	子 目 名 称	单 位
-c	种植草皮	m²
-d	锚杆	kg
-e	钢筋网	kg
502-4	洞门建筑	
-a	C…混凝土	m³
-b	M…浆砌粗料石（块石）	m³
-c	钢筋	kg
502-5	明洞衬砌	
-a	C…混凝土	m³
-b	光圆钢筋（HPB235）	kg
-c	带肋钢筋（HRB335）	kg
⋮	……	
502-6	遮光棚（板）	
-a	C…混凝土	m³
-b	光圆钢筋（HPB235）	kg
-c	带肋钢筋（HRB335）	kg
⋮	……	
502-7	洞顶回填	
-a	回填土石方	m³

8.2.3 洞身开挖

工作内容包括洞身及行车、行人横洞以及辅助坑道的开挖、钻孔爆破、施工支护、装渣运输等有关作业。

8.2.3.1 工程量清单计量规则

洞身开挖工程量清单计量规则见表8-2-3。

表8-2-3　　　　　　　　　洞身开挖工程量清单计量规则

项目	节	细目	项目名称	项目特征	计量单位	工程量计算规则	工程内容
五			隧道				第500章
	3		洞身开挖				第503节、第507节
		1	洞身开挖	1. 围岩类别。 2. 施工方法。 3. 断面尺寸	m³	按设计图示所示，按横断面尺寸乘以长度以天然密实方计算	1. 防排水。 2. 量测布点。 3. 钻孔装药。 4. 找顶。 5. 出渣、修整。 6. 施工观测
		a	挖土方				
		b	挖石方	1. 围岩类别。 2. 施工方法。 3. 爆破要求。 4. 断面尺寸			

续表

项	目	节	细目	项目名称	项目特征	计量单位	工程量计算规则	工程内容
			c	弃方超运	1. 土壤类别。 2. 超运里程	m³·km	按设计图所示，弃土场地不足须增加弃土场或监理工程师批准变更弃土场导致弃方运距超过洞外 200m，按超运弃方数量乘以超运里程计算	1. 弃方超运。 2. 整修弃土场
		2		超前支护				
			a	注浆小导管	1. 材料规格。 2. 强度等级	m	按设计图所示，以长度计算	1. 下料制作、运输。 2. 钻孔、钢管顶入。 3. 预注早强水泥浆。 4. 设置止浆塞
			b	超前锚杆	1. 材料规格。 2. 抗拉强度			1. 下料制作、运输。 2. 钻孔。 3. 安装锚杆
			c	自钻式锚杆				钻入
			d	管棚	1. 材料规格。 2. 强度等级			1. 下料制作、运输。 2. 钻孔、清孔。 3. 安装管棚。 4. 注早强水泥砂浆
			e	型钢	材料规格		按设计图所示，以重量计算	1. 设计制造、运输。 2. 安装、焊接、维护
			f	光圆钢筋		kg	按设计图所示，各规格钢筋按有效长度（不计入规定的搭接长度）以重量计算	1. 制作、安装。 2. 搭接
			g	带肋钢筋	1. 材料规格。 2. 抗拉强度			
		3		喷锚支护				
			a	喷射钢纤维混凝土	1. 材料规格。 2. 钢纤维掺配比例。 3. 厚度。 4. 强度等级	m³	按设计图所示，按喷射混凝土面积乘以厚度以立方米计算	1. 设喷射厚度标志。 2. 喷射钢纤维混凝土。 3. 回弹料回收。 4. 养生
			b	喷射混凝土	1. 材料规格。 2. 厚度。 3. 强度等级			1. 设喷射厚度标志。 2. 喷射混凝土。 3. 回弹料回收。 4. 养生

续表

项	目	节	细目	项目名称	项目特征	计量单位	工程量计算规则	工程内容
			c	注浆锚杆				1. 钻孔。 2. 加工安装锚杆。 3. 注早强水泥浆
			d	砂浆锚杆	1. 材料规格。 2. 强度等级	m	按设计图所示，以长度计算	1. 钻孔。 2. 设置早强水泥砂浆。 3. 加工安装锚杆
			e	预应力注浆锚杆				1. 放样、钻孔。 2. 加工、安装锚杆并锚固端部。 3. 张拉预应力。 4. 注早强水泥砂浆
			f	早强药包锚杆	1. 材料规格。 2. 早强药包性能要求	m	按设计图所示，以长度计算	1. 钻孔。 2. 设制药包。 3. 加工、安装锚杆
			g	钢筋网				1. 制作钢筋网。 2. 布网、搭接、固定
			h	型钢	材料规格	kg	按设计图所示，以重量计算	1. 设计制造。 2. 安装、固定、维护
			i	连接钢筋				1. 下料制作。 2. 连接、焊接
			j	连接钢管				
			4	木材	材料规格	m³	按设计图所示，按平均横断面尺寸乘以长度以体积计算	1. 下料制作。 2. 安装

8.2.3.2 计量与支付

1. 计量

（1）洞内土石方开挖应符合图纸要求（包括紧急停车带、车行横洞、人行横洞以及监控、消防和供配电设施等的洞室）或监理人指示，按隧道内轮廓线加允许超挖值［设计给出的允许超挖值或《公路隧道施工技术规范》（JTG F60—2009）按不同围岩级别给出的允许超挖值］后计算土石方。另外，当采用复合衬砌时，除给出的允许超挖值外，还应考虑加上预留变形量。按上述要求计得的土石方工程量，不分围岩级别，以 m³ 计量。开挖土石方的弃渣，其弃渣距离在图纸规定的弃渣场内为免费运距；弃渣超出规定弃渣场的距离时（如图纸规定的弃渣场地不足要另外增加弃土场，或经监理人同意变更的弃渣场），其超出部分另计超运距运费，按 m³·km 计量。若未经监理人同意，承包人自选弃渣场时，则弃渣运距不论远近，均为免费运距。

（2）不论承包人出于任何原因而造成的超过允许范围的超挖，和由于超挖所引起增加的工程量，均不予计量。

（3）支护的喷射混凝土按验收的受喷面积乘以厚度，以 m³ 计量，钢筋以 kg 计量。喷射混凝土其回弹率、钢纤维以及喷射前基面的清理工作均包含在工程子目单价之内，不另行计量。

（4）洞身超前支护所需的材料，按图纸所示或监理人指示并经验收的各种规格的超前锚杆或小钢管、管棚、注浆小导管、锚杆以 m 计量；各种型钢以 kg 计量；连接钢板、螺栓、螺帽、拉杆、垫圈等作为钢支护的附属构件，不另行计量。木材以 m³ 计量。

（5）隧道开挖的钻孔爆破、弃渣的装渣作业均为土石方开挖工程的附属工作，不另行计量。

（6）隧道开挖过程，洞内采取的施工防排水措施，其工作量应含在开挖土石方工程的报价之中。

2. 支付

略。

3. 支付子目（见表 8-2-4）

表 8-2-4　　　　　　　支 付 子 目

子 目 号	子 目 名 称	单 位
503-1	洞身开挖	
-a	土方	m³
-b	石方	m³
-c	弃方超运	m³·km
503-2	超前支护	
-a	锚杆（规格）	m
-b	小钢管（规格）	m
-c	管棚（规格）	m
-d	注浆小导管（规格）	kg
-e	型钢（规格型号）	kg
⋮	……	
503-3	初期支护	kg
-a	C…喷射钢纤维混凝土	m³
-b	C…喷射混凝土	m³
-c	注浆锚杆（规格）	m
-d	锚杆（规格）	m
-e	钢筋网	kg
503-4	木材	m³

8.2.4 洞身衬砌

工作内容包括隧道洞身衬砌、模板与支架、防水层和洞内附属工程等以及有关工程的施工作业。

8.2.4.1 工程量清单计量规则

洞身衬砌工程量清单计量规则见表8-2-5。

表 8-2-5　　　　　　　　　洞身衬砌工程量清单计量规则

项目	节	细目	项目名称	项目特征	计量单位	工程量计算规则	工程内容
五			隧道				第500章
	4		洞身衬砌				第504节、第507节
		1	洞身衬砌				
		a	砖墙	1. 材料规格。 2. 断面尺寸。 3. 强度等级	m³	按设计图示验收，以体积计算	1. 制备砖块。 2. 砌砖墙、勾缝养生。 3. 沉降缝、伸缩缝处理
		b	浆砌粗料石（块石）				1. 挖基、基底处理。 2. 砌筑、勾缝。 3. 沉降缝、伸缩缝处理
		c	现浇混凝土				1. 浇筑混凝土。 2. 养生。 3. 沉降缝、伸缩缝处理
		d	光圆钢筋	1. 材料规格。 2. 抗拉强度	kg	按设计图所示，各规格钢筋按有效长度（不计入规定的搭接长度）以重量计算	1. 制作、安装。 2. 搭接
		e	带肋钢筋				
		2	仰拱、铺底混凝土				
		a	仰拱混凝土	强度等级	m³	按设计图所示，以体积计算	1. 排除积水。 2. 浇筑混凝土、养生。 3. 沉降缝、伸缩缝处理
		b	铺底混凝土				
		c	仰拱填充料	材料规格			1. 清除杂物、排除积水。 2. 填充、养生。 3. 沉降缝、伸缩缝处理
		3	管沟				
		a	现浇混凝土	1. 断面尺寸。 2. 强度等级	m³	按设计图所示，以体积计算	1. 挖基。 2. 现浇混凝土。 3. 养生
		b	预制混凝土				1. 挖基、铺垫层。 2. 预制安装混凝土预制块
		c	（钢筋）混凝土盖板				预制安装（钢筋）混凝土盖板
		d	级配碎石	1. 材料规格。 2. 级配要求			1. 运输。 2. 铺设
		e	干砌片石	材料规格			干砌

续表

项	目	节	细目	项目名称	项目特征	计量单位	工程量计算规则	工程内容
			f	铸铁管	材料规格	m	按设计图所示以长度计算	安装
			g	镀锌钢管				
			h	铸铁盖板		套	按设计图所示以套计算	
			i	无缝钢管				
			j	钢管		kg	按设计图所示，以重量计算	
			k	角钢				
			l	光圆钢筋	1. 材料规格。2. 抗拉强度	kg	按设计图所示，各规格钢筋按有效长度（不计入规定的搭接长度及吊勾）以重量计算	1. 制作、安装。2. 搭接
			m	带肋钢筋				
		4		洞门				
			a	消防室洞门	1. 材料规格。2. 结构型式	个	按设计图所示以个计算	安装
			b	通道防火匝门				
			c	风机启动柜洞门				
			d	卷帘门				
			e	检修门				
			f	双制铁门				
			g	格栅门				
			h	铝合金骨架墙	材料规格	m²	按设计图所示，以面积计算	加工、安装
			i	无机材料吸音板				
		5		洞内路面				
			a	水泥稳定碎石	1. 材料规格。2. 掺配量。3. 厚度。4. 强度等级	m²	按设计图所示以顶面面积计算	1. 清理下承层、洒水。2. 拌和、运输。3. 摊铺、整形。4. 碾压。5. 养护
			b	贫混凝土基层	1. 材料规格。2. 厚度。3. 强度等级			
			c	沥青封层	1. 材料规格。2. 厚度。3. 沥青用量		按设计图所示，以面积计算	1. 清理下承层。2. 拌和、运输。3. 摊铺、压实

续表

项	目	节	细目	项目名称	项目特征	计量单位	工程量计算规则	工程内容
			d	混凝土面层	1. 材料规格。 2. 厚度。 3. 配合比。 4. 外掺剂。 5. 强度等级	m²	按设计图所示，以面积计算	1. 清理下承层、湿润。 2. 拌和、运输。 3. 摊铺、抹平。 4. 压（刻）纹。 5. 胀缝制作安装。 6. 切缝、灌缝。 7. 养生
			e	光圆钢筋	1. 材料规格。 2. 抗拉强度	kg	按设计图所示，各规格钢筋按有效长度（不计入规定的搭接长度及吊勾）以重量计算	1. 制作、安装。 2. 搭接
			f	带肋钢筋				
		6		消防设施				
			a	阀门井	1. 材料规格。 2. 断面尺寸	个	按设计图所示，以个计算	1. 阀门井施工养生。 2. 阀门安装
			b	集水池	1. 材料规格。 2. 强度等级。 3. 结构型式	座	按设计图示，以座计算	1. 集水池施工养生。 2. 防渗处理。 3. 水路安装
			c	蓄水池				1. 蓄水池施工养生。 2. 防渗处理。 3. 水路安装
			d	取水泵房	1. 材料规格。 2. 强度等级。 3. 结构型式	座	按设计图示，以座计算	1. 取水泵房施工。 2. 水泵及管路安装。 3. 配电施工
			e	滚水坝				1. 基础处理。 2. 滚水坝施工。 3. 养生

8.2.4.2 计量与支付

1. 计量

（1）洞身衬砌的拱部（含边墙），按实际完成并经验收的工程量，分不同级别水泥混凝土和坞工，以 m³ 计量。洞内衬砌用钢筋，按图纸所示以 kg 计量。

（2）任何情况下，衬砌厚度超出图纸规定轮廓线的部分，均不予计量。

（3）允许个别欠挖的侵入衬砌厚度的岩石体积，计算衬砌。

（4）仰拱、铺底混凝土，应按图纸施工，以 m³ 计量。

（5）预制或就地浇筑混凝土边沟及电缆沟，按实际完成并经验收后的工程量，以 m³

计量。

（6）洞内混凝土路面工程经验收合格以 m^2 计量。

（7）各类洞门按图纸要求，经验收合格以个计量。其中材料采备、加工制作、安装等均不另行计量。

（8）施工缝及沉降缝按图纸规定施工，其工作量含在相关工程子目之中，不另行计量。

2. 支付

略。

3. 支付子目（见表 8 - 2 - 6）

表 8 - 2 - 6　　　　　　　　支　付　子　目

子　目　号	子　目　名　称	单　　位
504 - 1	洞身衬砌	
- a	C…混凝土	m^3
- b	C…防水混凝土	m^3
- c	M…浆砌粗料石（块石）	m^3
- d	光圆钢筋（HPB235）	kg
- e	带肋钢筋（HRB335）	kg
504 - 2	C…仰拱、铺底混凝土	m^3
504 - 3	C…边沟、电缆沟混凝土	m^3
504 - 4	洞室门（规格）	个
504 - 5	洞内路面	
- a	C…混凝土（厚…mm）	m^2
- b	光圆钢筋（HPB235）	kg
- c	带肋钢筋（HRB335）	kg

8.2.5　防水与排水

工作内容包括隧道施工中的洞内外临时防水与排水和洞内永久防水、排水工程以及防水层施工等的有关作业。

8.2.5.1　工程量清单计量规则

防水与排水工程量清单计量规则见表 8 - 2 - 7。

表 8 - 2 - 7　　　　　　　防水与排水工程量清单计量规则

项	目	节	细目	项目名称	项目特征	计量单位	工程量计算规则	工程内容
五				隧道				第 500 章
	5			防水与排水				第 505 节、第 507 节
		1		防水与排水				

续表

项	目	节	细目	项目名称	项目特征	计量单位	工程量计算规则	工程内容
			a	复合防水板	材料规格	m²	按设计图所示，以面积计算	1. 基底处理。 2. 铺设防水板。 3. 接头处理。 4. 防水试验
			b	复合土工防水层				1. 基底处理。 2. 铺设防水层。 3. 搭接、固定
			c	止水带		m	按设计图所示，以长度计算	1. 安装止水带。 2. 接头处理
			d	止水条				1. 安装止水条。 2. 接头处理
			e	压注水泥—水玻璃浆液（暂定工程量）	1. 材料规格。 2. 强度等级。 3. 浆液配比	m³	按实际完成数量，以体积计算	1. 制备浆液。 2. 压浆堵水
			f	压注水泥浆液（暂定工程量）				
			g	压浆钻孔（暂定工程量）	孔径孔深	m	按实际完成，以长度计算	钻孔
			h	排水管	材料规格	m	按实际完成，以长度计算	安装
			i	镀锌铁皮		m²	按设计图所示，以面积计算	1. 基底处理。 2. 铺设镀锌铁皮。 3. 接头处理

8.2.5.2　计量与支付

1. 计量

（1）洞内排水用的排水管按不同类型、规格以 m 计量。

（2）压浆堵水按所用原材料（如水泥浆液、水泥水玻璃浆液）以 t 计量。压浆钻孔以 m 计。

（3）防水层按所用材料（防水板、无纺布等）以 m² 计量；止水带、止水条以 m 计量。

（4）为完成上述项目工程加工安装所有工料、机具等均不另行计量。

（5）隧道洞身开挖时，洞内外的临时防排水工程应作为洞身开挖的附属工作，不另行支付。为此，第 503 节支付子目的土方及石方工程报价时，应考虑本节支付子目外的其他施工时采取的防排水措施的工作量。

2. 支付

略。

3. 支付子目（见表 8-2-8）

表 8-2-8　　　　　　　　　　　支　付　子　目

子 目 号	子 目 名 称	单 位
505-1	防水与排水	
-a	防水板	m²
-b	无纺布	m²
-c	止水带	m
-d	止水条	m
-e	压注水泥—水玻璃浆液	t
-f	压注水泥浆液	t
-g	压浆钻孔	m
-h	排水管（$\phi\cdots$mm）	m

8.2.6　洞内防火涂料和装饰工程

工作内容包括隧道的洞内防火涂料及装饰工程（镶贴瓷砖）施工，以及喷涂混凝土专用漆等有关工程的施工作业。

8.2.6.1　工程量清单计量规则

洞内防火涂料和装饰工程量清单计量规则见表 8-2-9。

表 8-2-9　　　　　　洞内防火涂料和装饰工程量清单计量规则

项目	节	细目	项目名称	项目特征	计量单位	工程量计算规则	工程内容
五			隧道				第 500 章
	6		洞内防水涂料和装饰工程				第 506 节、第 507 节
		1	洞内防火涂料				
		a	喷涂防火涂料	1. 材料规格。 2. 遍数	m²	按设计图所示，以面积计算	1. 基层表面处理。 2. 拌料。 3. 喷涂防火涂料。 4. 养生
		2	洞内装饰工程				
		a	镶贴瓷砖	1. 材料规格。 2. 强度等级	m²	按设计图所示，以面积计算	1. 混凝土墙表面的处理。 2. 砂浆找平。 3. 镶贴瓷砖
		b	喷涂混凝土专用漆	材料规格			1. 基层表面处理。 2. 喷涂混凝土专用漆

8.2.6.2　计量与支付

1. 计量

本节完成的各项工程，应根据图纸要求，按实际完成并经监理人验收的数量，分别按以下的工程子目进行计量：

（1）喷涂防火涂料：喷涂的面积，以 m² 为单位计量。其工作内容包括材料的采备、供应、运输，支架、脚手架的制作安装和拆除，基层表面处理，防火涂料喷涂后的养生，施工的照明、通风等一切与此有关的作业。

（2）镶贴瓷砖：镶贴瓷砖的面积，以 m² 为单位计量。其工作内容包括材料的采备、供应、运输，混凝土边墙表面的处理，砂浆找平，施工的照明、通风等一切与此有关的作业。找平用的砂浆不另行计量。

（3）喷涂混凝土专用漆：喷涂混凝土专用漆的面积，以 m² 为单位计量。其工作内容包括材料的采备、供应、运输，基层处理，施工的照明、通风等一切与此有关的作业。

2．支付

略。

3．支付子目（见表 8-2-10）

表 8-2-10 支付子目

子目号	子目名称	单位
506-1	洞内防火涂料	
-a	喷涂防火涂料	m²
506-2	洞内装饰工程	
-a	镶贴瓷砖	m²
-b	喷涂混凝土专用漆	m²

8.2.7 风水电作业及通风防尘

工作内容包括隧道施工中的供风、供水、供电、照明以及施工中的通风、防尘等作业。

风水电作业及通风防尘为隧道施工的不可缺少的附属工作，其工作量均含在本章各节有关支付子目的报价中，不予另行计量。

8.2.8 监控量测

8.2.8.1 工程量清单计量规则

监控工程量清单计量规则见表 8-2-11。

表 8-2-11 监控工程量清单计量规则

项	目	节	细目	项目名称	项目特征	计量单位	工程量计算规则	工程内容
五				隧道				第500章
	8			监控量测				第507节、第508节
		1		监控量测				
			a	必测项目（项目名称）	1. 围岩类别。2. 检测手段、要求	总额	按规定以总额计算	1. 加工、采备、标定、埋设测量元件。2. 检测仪器采备、标定、安装、保护。3. 实施观测。4. 数据处理反馈应用
			b	选测项目（项目名称）				

8.2.8.2　计量与支付

监控量测是隧道安全施工必须采取的措施，监控量测除必测项目外，应根据具体情况确定选测项目，分别以总额报价及支付。

支付子目见表 8 - 2 - 12。

表 8 - 2 - 12　　　　　　　　　　　支 付 子 目

子 目 号	子 目 名 称	单 位
508 - 1	监控量测	
- a	±g，N 项目（项目名称）	总额
- b	选测项目（项目名称）	总额

8.2.9　特殊地质地段的施工与地质预报

工作内容为隧道施工中常遇到的几种特殊地质地段，在这些地段中施工的有关作业以及地质预报有关事项。

8.2.9.1　工程量清单计量规则

监控工程量清单计量规则见表 8 - 2 - 13。

表 8 - 2 - 13　　　　　　　　　　监控工程量清单计量规则

项	目	节	细目	项目名称	项目特征	计量单位	工程量计算规则	工程内容
五				隧道				第 500 章
		9		特殊地质地段的施工与地质预报				第 507 节、第 509 节
			1	地质预报	1. 地质类别。 2. 探测手段、方法	总额	按规定以总额计算	1. 加工、采备、标定、安装探测设备。 2. 检测仪器采备、标定、安装、保护。 3. 实施观测。 4. 数据处理反馈应用

8.2.9.2　计量与支付

隧道施工中遇到特殊地质地段时承包人应采取的有关施工措施，不另行计量与支付。地质预报其采用的方法手段应根据具体情况选用，以总额报价及支付。

支付子目见表 8 - 2 - 14。

表 8 - 2 - 14　　　　　　　　　　　支 付 子 目

子 目 号	子 目 名 称	单 位
509 - 1	地质预报（探测手段）	总额

习　　题

1. 某隧道工程全长 1360m，主要工程量为：设计开挖断面积为 150m²，开挖土石方数量为 210780m³，其中二类围岩 10%，三类围岩 70%，四类围岩 20%，洞外出碴运距 1200m。试列出隧道洞身开挖及回填施工图预算所涉及的相关定额的名称、单位、定额代号、数量等内容。

2. 某土质隧道内路面基层采用 15cm 的二灰碎石，数量为 10000m²，试确定其工、料、机消耗量及基价。

3. 某分离式山区高速公路隧道，全长 1462m，主要工程量为：

（1）洞门部分：开挖土石方 6000m³，其中Ⅴ类围岩 30%、Ⅳ类围岩 70%；浆砌片石墙体 1028m³，浆砌片石截水沟 69.8m³。

（2）洞身部分：设计开挖断面为 162m³，开挖土石方 247180m³，其中Ⅴ类围岩 10%、Ⅳ类围岩 70%、Ⅱ类围岩 20%；钢支撑 445t；喷射混凝土 10050m³，钢筋网 138t，Φ25 锚杆 12600m，Φ22 铺杆 113600m，拱墙混凝土 25259m³，光圆钢筋 16t，带肋钢筋 145t。

（3）洞内路面：21930m³，水泥混凝土面层厚 26cm。

（4）洞外出渣运距为 1300m。

（5）隧道防排水、洞内管沟、装饰、照明、通风、消防等不考虑。

请列出该隧道工程施工图预算所涉及的相关定额的名称、单位、定额代号、数量、定额调整等内容，需要时应列式计算或文字说明。

第9章　同望 WECOST 公路工程造价管理系统应用

9.1　同望 WECOST 造价管理系统简介

9.1.1　同望 WECOST 造价管理系统的运行

9.1.1.1　运行系统

（1）在【开始】菜单中选择【程序】→【WECOST 公路工程造价管理系统】→【WECOST 公路工程造价管理系统】，即可启动系统。

（2）双击桌面上的【WECOST 公路工程造价管理系统】快捷图标即可。

9.1.1.2　登录

正确安装本系统之后，便可运行程序。本系统分为两种登录类型：

（1）登录到网络：在无锁状态下启动系统会提示"未检测到软件锁，系统将转为网络试用版！"登录到网络进行版本试用。网络版用户可通过锁或其他权限，登录到网络。

登录到本地：网络版用户可选择登录到本地，在网络发生问题时也可进入软件，见图 9-1-1。

（2）单机版用户登录：单机版用户只能登录到本地，并进行本地用户管理。第一次登录时用系统管理员的身份登录，用户名：admin，初始密码：12345678，见图 9-1-1。

图 9-1-1　登录系统

填写完管理员账号和密码后，点击"管理用户"，在弹出的窗口点击新增按钮圙创建用户，如图 9-1-2 所示。

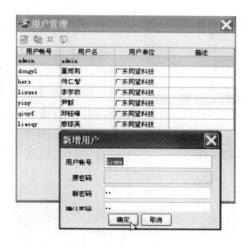

图 9-1-2　新增用户

增加完用户后，可修改【用户名】和【用户单位】，点击图标圙可以修改用户密码，点击圙图标删除用户名。或者登录后在【工具】菜单的"管理用户"也可以进行上述操作。

9.2　同望 WECOST 造价文件编制

9.2.1　造价文件的编制

1. 新建建设项目

(1) 在项目管理窗口空白处右击，弹出右键菜单，选择【新建】→【建设项目】。如图 9-2-1 所示；或在项目管理界面，选择【文件】菜单→【新建建设项目】，如图 9-2-2 所示。

图 9-2-1　新建建设项目（1）

图 9-2-2　新建建设项目（2）

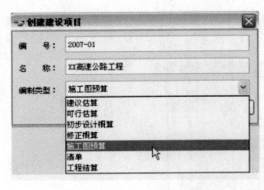

图 9-2-3　创建建设项目

在弹出的创建建设项目对话框中，输入【编号】、【名称】，选择【编制类型】，然后点击【确认】，即完成创建建设项目，如图 9-2-3 所示。

（2）建设项目建立好以后，选中新建的建设项目，双击项目编号、项目名称处可以修改该建设项目的【编号】和【工程名称】，或者直接在右栏的【基本信息】中修改相关信息。

2. 新建子项目

选中新建的建设项目右击，选择【新建】→【子项目】。

3. 新建预算书

新建造价文件：

（1）选中子项目右击，选择【新建】→【造价文件】，如图 9-2-4 所示。

（2）选择【文件】菜单→【新建造价文件】，如图 9-2-5 所示。

（3）点击快捷键回新建造价文件。

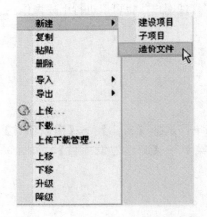

图 9-2-4　新建造价文件（1）

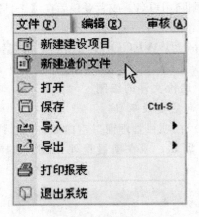

图 9-2-5　新建造价文件（2）

4. 创建好造价文件后，根据工程实际情况，填写项目基本信息，如图 9-2-6 所示

5. 建立项目结构

（1）选择标准项。在"预算书"界面的空白处，右击【选择】→【标准项】，系统弹出选择标准项对话框，选择节点后，双击或右击选择【添加选中】即可，如图 9-2-7 所示。

（2）增加前项、后项、子分项。在"预算书"界面选择要增加的位置，右击选择【增加】→【项】或直接单击工具栏中的快捷图标，在选中项的前面增加一个非标准项。

选择【增加】→【后项】或直接单击工具栏中的快捷图标，在选中项的后面增加一个非标准项。

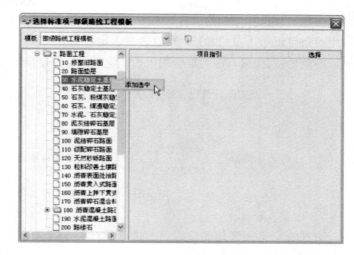

图 9-2-6 填写项目基本信息　　　　　　　　图 9-2-7 选择标准项

选择【增加】→【子分项】或直接单击工具栏中的快捷图标 ，在选中项的下级节点增加一个非标准项。

6. 套定额

方法一：选择增加的位置，右击【选择】→【定额】，弹出选择定额对话框，从定额的下拉框中选择需要的定额库（系统默认的定额库是创建预算文件时的定额库），然后再找到所需套用的定额子目，双击左键选入或者右击选择【添加选中行】，如图 9-2-8 所示。

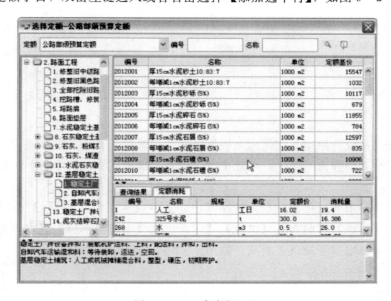

图 9-2-8 套定额（1）

定额查询：可使用编号或名称来查询所需的定额。查询为模糊查询。查询后的数据显示在右栏定额下方的查询结果栏中，可双击选入或右击选择【添加选中行】将选中记录选入。

方法二：选择增加的位置，右击【增加】→【定额】或直接点击工具栏中的快捷图标，新增一条空记录，在"编号"栏直接输入定额编号，回车即可套入；也可点击该空记录"编号"右侧的 ⋯ 按钮，进入定额库中选套定额，选择定额同方法一，如图 9-2-9 所示。

取费程序	预算书	工料机汇总	报表			
编号		标识	名称	单位	工程量
⊟ ☐ 1		项	第一部分 建筑安装工程	公路公里	5.000
⊟ ☐ 1		项	路基工程	公路公里	5.000
⊟ ☐ 10		项	土方	m3	30000.000
● 1010005换		定额	1.0m3以内挖掘机挖装普通土	1000 m3	30.000
1010005	⋯	定额	1.0m3以内挖掘机挖装普通土	1000 m3	30.000
● 1011005换		定额	8t以内自卸汽车运输土方4km	1000 m3	30.000

图 9-2-9 套定额（2）

7. 选套工料机

方法一：选择增加的位置，右击【选择】→【工料机】，弹出选择工料机对话框，从工料机的下拉框中选择需要的工料机库，然后选择要增加的人工、材料、机械，双击或右击选择【添加选中行】，则将工料机添加到预算书中，如图 9-2-10 所示。

选择工料机-公路标准工料机库					×
工料机 公路标准工料机库	▼ 编号		名称		🔍
☐ 人材机	编号	名称	规格	单位	单价
☐ 人工	1	人工		工日	16.02
☐ 材料	3	机械工		工日	16.02
☐ 配比料	10	原木		m3	850
☐ 混合料	11	锯材		m3	1,200
☐ 机械	12	枕木		m3	1,040
	14	毛竹		根	12.28
	15	I、II级钢筋		t	1,750
	16	I级钢筋	添加选中行	t	2,700
	17	II级钢筋		t	2,850
	18	预应力粗钢筋		t	3,600
	19	高强钢丝、钢绞线		t	5,000
	20	钢绞线		t	7,000
	查询结果				
	编号	名称	规格	单位	单价

图 9-2-10 选套工料机（1）

工料机查询：可使用编号或名称来查询所需的工料机。查询为模糊查询。查询后的数据显示在右栏下方的查询结果中，可双击选入或右击选择【添加选中行】将选中记录添加到预算书中。

方法二：选择增加的位置，右击选择【增加】→【人工】/【材料】/【机械】，输入新增的工料机【编号】、【名称】、【单位】、【工程量】、【工料机单价】、【取费类别】等信息后回车，系统自动增加下一条工料机，如图 9-2-11 所示。

8. 填写工程量

（1）系统默认设置子项工程量继承父项工程量，所以在上级节点填写工程量时，下级节点自动继承。同时，当修改上级节点工程量时，下级节点工程量也自动修改。

如不需要自动继承工程量功能，可在【工具】菜单→【系统参数设置】处，把"是否自动填写工程量"的值设置为"否"。

（2）工程量乘系数。选择需要调整工程量的记录（项、子项、定额、工料机），右击右键菜单选择【批量】→【工程量乘系数】，输入工程量系数后确定即可。如选中的是上级节点，则其下所有子节点也会乘以相应系数。

可按住 Shift 和 Ctrl 键进行多选，如图 9－2－12 所示。

9. 定额调整

（1）标准换算。如果定额要进行标准换算，则在定额调整信息视窗中点击 **BZ** 按钮，系统会列出该定额涉及到的所有标准换算调整选项（如砂浆、混凝土标号，厚度和运距的综合调整等等），在需要的换算类型前面打勾即可，系统会自动调整消耗量和定额名称，如图 9－2－13 所示。

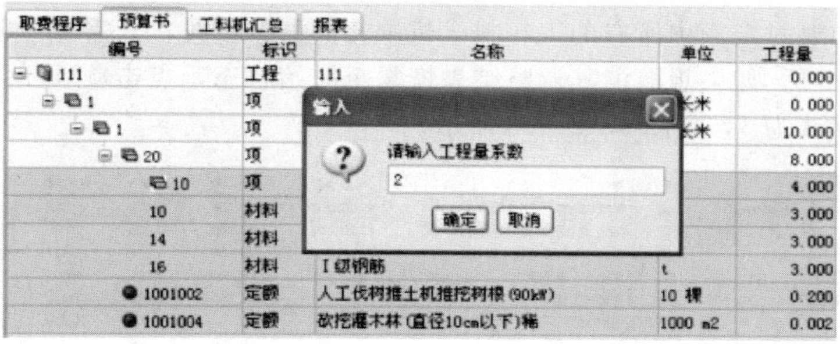

图 9－2－11　选套工料机（2）

图 9－2－12　输入工程量系数

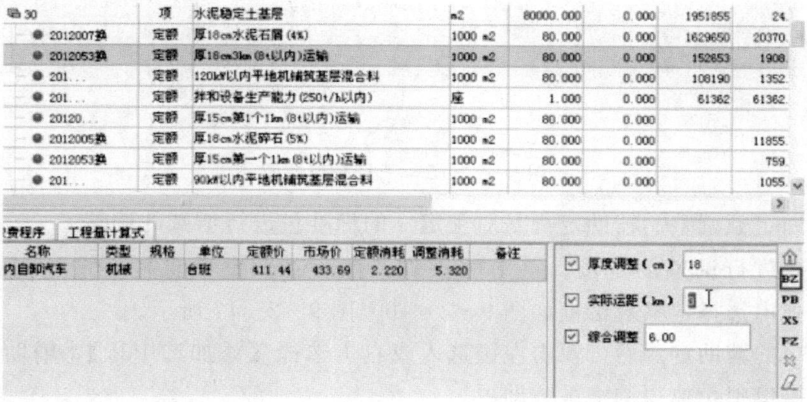

图 9－2－13　定额调整标准换算

（2）混合料配比调整。系统提供混合料配比调整功能。选择需进行混合料配比调整的定额，点击 **PB** 按钮，直接在"调整为"一栏中输入要调整为的目标配合比例即可。输入第一个单材的配合比例后，系统会自动生成第二个单材的配合比例（配比之和为 100％），同时自动修改定额名称，如图 9-2-14 所示。

⊟ ⬛ 30		项	水泥稳定土基层	m2	80000.000	0.000	1951855	24.
● 2012007换		定额	厚18cm水泥石屑(4%)	1000 m2	80.000	0.000	1629650	20370.
● 2012053换		定额	厚18cm3m (8t以内)运输	1000 m2	80.000	0.000	152653	1908.
● 201…		定额	120kW以内平地机铺筑基层混合料	1000 m2	80.000	0.000	108190	1352.
● 201…		定额	拌和设备生产能力(250t/h以内)	座	1.000	0.000	61362	61362.
● 20120…		定额	厚15cm第1个1km (8t以内)运输	1000 m2	80.000	0.000		11855.
● 2012005换		定额	厚18cm水泥碎石(5%)	1000 m2	80.000	0.000		11855.
● 2012053换		定额	厚15cm第一个1km(8t以内)运输	1000 m2	80.000	0.000		759.
● 201…		定额	90kW以内平地机铺筑基层混合料	1000 m2	80.000	0.000		1055.

名称	类型	规格	单位	定额价	市场价	定额消耗	调整消耗	备注		代号	名称	配合比	调整为
人工	人工		工日	16.02	23.00	19.700	23.600			242	325号水泥	5.00	5.00
325号水泥	材料	(补)	t	300.00	350.00	17.528	17.528 [242]325…			326	石屑	95.00	95.50
水	材料	(补)	m3	0.50	2.00	31.000	31.000 [268]水…						
石屑	材料		m3	31.50	31.50	212.670	256.553						
2m3以内轮胎式装	机械		台班	498.08	505.93	0.790	0.940						
200t/h以内稳定	机械		台班	830.99	862.39	0.370	0.430						
稳定土混合料(	材料		m3	0.00	153.000	153.000							

图 9-2-14　混合料配比调整

（3）子目系数调整。选择需要对人工、材料、机械乘系数的定额，在调整信息窗口中点击 **XS** 按钮，在对应输入框中输入调整系数后回车，系统自动计算调整后的消耗量并显示调整信息。如要对定额中所有的工、料、机乘相同的系数时，只需在"单价系数"框里填系数后回车即可。如果想取消其调整结果恢复至原始状态，点击 ⊠ 即可。不调整时"子目系数"全部默认为 1，如图 9-2-15 所示。

⊟ ⬛ 10		项	土方	m3	30000.000	0.000	605286	20.
● 1010005换		定额	1.0m3以内挖掘机挖装普通土	1000 m3	30.000	0.000	76395	2546.
● 101…		定额	1.0m3以内挖掘机挖装普通土	1000 m3	30.000	0.000	76395	2546.
● 10110…		定额	8t以内自卸汽车运输土方4km	1000 m3	30.000	0.000	452497	15083.
⊟ ⬛ 15		项	外购土方(资源费)	m3	30000.000	0.000	90000	3.
⊟ ⬛ 50		项	纵向排水工程	m3	5000.000	0.000	3191442	638.
● 400…		定额	基坑深3m以内开挖土方	10 m3	2000.000	0.000	488635	244.
● 补100…		定额	d=1000mm轻道管基础	100 m	50.000	0.000	475629	9512.

名称	类型	规格	单位	定额价	市场价	定额消耗	调整消耗	备注			
人工	人工	(补)	工日	16.02	28.00	5.000	5.000 [1]人工…		单价系数	1	
75kW以内履带式	机械		台班	399.27	414.97	1.010	1.212		人工系数	1	
1m3以内单斗挖掘机	机械		台班	589.07	604.77	2.530	3.036		材料系数	1	
4t以内自卸汽车	机械		台班	295.77	312.62	0.000	0.000		机械系数		

图 9-2-15　子目系数调整

（4）辅助定额调整。辅助定额是对主定额的标准量进行增减的调整。

选择需要进行调整的定额，点击 **FZ** 按钮，然后在调整信息栏空白处点击右键选择【增加】，则弹出选择定额对话框如图 9-2-16、图 9-2-17 所示。

找到对应的辅助定额后，双击左键选入或右击选择【添加选中行】，辅助定额被添加到调整信息窗口中，填写调整系数即可。

10. 调整工料机

在"人材机"界面中，右击可看到菜单中对所有工料机进行的操作，如图 9-2-18 所示。

（1）增加、选择：人工、材料、机械。增加：右击选择【增加】→【人工】/【材料】/【机械】，可直接输入【编号】、【名称】、【市场价】、【消耗量】；或者点击新增记录行"编号"栏中的□□按钮，在弹出的工料机库中选择所需人工、材料、机械。

选择：右击选择【选择】，在弹出的工料机库中选择所需工料机（可参照选套定额的方法），如图 9-2-19 所示。

（2）删除：选中某条记录，右击选择【删除】即可。

（3）替换：选中某条记录，右击选择【替

图 9-2-16 辅助定额调整（1）

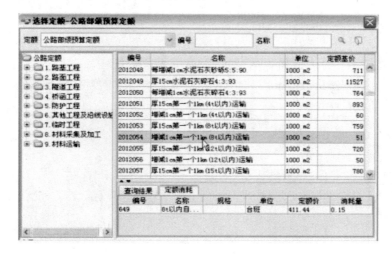

图 9-2-17 辅助额定调整（2）

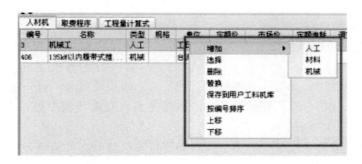

图 9-2-18 调整工料机

换】，从弹出的工料机库中选择工料机，双击或右击选择【添加选中行】即可替换当前工料机。

（4）保存到我的工料机库。选中某条记录，右击选择【保存到我的工料机库】，弹出用户工料机库对话框，选择某章节，双击或右击选择【保存工料机到该章节】即可，如图 9-2-20、图 9-2-21 所示。

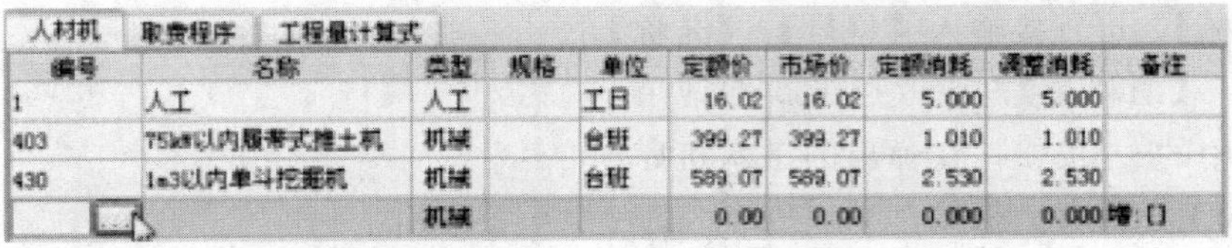

人材机
取费程序
工程量计算式
编号 名称 类型 规格 单位 定额价 市场价 定额消耗 调整消耗 备注
1 人工 人工 工日 16.02 16.02 5.000 5.000
403 75kW以内履带式推土机 机械 台班 399.27 399.27 1.010 1.010
430 1m3以内单斗挖掘机 机械 台班 589.07 589.07 2.530 2.530
机械 0.00 0.00 0.000 0.000 增:[]

图 9－2－19　增加选择工料机

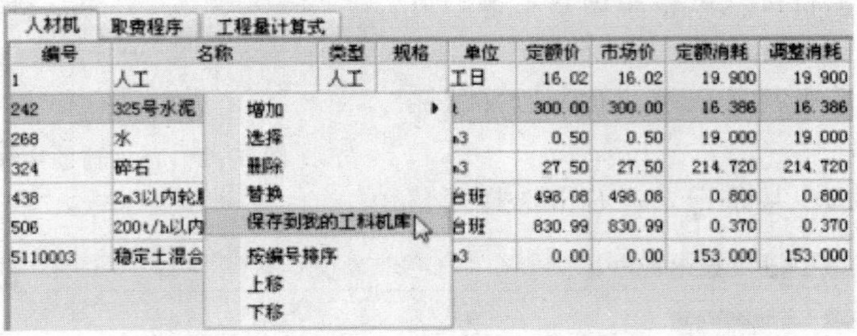

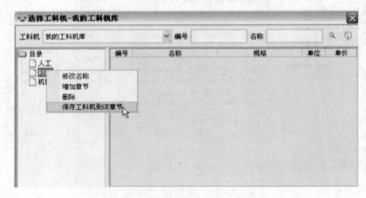

人材机
取费程序
工程量计算式
编号 名称 类型 规格 单位 定额价 市场价 定额消耗 调整消耗
1 人工 人工 工日 16.02 16.02 19.900 19.900
242 325号水泥 300.00 300.00 16.386 16.386
268 水 0.50 0.50 19.000 19.000
324 碎石 27.50 27.50 214.720 214.720
436 498.08 498.08 0.800 0.800
506 台班 830.99 830.99 0.370 0.370
5110003 稳定土混合 0.00 0.00 153.000 153.000
增加
选择
删除
替换
保存到我的工料机库
按编号排序
上移
下移

图 9－2－20　保存到工料机库（1）

选择工料机-我的工料机库
工料机
我的工料机库
编号
名称
目录
人工
编号 名称 规格 单位 单价
修改名称
增加章节
删除
保存工料机到该章节

图 9－2－21　保存到工料机库（2）

11. 分项取费程序

选择任意节点，并且选择取费类别后，可看到该节点的取费程序，如图 9－2－22 所示。

（1）不计某项费用。当某一分部分项下的所有定额或子项等，有一项费用不需要计算时，只需要选中该分部分项，任意选择一个取费类别，在取费程序处，直接勾选【不计】即可，如图 9－2－23 所示。

（2）设置独立取费。当某一分部分项，需要特殊取费时，可给该分部分项设置独立取费，以满足特殊取费需求。

在该取费程序处右键，选择【设为独立取费程序】，系统会将【设为独立取费程序】设置到该项下所有取费类别相同的子节点，向下应用时系统检查取费类别是否相同，如果相同，则设为独立取费，否则，不影响。

设置了独立取费后，可以对计价规则、项目属性、费率值进行修改。

（3）修改分项计价规则。右键菜单中提供各种修改功能，可对子目计价规则进行各种修改。

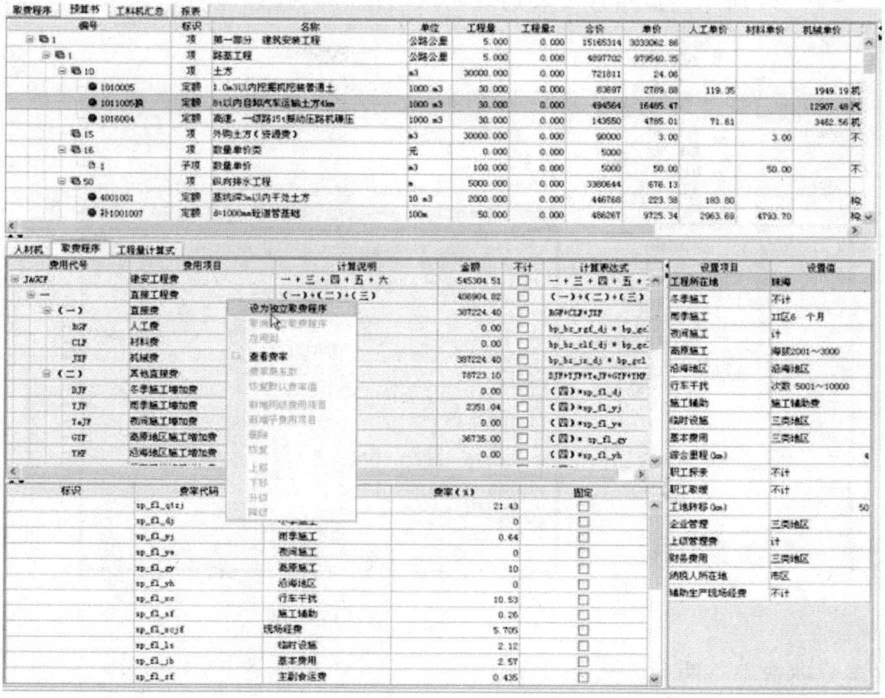

图 9-2-22　分项取费程序

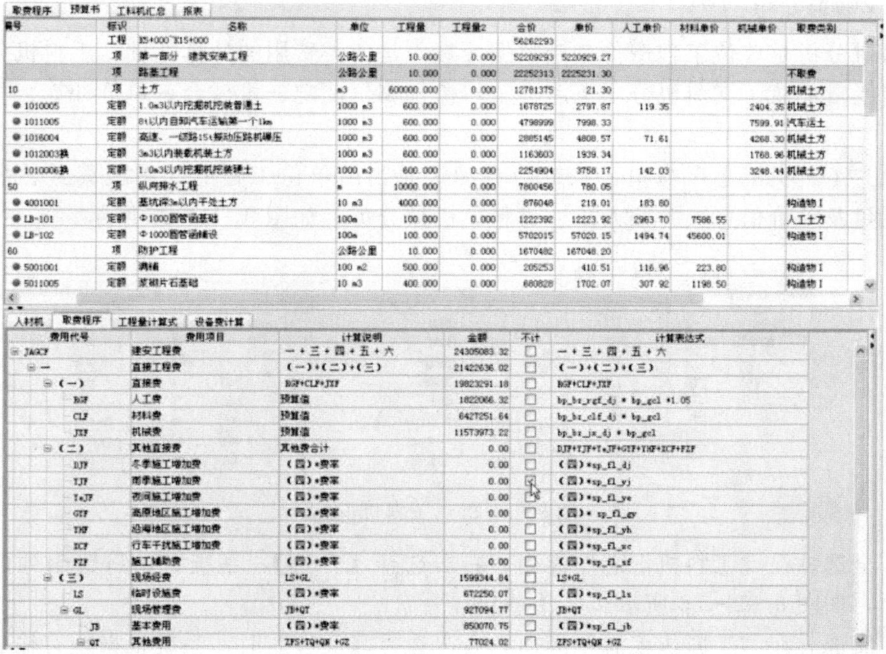

图 9-2-23　不计某项费用

如图 9-2-24 所示，点击计算表达式右边的图标，在弹出对话框中可以修改该费用项的计算工程。

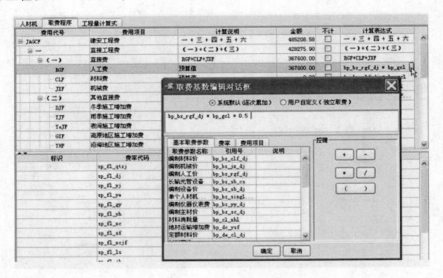

图 9-2-24　修改分项计价规则

修改该分项费率有两种方式：

1）修改分项项目属性：通过修改项目属性来修改费率值

2）修改分项费率值：直接修改费率值，系统会在被修改费率处标识"改"字。

12. 工料机汇总

工料机分析是单位工程造价基础数据分析，是各类费用的计算基础。工料机分析包括工料机消耗量汇总、工料机分项汇总、工料机预算价确定、机械台班单价计算、材料单价计算等。

进入"工料机汇总"窗口，系统会自动汇总当前单位工程的工料机编号、名称、单位、消耗量及单价信息，并按人工、材料、机械分类，如图 9-2-25 所示。

图 9-2-25　工料机汇总

（1）全选。在"工料机汇总"界面，右击选择【全选】，系统自动将输出列的全部复选框选中，如图 9-2-26 所示。

（2）反选。在"工料机汇总"界面，右击选择【反选】时，系统根据现有输出列复选框记录进行判断，选择与已选记录相反的记录。

（3）单价乘系数。选择要调整的工料机记录，右击选择【单价乘系数】，系统弹出输

图 9-2-26 工料机汇总 (1)

入价格系数对话框,输入系数后【确定】即可,所选记录的预算价随之改变,如图 9-2-27 所示。

(4) 工料机反查。选择一条工料机记录,右击选择【工料机反查】,系统会显示所有包含该工料机的分部分项和定额条目。

(5) 工料机替换。在"工料机汇总"界面进行工料机替换,可以实现对所有定额同一材料的统一替换。

图 9-2-27 工料机汇总 (2)

选择一条工料机记录,右击选择【工料机替换】,弹出替换工料机对话框,输入替换为的工料机代号及名称,或点击【选择】按钮,在弹出的工料机库中选择替换为的工料机,点击【确定】即可,如图 9-2-28、图 9-2-29 所示。

图 9-2-28 工料机替换 (1)

图 9-2-29 工料机替换 (2)

(6) 主要材料设置。选择主要工料机的筛选方式,可自由设定金额比重的下限。所筛选出来的工料机将作为主要工料机在单价分析表中体现,比例下限之内的工料机在"其他材料费"和"其他机械使用费"中体现。

(7) 导入、导出。

1) 导出工料机价格。

在"工料机汇总"界面的【输出】列中勾选要导出的记录,右击选择【导出】→【一般工料机价格】,指定导出文件的位置,输入文件名后,点击【保存】即可。导出的文件

类型为 .xls 格式。

导出成功时系统会提示：导出材料价格文件完毕！

2）导入工料机价格。

在 "工料机汇总" 界面，右击选择【导入】→【一般工料机价格】，选择后缀名为 ".xls" 或 "prices" 的工料机价格信息文件点击【打开】，导入成功后系统会提示：导入材料价格文件完毕！此时系统内相同的工料机价格被刷新。

工料机价格导入的 Excel 格式如图 9-2-30 所示。

编号	名称	规格	单位	预算价	是否原价	供应地点
10	原木		m3	850	1	香洲
10	原木		m3	880	1	斗门
11	锯材		m3	1200	1	珠海
16	Ⅰ级钢筋		t	2700		珠海
17	Ⅱ级钢筋		t	2850	1	珠海
25	高强钢丝		t	5000	1	珠海
31	型钢		t	2800	1	珠海
82	钢板		t	3200	1	珠海
42	电焊条		kg	5.41		珠海
57	组合钢模板		t	4000		珠海
110	弗氏锚具		kg	9		珠海
143	U型锚钉	（补）	只	0.231		珠海
150	铁件		kg	4.28		珠海
151	铁钉		kg	5.2		珠海
153	8～12号铁		kg	6.1		珠海
154	20～22号铁		kg	6.5		珠海

图 9-2-30　导入工料机价格

（8）输出。选中某记录输出列的复选框，右击选择【导出】→【一般工料机价格】时，被选中的记录将被导出为 Excel 文件。

（9）检查。【检查】打勾后表示此项材料在导入工料机价格文件时已做检查。

（10）计算。对于需要计算预算价格的材料，在 "计算" 列打勾（机械默认为计算），则该材料被选入材料计算窗口。

（11）运费计算。

1）社会运输。

选择计算材料，进入到 "采购点"，输入材料的起讫地点、原价、运距、t·km 运价、装卸费单价等参数，并选择运输方式即可计算出材料运费，如图 9-2-31 所示：

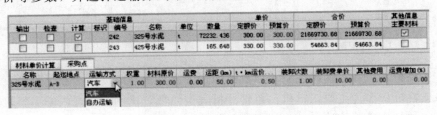

图 9-2-31　社会运输

2）自办运输。

选择运输方式为 "自办运输"，输入除 "t·km 运价" 和 "装卸费单价" 的其他参数，切换到【自办运输定额】窗口，在空白处点击选择【增加】进入选套运输定额，如图 9-2-32 所示。

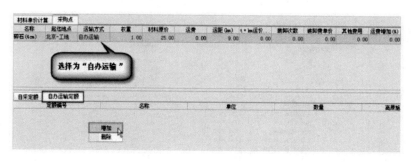

图 9-2-32 自办运输

3）自采材料计算。

选中要计算的材料，切换到【采购点】，在"起讫地点"处输入自采地点，在【自采定额】视窗的空白处右击选择【增加】，进入选套自采定额，如图 9-2-33 所示。

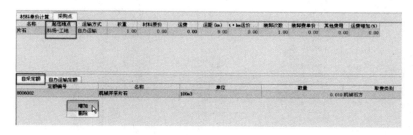

图 9-2-33 自采材料计算

4）批量设置起讫地点。

为了方便批量设置材料起讫地点，在材料单价计算视窗批量选中同一起讫地点的材料后，右击选择【批量设置起讫地点】。

弹出维护"起讫地点"对话框，点击新增按钮，新建一条运输起讫地点记录，直接输入起点、终点、运距和选择运输工具等，如图 9-2-34 所示。

序号	起点	终点	运输工具	t·km运费	运距	装卸费单价	装卸次数	其他费用	运费增加%
1	北京	工地	汽车	100	200.000	5	1		5	5
2	唐山	工地	汽车	40	80.000	5	0		5	5
3	珠海	工地	汽车	45	90.000	5	0		5	5

图 9-2-34 批量设置起讫地点

建立好运输起讫地点后，在"序号"处双击，系统会提示"已经选择序号×的起讫地点"，则所选材料的运输起讫地点被批量设置好，不需要重复录入。

13. 取费程序

（1）取费计算。切换到"取费程序"窗口，进行如下操作：

1）设置项目属性值，直接选择或输入各项属性值即可。

2）选择计费模板：可使用部颁模板，也可以自定义模板，如图 9-2-35 所示。

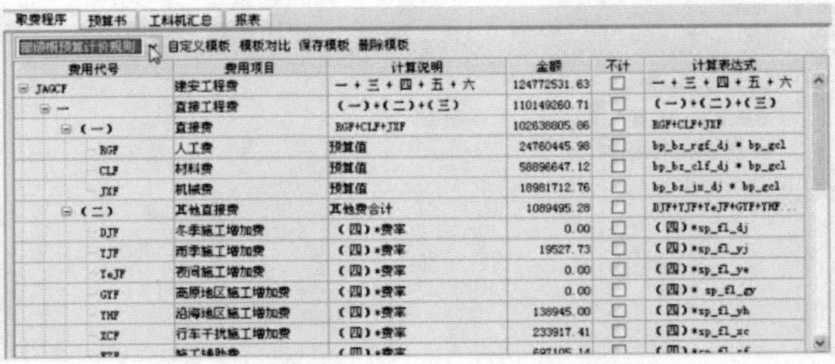

图 9-2-35　选择计费模板

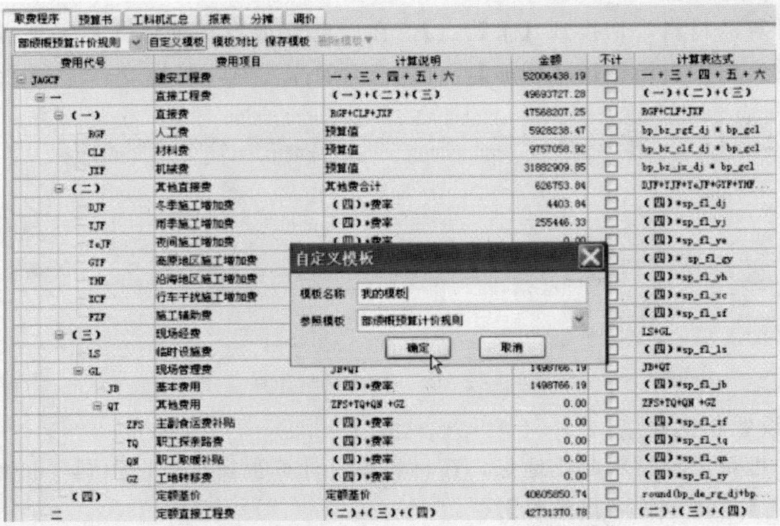

图 9-2-36　取费自定义

（2）取费自定义。

1）自定义模板：即自定义新的计费模板。可以定义计费方式、增加或删除计费项目等。

点击【自定义模板】，在弹出对话框中填写模板名称，在下拉列表中选择参照的系统模板，如图 9-2-36 所示。

2）定义费用及公式：

右键选择【新增费用项目】，在弹出对话框中可选择已定义的费用项。

也可右键选择【增加】，以此新增费用项。例如增加一项：风沙地区施工增加费，如图 9-2-37 所示。

图 9-2-37　新增费用项目

点击计算表达式的按钮，在弹出的对话框中，设置该费用项的计算公式为：定额建安费×费率，如图 9-2-38 所示。

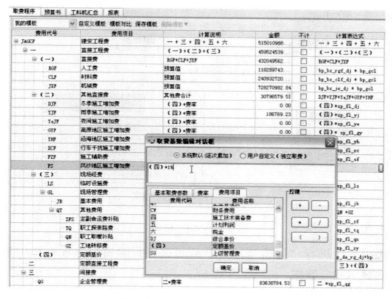

图 9 - 2 - 38　定义费用及公式

3）模板对比：可对比费用项的差异，公式的差异，以及费用的差异等。

点击按钮【模板对比】，在左边取费模板下拉框，和右边取费模板下拉框中，分别选择需要对比的取费模板名称。

①保存模板：对自定义的模板进行保存。

②删除模板：可以删除自定义的计费模板。点击【删除模板】，出现下拉列表，选择需要删除的计费模板删除即可，如图 9 - 2 - 39 所示。

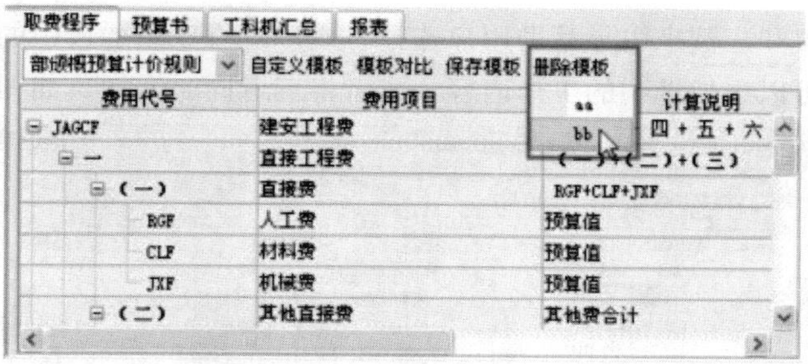

图 9 - 2 - 39　删除模板

14. 分析计算

分析计算是建设项目各项费用的综合分析，是各类报表的数据源。在分析计算以前，应完成选套定额、确定工程量、工料机分析计算、选择取费模板以及设置项目属性，最后进行分析计算。

选择取费模板后，点击菜单【计算】→【分析计算】，或者点击工具栏的■图标，系统进行分析计算。

15. 报表

报表包括"预算书报表"和"项目报表"，其中，报表又分为"编制报表"和"审核报表"，如图 9-2-40 所示。

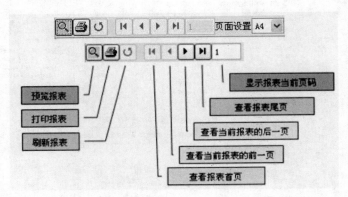

图 9-2-40　报表

（1）预算书报表。进行"分析与计算"后切换到报表窗口，在左栏中选取不同的报表，系统会自动显示相应数据。

（2）打印。

（3）保存为其他格式。在预览报表的状态下，点击 📇 图标，可将报表保存为 Excel、pdf 等格式。

9.2.2　同望 WECOST 清单编制

清单的编制总体步骤跟概、预算编制总体一致，但有一些不同的需求，系统已提供了一些相应的功能来满足这部分需求。

9.2.2.1　项目指引

系统依据 03 清单范本，在清单编制模块提供"项目指引"功能，系统自动列出清单细目下常用的工作内容和定额来引导帮助用户选择。用户既可以添加选中的清单，也可同时添加选中的定额，还可以添加选中的工作内容，或者将三者同时添加，如图 9-2-41 所示。

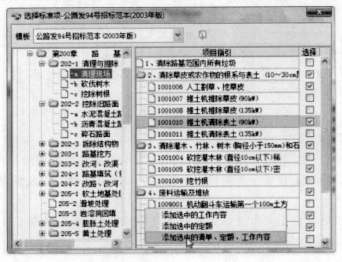

图 9-2-41　项目指引

9.2.2.2 导入工程量清单

在"预算书"界面，点击鼠标右键选择【导入/导出】→【导入工程量清单】，弹出"导入清单"的对话框，如图 9-2-42 所示对话框。

点击"选择"按钮，选择后缀名为"xls"的清单文件导入。系统支持两种不同格式的 Excel 清单导入。

图 9-2-42 导入工程量清单

1. 第一种格式

每一章的章名前空一个单元格，如表 9-2-1 所示。

表 9-2-1 第 一 种 格 式

清单编号	名称	单位	数量	单价	合价
	第 100 章 总则				
101-2	临时便道	km	3	50	
101-3	临时供电				10000
101-3-1	输电线路	m	500	50	
101-3-2	支线输电线路	m	500		
	第 200 章 路基土石方				
201-1	路基土方				
201-1-1	路基挖土方	m³	3000		
201-1-2	路基填方	m³	3000		
	第 300 章 路面				
301-1	水泥稳定石屑基层				
301-1-1	厚 18cm	m²	8000		
301-2	混凝土路面				
301-2-1	厚 24cm	m²	70000		
301-2-2	混凝土路面钢筋	t	10		
301-3	中粒式沥青混凝土路面				
301-3-1	厚 10cm	m²	5000		

2. 第二种格式

每一章节为 Excel 中的一个分页（sheet 页），如图 9-2-43 所示。

9.2.2.3 导出工程量清单

在"预算书"界面，点击鼠标右键选择【导入/导出】→【导出工程量清单】，可导出"xls"格式的工程量清单。

9.2.2.4 分摊与调价

1. 分摊

系统提供三种分摊方式：按清单金额比重分摊（"**Jб**"）、按集中拌混凝土用量分摊

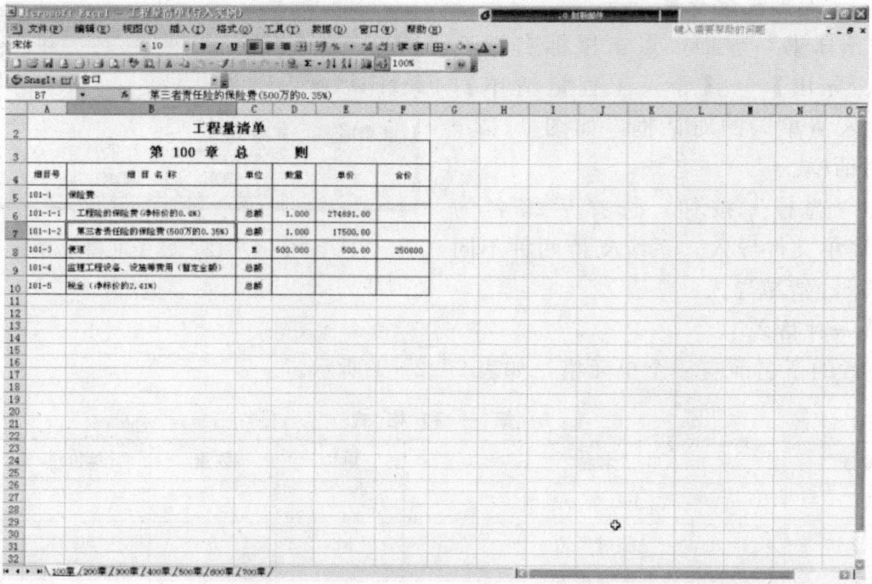

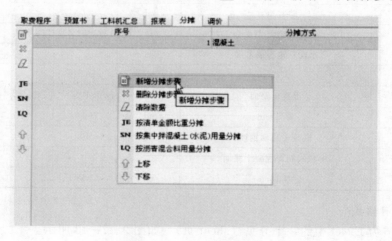

图 9-2-43　第二种格式

（"**SN**"）和按沥青混合料用量分摊（"**LQ**"）。

"分摊"界面分为 3 个窗口："分摊方式"、"分摊源"和"分摊目标"。

（1）新增分摊。在"分摊方式"窗口空白处，点击鼠标右键选择【新增分摊步骤】（见图 9-2-44），或者点击左侧工具栏的新增"■"图标，新增一个分摊步骤。

图 9-2-44　新增分摊

（2）确定分摊源。在右上"分摊源"窗口空白处，点击鼠标右键选择【新增分摊源】（见图 9-2-45），也可直接点击右侧的"　"图标新增分摊源。

弹出分摊源选择界面，双击或是点击鼠标右键选择"添加选中"（见图 9-2-46），将被分摊的项目添加进来。

（3）确定分摊目标。在"分摊目标"窗口处，点击鼠标右键选择【新增分摊目标】，

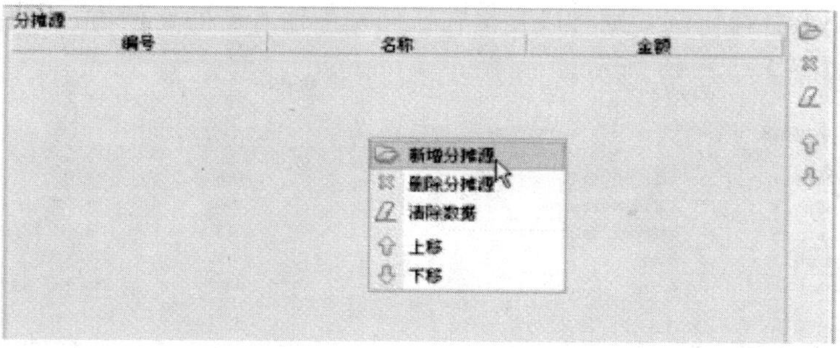

图 9-2-45 确定分摊源

图 9-2-46 添加分摊项目

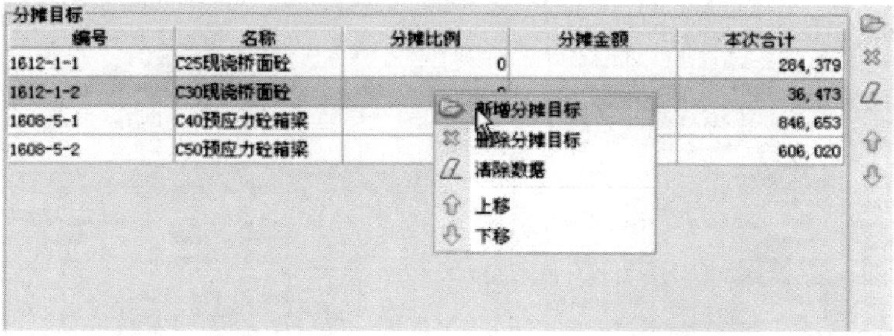

图 9-2-47 确定分摊目标

也可直接点击右侧的"📂"图标新增分摊目标，如图 9-2-47 所示。

在弹出的界面选择所需要分摊至的清单项，可以通过 Ctrl、Shift 键或者鼠标拖选的方式选择，点击【添加选中】。

（4）分摊计算。在左边"分摊方式"窗口选择分摊计算方式"JE"、"SN"或"LQ"的其中一种（分别代表"按清单金额比重，按集中拌混凝土（水泥）用量和按沥青混合料用量分摊"）进行分摊计算，也可以通过鼠标右键选择任一方式进行分摊计算。系统即自动计算出分摊目标各自所占比例和分摊金额。

如果需要调整分摊比例，则可以直接在比例框中输入新的比例值，系统会自动计算新的分摊金额，如图 9-2-48 所示。

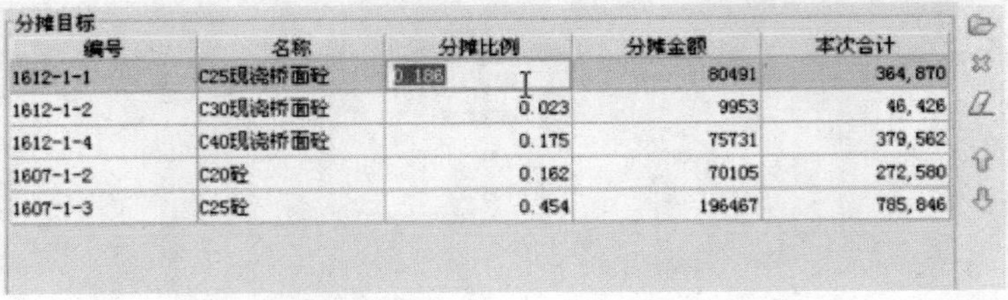

分摊目标				
编号	名称	分摊比例	分摊金额	本次合计
1612-1-1	C25现浇桥面砼	0.186	80491	364,870
1612-1-2	C30现浇桥面砼	0.023	9953	46,426
1612-1-4	C40现浇桥面砼	0.175	75731	379,562
1607-1-2	C20砼	0.162	70105	272,580
1607-1-3	C25砼	0.454	196467	785,846

图 9-2-48　分摊计算

其他分摊方式分摊操作同上。

（5）删除分摊。点击"分摊方式"窗口左侧的 図 图标，可以删除选中的分摊步骤。点击 図 图标可以清除所有的分摊数据。

2. 调价

系统提供"正向调价"和"反向调价"两种调价方式，可反复调价直至所需报价，并同步输出调价后的各种报表。

（1）正向调价。

"正向调价"可按调整工料机消耗量，工料机单价和综合费率三种方式进行操作。具体操作方式如下：

1）直接在父节点处输入工料机消耗、单价或综合费率的调价系数，子节点自动按此系数调整。

2）点击正向调价"★"按钮，则"目标报价"栏的"综合单价"和"金额"按调价系数计算出新的结果，如图 9-2-49 所示。

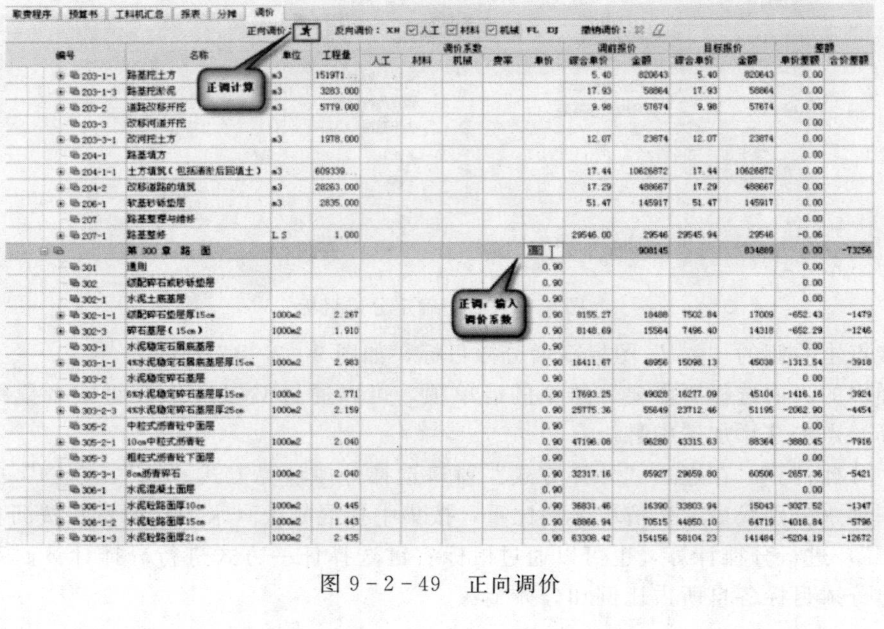

图 9-2-49　正向调价

调价后可以在"差额"栏对比显示调整清单项的"单价差额"和"合价差额",便于客户对调价前后的金额进行对比分析。

(2) 反向调价。"反向调价"则是用户在"目标报价"栏输入目标项目的单价或合价控制金额,然后按可按工料机消耗量"**XH**"、综合费率"**FL**"和工料机单价"**DJ**"三种方式进行组合操作,最后由系统根据用户输入的单价或合价金额进行调价计算。

1) 反向调价设置。

在"调价"窗口,点击鼠标右键选择【反向调价设置】,系统弹出反向调价设置对话框,"合价误差范围"默认值为 10,"最大运算次数"默认值为 100,如图 9-2-50 所示。

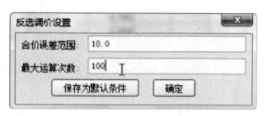

图 9-2-50 反向调价设置

2) 反向调价方式。

反向调价包含反调工料机消耗、反调综合费率和反调综合单价三种计算方式,如图 9-2-51 所示。具体操作如下:

① 工料机消耗反算调整:先设置复选条件"☑人工 ☑材料 ☑机械"确认是否对"人工"、"材料"或"机械"同时进行调整,然后输入目标控制价后点击 **XH** 按钮即可;

② 综合费率反算调整:输入目标控制价后点击"**FL**"按钮;

③ 综合单价反算调整:输入目标控制价后点击"**DJ**"按钮。

图 9-2-51 反向调价方式

3. 停止或撤销调价

在进行调价的过程中,如需中止调价,可直接点击"停止"按钮,调价计算停止后,系统会取误差最小的系数作为调价系数。点击调价工具栏的删除"**DJ**"图标,可以撤销选中节点的调价计算。点击清空" **▨** "图标撤销所有调价计算。

4. 设置不调价

(1) 设置子目不调价。在"调价"界面,在不需参与调价的分部分项或定额的【不调价】复选框中勾选即可。

(2) 设置工料机不调价。切换到"工料机汇总"界面,在不参与调价的工料机的【不

209

调价】复选框中勾选即可。

（3）设置费率不调价。

1）全局费率设置：切换到"取费程序"界面，在不参与调价的费率项的【不调价】复选框勾选即可。

2）局部费率设置：如果只有某分部分项下的某一费率不调价，则可切换到"预算书"界面，在该分部分项的"取费程序"处设置独立取费，并在不参与调价的费率项的【不调价】复选框勾选即可。此操作会影响该分部分项下所有存在相同取费类别的定额的费率，使之不参与调价。

附录 A   全国冬季施工气温区划分表

全国冬季施工气温区划分表

省、自治区、直辖市	地区、市、自治州、盟（县）	气温区	
北京	全境	冬二	I
天津	全境	冬二	I
河北	石家庄、邢台、邯郸、衡水市（冀州市、枣强县、故城县）	冬一	II
	廊坊、保定（涞源县及以北除外）、衡水（冀州市、枣强县、故城县除外）、沧州市	冬二	I
	唐山、秦皇岛市		II
	承德（围场县除外）、张家口（沽源县、张北县、尚义县、康保县除外）、保定市（涞源县及以北）	冬三	
	承德（围场县）、张家口市（沽源县、张北县、尚义县、康保县）	冬四	
山西	运城市（万荣县、夏县、绛县、新绛县、稷山县、闻喜县除外）	冬一	II
	运城（万荣县、夏县、绛县、新绛县、稷山县、闻喜县）、临汾（尧都区、侯马市、曲沃县、翼城县、襄汾县、洪洞县）、阳泉（孟县除外）、长治（黎城县）、晋城市（城区、泽州县、沁水县、阳城县）	冬二	I
	太原（娄烦县除外）、阳泉（孟县）、长治（黎城县除外）、晋城（城区、泽州县、沁水县、阳城县除外）、晋中（寿阳县、和顺县、左权县除外）、临汾（尧都区、侯马市、曲沃县、翼城县、襄汾县、洪洞县除外）、吕梁市（孝义市、汾阳市、文水县、交城县、柳林县、石楼县、交口县、中阳县）		II
	太原（娄烦县）、大同（左云县除外）、朔州（右玉县除外）、晋中（寿阳县、和顺县、左权县）、忻州、吕梁市（离石区、临县、岚县、方山县、兴县）	冬三	
	大同（左云县）、朔州市（右玉县）	冬四	
内蒙古	乌海市，阿拉善盟（阿拉善左旗、阿拉善右旗）	冬二	I
	呼和浩特（武川县除外）、包头（固阳县除外）、赤峰、鄂尔多斯、巴彦淖尔、乌兰察布市（察哈尔右翼中旗除外），阿拉善盟（额济纳旗）	冬三	
	呼和浩特（武川县）、包头（固阳县）、通辽、乌兰察布市（察哈尔右翼中旗）、锡林郭勒（苏尼特右旗、多伦县）、兴安盟（阿尔山市除外）	冬四	
	呼伦贝尔市（海拉尔区、新巴尔虎右旗、阿荣旗）、兴安（阿尔山市）、锡林郭勒盟（冬四区以外各地）	冬五	
	呼伦贝尔市（冬五区以外各地）	冬六	

续表

省、自治区、直辖市	地区、市、自治州、盟（县）	气温区	
辽宁	大连（瓦房店市、普兰店市、庄河市除外）、葫芦岛市（绥中县）	冬二	I
	沈阳（康平县、法库县除外）、大连（瓦房店市、普兰店市、庄河市）、鞍山、本溪（桓仁县除外）、丹东、锦州、阜新、营口、辽阳、朝阳（建平县除外）、葫芦岛（绥中县除外）、盘锦市	冬三	
	沈阳（康平县、法库县）、抚顺、本溪（桓仁县）、朝阳（建平县）、铁岭市	冬四	
吉林	长春（榆树市除外）、四平、通化（辉南县除外）、辽源、白山（靖宇县、抚松县、长白县除外）、松原（长岭县）、白城市（通榆县）、延边自治州（敦化市、汪清县、安图县除外）	冬四	
	长春（榆树市）、吉林、通化（辉南县）、白山（靖宇县、抚松县、长白县）、白城（通榆县除外）、松原市（长岭县除外）、延边自治州（敦化市、汪清县、安图县）	冬五	
黑龙江	牡丹江市（绥芬河市、东宁县）	冬四	
	哈尔滨（依兰县除外）、齐齐哈尔（讷河市、依安县、富裕县、克山县、克东县、拜泉县除外）、绥化（安达市、肇东市、兰西县）、牡丹江（绥芬河市、东宁县除外）、双鸭山（宝清县）、佳木斯（桦南县）、鸡西、七台河、大庆市	冬五	
	哈尔滨（依兰县）、佳木斯（桦南县除外）、双鸭山（宝清县除外）、绥化（安达市、肇东市、兰西县除外）、齐齐哈尔（讷河市、依安县、富裕县、克山县、克东县、拜泉县）、黑河、鹤岗、伊春市，大兴安岭地区	冬六	
上海	全境	准二	
江苏	徐州、连云港市	冬一	I
	南京、无锡、常州、淮安、盐城、宿迁、扬州、泰州、南通、镇江、苏州市	准二	
浙江	杭州、嘉兴、绍兴、宁波、湖州、衢州、舟山、金华、温州、台州、丽水市	准二	
安徽	亳州市	冬一	I
	阜阳、蚌埠、淮南、滁州、合肥、六安、马鞍山、巢湖、芜湖、铜陵、池州、宣城、黄山市	准一	
	淮北、宿州市	准二	
福建	宁德（寿宁县、周宁县、屏南县）、三明市	准一	
江西	南昌、萍乡、景德镇、九江、新余、上饶、抚州、宜春市	准一	
山东	全境	冬一	I
河南	安阳、商丘、周口（西华县、淮阳县、鹿邑县、扶沟县、太康县）、新乡、三门峡、洛阳、郑州、开封、鹤壁、焦作、济源、濮阳、许昌市	冬一	I
	驻马店、信阳、南阳、周口（西华县、淮阳县、鹿邑县、扶沟县、太康县除外）、平顶山、漯河市	准二	
湖北	武汉、黄石、荆州、荆门、鄂州、宜昌、咸宁、黄冈、天门、潜江、仙桃市，恩施自治州	准一	
	孝感、十堰、襄樊、随州市，神农架林区	准二	
湖南	全境	准一	

省、自治区、直辖市	地区、市、自治州、盟（县）	气温区	
四川	阿坝（黑水县）、甘孜自治州（新龙县、道浮县、泸定县）	冬一	II
	甘孜自治州（甘孜县、康定县、白玉县、炉霍县）	冬二	I
	阿坝（壤塘县、红原县、松潘县）、甘孜自治州（德格县）		II
	阿坝（阿坝县、若尔盖县、九寨沟县）、甘孜自治州（石渠县、色达县）	冬三	
	广元市（青川县），阿坝（汶川县、小金县、茂县、理县）、甘孜（巴塘县、雅江县、得荣县、九龙县、理塘县、乡城县、稻城县）、凉山自治州（盐源县、木里县）	准一	
	阿坝（马尔康县、金川县）、甘孜自治州（丹巴县）	准二	
贵州	贵阳、遵义（赤水市除外）、安顺市，黔东南、黔南、黔西南自治州	准一	
	六盘水市，毕节地区	准二	
云南	迪庆自治州（德钦县、香格里拉县）	冬一	II
	曲靖（宣威市、会泽县）、丽江（玉龙县、宁蒗县）、昭通市（昭阳区、大关县、威信县、彝良县、镇雄县、鲁甸县），迪庆（维西县）、怒江（兰坪县）、大理自治州（剑川县）	准一	
西藏	拉萨市（当雄县除外）、日喀则（拉孜县）、山南（浪卡子县、错那县、隆子县除外）、昌都（芒康县、左贡县、类乌齐县、丁青县、洛隆县除外）、林芝地区	冬一	I
	山南（隆子县）、日喀则地区（定日县、聂拉木县、亚东县、拉孜县除外）		II
	昌都地区（洛隆县）	冬一	I
	昌都（芒康县、左贡县、类乌齐县、丁青县）、山南（浪卡子县）、日喀则（定日县、聂拉木县）、阿里地区（普兰县）		II
	拉萨市（当雄县）、那曲（安多县除外）、山南（错那县）、日喀则（亚东县）、阿里地区（普兰县除外）	冬三	
	那曲地区（安多县）	冬四	
陕西	西安、宝鸡、渭南、咸阳（彬县、旬邑县、长武县除外）、汉中（留坝县、佛坪县）、铜川市（耀州区）	冬一	I
	铜川（印台区、王益区）、咸阳市（彬县、旬邑县、长武县）		II
	延安（吴起县除外）、榆林（清涧县）、铜川市（宜君县）	冬二	II
	延安（吴起县）、榆林市（清涧县除外）	冬三	
	商洛、安康、汉中市（留坝县、佛坪县除外）	准二	
甘肃	陇南市（两当县、徽县）	冬一	II
	兰州、天水、白银（会宁县、靖远县）、定西、平凉、庆阳、陇南市（西和县、礼县、宕昌县）、临夏、甘南自治州（舟曲县）	冬二	II
	嘉峪关、金昌、白银（白银区、平川区、景泰县）、酒泉、张掖、武威市，甘南自治州（舟曲县除外）	冬三	
	陇南市（武都区、文县）	准一	
	陇南市（成县、康县）	准二	

续表

省、自治区、直辖市	地区、市、自治州、盟（县）	气温区	
青海	海东地区（民和县）	冬二	Ⅱ
	西宁市、海东地区（民和县除外），黄南（泽库县除外）、海南、果洛（班玛县、达日县、久治县）、玉树（囊谦县、杂多县、称多县、玉树县）、海西自治州（德令哈市、格尔木市、都兰县、乌兰县）	冬三	
	海北（野牛沟、托勒除外）、黄南（泽库县）、果洛（玛沁县、甘德县、玛多县）、玉树（曲麻莱县、治多县）、海西自治州（冷湖、茫崖、大柴旦、天峻县）	冬四	
	海北（野牛沟、托勒）、玉树（清水河）、海西自治州（唐古拉山区）	冬五	
宁夏	全境	冬二	Ⅱ
新疆	阿拉尔市，喀什（喀什市、伽师县、巴楚县、英吉沙县、麦盖提县、莎车县、叶城县、泽普县）、哈密（哈密市泌城镇）、阿克苏（沙雅县、阿瓦提县）、和田地区、伊犁（伊宁市、新源县、霍城县霍尔果斯镇）、巴音郭楞（库尔勒市、若羌县、且末县、尉犁县铁干里可）、克孜勒苏自治州（阿图什市、阿克陶县）	冬二	Ⅰ
	喀什地区（岳普湖县）		Ⅱ
	乌鲁木齐市（牧业气象试验站、达板城区、乌鲁木齐县小渠子乡），塔城（乌苏市、沙湾县、额敏县除外）、阿克苏（沙雅县、阿瓦提县除外）、哈密（哈密市十三间房、哈密市红柳河、伊吾县淖毛湖）、喀什（塔什库尔干县）、吐鲁番地区，克孜勒苏（乌恰县、阿合奇县）、巴音郭楞（和静县、焉耆县、和硕县、轮台县、尉犁县、且末县塔中）、伊犁自治州（伊宁市、霍城县、察布查尔县、尼勒克县、巩留县、昭苏县、特克斯县）	冬三	
	乌鲁木齐市（冬三区以外各地），塔城（额敏县、乌苏县）、阿勒泰（阿勒泰市、哈巴河县、吉木乃县）、哈密地区（巴里坤县）、昌吉（昌吉市、米泉市、木垒县、奇台县北塔山镇、阜康市天池）、博尔塔拉（温泉县、精河县、阿拉山口口岸）、克孜勒苏自治州（乌恰县吐尔尕特口岸）	冬四	
	克拉玛依、石河子市，塔城（沙湾县）、阿勒泰地区（布尔津县、福海县、富蕴县、青河县），博尔塔拉（博乐市）、昌吉（阜康市、玛纳斯县、呼图壁县、吉木萨尔县、奇台县、米泉市蔡家湖）、巴音郭楞自治州（和静县巴音布鲁克乡）	冬五	

注　表中行政区划以 2006 年地图出版社出版的《中华人民共和国行政区划简册》为准。为避免繁冗，各民族自治州名称予以简化，如青海省的"海西蒙古族藏族自治州"简化为"海西自治州"。

附录 B 全国雨季施工雨量区及雨季期划分表

全国雨季施工雨量区及雨季期划分表

省、自治区、直辖市	地区、市、自治州、盟（县）	雨量区	雨季期（月数）
北京	全境	Ⅱ	2
天津	全境	Ⅰ	2
河北	张家口、承德市（围场县）	Ⅰ	1.5
	承德（围场县除外）、保定、沧州、石家庄、廊坊、邢台、衡水、邯郸、唐山、秦皇岛市	Ⅱ	2
山西	全境	Ⅰ	1.5
内蒙古	呼和浩特、通辽、呼伦贝尔（海拉尔区、满洲里市、陈巴尔虎旗、鄂温克旗）、鄂尔多斯（东胜区、准格尔旗、伊金霍洛旗、达拉特旗、乌审旗）、赤峰、包头、乌兰察布市（集宁区、化德县、商都县、兴和县、四子王旗、察哈尔右翼中旗、察哈尔右翼后旗、卓资县及以南），锡林郭勒盟（锡林浩特市、多伦县、太仆寺旗、西乌珠穆沁旗、正蓝旗、正镶白旗）	Ⅰ	1
	呼伦贝尔市（牙克石市、额尔古纳市、鄂伦春旗、扎兰屯市及以东）、兴安盟		2
辽宁	大连（长海县、瓦房店市、普兰店市、庄河市除外）、朝阳市（建平县）	Ⅰ	2
	沈阳（康平县）、大连（长海县）、锦州（北宁市除外）、营口（盖州市）、朝阳市（凌原市、建平县除外）		2.5
	沈阳（康平县、辽中县除外）、大连（瓦房店市）、鞍山（海城市、台安县、岫岩县除外）、锦州（北宁市）、阜新、朝阳（凌原市）、盘锦、葫芦岛（建昌县）、铁岭市		3
	抚顺（新宾县）、辽阳市		3.5
	沈阳（辽中县）、鞍山（海城市、台安县）、营口（盖州市除外）、葫芦岛市（兴城市）	Ⅱ	2.5
	大连（普兰店市）、葫芦岛市（兴城市、建昌县除外）		3
	大连（庄河市）、鞍山（岫岩县）、抚顺（新宾县除外）、丹东（凤城市、宽甸县除外）、本溪市		3.5
	丹东市（凤城市、宽甸县）		4
吉林	辽源、四平（双辽市）、白城、松原市	Ⅰ	2
	吉林、长春、四平（双辽市除外）、白山市、延边自治州	Ⅱ	2
	通化市		3

215

续表

省、自治区、直辖市	地区、市、自治州、盟（县）	雨量区	雨季期（月数）
黑龙江	哈尔滨（市区、呼兰区、五常市、阿城市、双城市）、佳木斯（抚远县）、双鸭山（市区、集贤县除外）、齐齐哈尔（拜泉县、克东县除外）、黑河（五大连池市、嫩江县）、绥化（北林区、海伦市、望奎县、绥棱县、庆安县除外）、牡丹江、大庆、鸡西、七台河市、大兴安岭地区（呼玛县除外）	I	2
	哈尔滨（市区、呼兰区、五常市、阿城市、双城市除外）、佳木斯（抚远县除外）、双鸭山（市区、集贤县）、齐齐哈尔（拜泉县、克东县）、黑河（五大连池市、嫩江县除外）、绥化（北林区、海伦市、望奎县、绥棱县、庆安县）、鹤岗、伊春市、大兴安岭地区（呼玛县）	II	2
上海	全境	II	4
江苏	徐州、连云港市	II	2
	盐城市		3
	南京、镇江、淮安、南通、宿迁、扬州、常州、泰州市		4
	无锡、苏州市		4.5
浙江	舟山市	II	4
	嘉兴、湖州市		4.5
	宁波、绍兴市		6
	杭州、金华、温州、衢州、台州、丽水市		7
安徽	亳州、淮北、宿州、蚌埠、淮南、六安、合肥市	II	1
	阜阳市		2
	滁州、巢湖、马鞍山、芜湖、铜陵、宣城市		3
	池州市		4
	安庆、黄山市		5
福建	泉州市（惠安县崇武）	I	4
	福州（平潭县）、泉州（晋江市）、厦门（同安区除外）、漳州市（东山县）		5
	三明（永安市）、福州（市区、长乐市）、莆田市（仙游县除外）		6
	南平（顺昌县除外）、宁德（福鼎市、霞浦县）、三明（永安市、尤溪县、大田县除外）、福州（市区、长乐市、平潭县除外）、龙岩（长汀县、连城县）、泉州（晋江市、惠安县崇武、德化县除外）、莆田（仙游县）、厦门（同安区）、漳州市（东山县除外）	II	7
	南平（顺昌县）、宁德（福鼎市、霞浦县除外）、三明（尤溪县、大田县）、龙岩（长汀县、连城县除外）、泉州市（德化县）		8
江西	南昌、九江、吉安市	II	6
	萍乡、景德镇、新余、鹰潭、上饶、抚州、宜春、赣州市		7
山东	济南、潍坊、聊城市	I	3
	淄博、东营、烟台、济宁、威海、德州、滨州市		4
	枣庄、泰安、莱芜、临沂、菏泽市		5
	青岛市	II	3
	日照市		4

续表

省、自治区、直辖市	地区、市、自治州、盟（县）	雨量区	雨季期（月数）
河南	郑州、许昌、洛阳、济源、新乡、焦作、三门峡、开封、濮阳、鹤壁市	I	2
	周口、驻马店、漯河、平顶山、安阳、商丘市		3
	南阳市		4
	信阳市	II	2
湖北	十堰、襄樊、随州市、神农架林区	I	3
	宜昌（秭归县、远安县、兴山县）、荆门市（钟祥市、京山县）		2
	武汉、黄石、荆州、孝感、黄冈、咸宁、荆门（钟祥市、京山县除外）、天门、潜江、仙桃、鄂州、宜昌市（秭归县、远安县、兴山县除外），恩施自治州	II	6
湖南	全境	II	6
广东	茂名、中山、汕头、潮州市	I	5
	广州、江门、肇庆、顺德、湛江、东莞市		6
	珠海市		5
	深圳、阳江、汕尾、佛山、河源、梅州、揭阳、惠州、云浮、韶关市	II	6
	清远市		7
广西	百色、河池、南宁、崇左市	II	5
	桂林、玉林、梧州、北海、贵港、钦州、防城港、贺州、柳州、来宾市		6
海南	全境	II	6
重庆	全境	II	4
四川	甘孜自治州（巴塘县）	I	1
	阿坝（若尔盖县）、甘孜自治州（石渠县）		2
	乐山（峨边县）、雅安市（汉源县）、甘孜自治州（甘孜县、色达县）		3
	雅安（石棉县）、绵阳（千武县）、泸州（古蔺县）、遂宁市、阿坝（若尔盖县、汶川县除外）、甘孜自治州（巴塘县、石渠县、甘孜县、色达县、九龙县、得荣县除外）		4
	南充（高坪区）、资阳市（安岳县）		5
	宜宾市（高县）、凉山自治州（雷波县）		3
	成都、乐山（峨边县、马边县除外）、德阳、南充（南部县）、绵阳（平武县除外）、资阳（安岳县除外）、广元、自贡、攀枝花、眉山市，凉山（雷波县除外）、甘孜自治州（九龙县）	II	4
	乐山（马边县）、南充（高坪区、南部县除外）、雅安（汉源县、石棉县除外）、广安（邻水县除外）、巴中、宜宾（高县除外）、泸州（古蔺县除外）、内江市		5
	广安（邻水县）、达州市		6
贵州	贵阳、遵义市、毕节地区	II	4
	安顺市、铜仁地区，黔东南自治州		5
	黔西南自治州		6
	黔南自治州		7

省、自治区、直辖市	地区、市、自治州、盟（县）	雨量区	雨季期（月数）
云南	昆明（市区、嵩明县除外）、玉溪、曲靖（富源县、师宗县、罗平县除外）、丽江（宁蒗县、永胜县）、思茅（墨江县）、昭通市、怒江（兰坪县、泸水县六库镇）、大理（大理市、漾濞县除外）、红河（个旧市、开远市、蒙自县、红河县、石屏县、建水县、弥勒县、泸西县）、迪庆、楚雄自治州	I	5
	保山（腾冲县、龙陵县除外）、临沧市（凤庆县、云县、永德县、镇康县），怒江（福贡县、泸水县）、红河自治州（元阳县）		6
	昆明（市区、嵩明县）、曲靖（富源县、师宗县、罗平县）、丽江（古城区、华坪县）、思茅市（翠云区、景东县、镇沅县、普洱县、景谷县）、大理（大理市、漾濞县）、文山自治州	II	5
	保山（腾冲县、龙陵县）、临沧（临祥区、双江县、耿马县、沧源县）、思茅市（西盟县、澜沧县、孟连县、江城县），怒江（贡山县）、德宏、红河（绿春县、金平县、屏边县、河口县）、西双版纳自治州		6
西藏	那曲（索县除外）、山南（加查县除外）、日喀则（定日县）、阿里地区	I	1
	拉萨市，那曲（索县）、昌都（类乌齐县、丁青县、芒康县除外）、日喀则（拉孜县）、林芝地区（察隅县）		2
	昌都（类乌齐县）、林芝地区（米林县）		3
	昌都（丁青县）、林芝地区（米林县、波密县、察隅县除外）		4
	林芝地区（波密县）		5
	山南（加查县）、日喀则地区（定日县、拉孜县除外）	II	1
	昌都地区（芒康县）		2
陕西	榆林、延安市	I	1.5
	铜川、西安、宝鸡、咸阳、渭南市，杨陵区		2
	商洛、安康、汉中市		3
甘肃	天水（甘谷县、武山县）、陇南市（武都区、文县、礼县），临夏（康乐县、广河县、永靖县）、甘南自治州（夏河县）	I	1
	天水（北道区、秦城区）、定西（渭源县）、庆阳（西峰区）、陇南市（西和县），临夏（临夏市）、甘南自治州（临潭县、卓尼县）		1.5
	天水（秦安县）、定西（临洮县、岷县）、平凉（崆峒区）、庆阳（华池县、宁县、环县）、陇南市（宕昌县），临夏（临夏县、东乡县、积石山县）、甘南自治州（合作市）		2
	天水（张家川县）、平凉（静宁县、庄浪县）、庆阳（镇原县）、陇南市（两当县），临夏（和政县）、甘南自治州（玛曲县）		2.5
	天水（清水县）、平凉（泾川县、灵台县、华亭县、崇信县）、庆阳（西峰区、合水县、正宁县）、陇南市（徽县、成县、康县），甘南自治州（碌曲县、迭部县）		3

续表

省、自治区、直辖市	地区、市、自治州、盟（县）	雨量区	雨季期（月数）
青海	西宁市（湟源县）、海东地区（平安县、乐都县、民和县、化隆县），海北（海晏县、祁连县、刚察县、托勒）、海南（同德县、贵南县）、黄南（泽库县、同仁县）、海西自治州（天峻县）	I	1
	西宁市（湟源县除外）、海东地区（互助县）、海北（门源县）、果洛（达日县、久治县、班玛县）、玉树自治州（称多县、杂多县、囊谦县、玉树县），河南自治县		1.5
宁夏	固原地区（隆德县、泾源县）	I	2
新疆	乌鲁木齐市（小渠子乡、牧业气象试验站、大西沟乡）、昌吉地区（阜康市天池），克孜勒苏（吐尔尕特、托云、巴音库鲁提）、伊犁自治州（昭苏县、霍城县二台、松树头）	I	1
台湾	（资料暂缺）		

注　1. 表中未列的地区除西藏林芝地区墨脱县因无资料未划分外，其余地区均因降雨天数或平均日降雨量未达到计算雨季施工增加费的标准，故未划分雨量区及雨季期。

　　2. 行政区划依据资料及自治州、市的名称列法同冬季施工气温区划分说明。

附录 C　全国风沙地区公路施工区划表

全国风沙地区公路施工区划表

区划	沙漠（地）名称	地 理 位 置	自 然 特 征
风沙一区	呼伦贝尔沙地、嫩江沙地	呼伦贝尔沙地位于内蒙古呼伦贝尔平原，嫩江沙地位于东北平原西北部嫩江下游	属半干旱、半湿润严寒区，年降水量 280～400mm，年蒸发量 1400～1900mm，干燥度 1.2～1.5
	科尔沁沙地	散布于东北平原西辽河中、下游主干及支流沿岸的冲积平原上	属半湿润温冷区，年降水量 300～450mm，年蒸发量 1700～2400mm，干燥度 1.2～2.0
	浑善达克沙地	位于内蒙古锡林郭勒盟南部和昭乌达盟西北部	属半湿润温冷区，年降水量 100～400mm，年蒸发量 2200～2700mm，干燥度 1.2～2.0，年平均风速 3.5～5m/s，年大风日数 50～80d
	毛乌素沙地	位于内蒙古鄂尔多斯中南部和陕西北部	属半干旱温热区，年降水量东部 400～440mm，西部仅 250～320mm，年蒸发量 2100～2600mm，干燥度 1.6～2.0
	库布齐沙漠	位于内蒙古鄂尔多斯北部，黄河河套平原以南	属半干旱温热区，年降水量 150～400mm，年蒸发量 2100～2700mm，干燥度 2.0～4.0，年平均风速 3～4m/s
风沙二区	乌兰布和沙漠	位于内蒙古阿拉善东北部，黄河河套平原西南部	属干旱温热区，年降水量 100～145mm，年蒸发量 2400～2700mm，干燥度 8.0～16.0，地下水相当丰富，埋深一般为 1.5～3m
	腾格里沙漠	位于内蒙古阿拉善东南部及甘肃武威部分地区	属干旱温热区，沙丘、湖盆、山地、残丘及平原交错分布，年降水量 116～148mm，年蒸发量 3000～3600mm，干燥度 4.0～12.0
	巴丹吉林沙漠	位于内蒙古阿拉善西南边缘及甘肃酒泉部分地区	属干旱温热区，沙山高大密集，形态复杂，起伏悬殊，一般高 200～300m，最高可达 420m，年降水量 40～80mm，年蒸发量 1720～3320mm，干燥度 7.0～16.0
	柴达木沙漠	位于青海柴达木盆地	属极干旱寒冷区，风蚀地、沙丘、戈壁、盐湖和盐土平原相互交错分布，盆地东部年平均气温 2～4℃，西部为 1.5～2.5℃，年降水量东部为 50～170mm，西部为 10～25mm，年蒸发量 2500～3000mm，干燥度 16.0～32.0
	古尔班通古特沙漠	位于新疆北部准噶尔盆地	属干旱温冷区，其中固定、半固定沙丘面积占沙漠面积的 97%，年降水量 70～150mm，年蒸发量 1700～2200mm，干燥度 2.0～10.0
风沙三区	塔克拉玛干沙漠	位于新疆南部塔里木盆地	属极干旱炎热区，年降水量东部 20mm 左右，南部 30mm 左右，西部 40mm 左右，北部 50mm 以上，年蒸发量在 1500～3700mm，中部达高限，干燥度大于 32.0
	库姆达格沙漠	位于新疆东部、甘肃西部，罗布泊低地南部和阿尔金山北部	属极干旱炎热区，全部为流动沙丘，风蚀严重，年降水量 10～20mm，年蒸发量 2800～3000mm，干燥度大于 32.0，8 级以上大风天数在 100d 以上

参 考 文 献

［1］ 中华人民共和国交通运输部 . 公路工程标准施工招标文件（2009 年版）. 北京：人民交通出版社，2009.

［2］ 交通公路工程定额站 . JTG/T　B06-01—2007 公路工程概算定额 . 北京：人民交通出版社，2007.

［3］ 交通公路工程定额站 . JTG/T　B06-02—2007 公路工程预算定额 . 北京：人民交通出版社，2007.

［4］ 交通公路工程定额站 . JTG/T　B06-03—2007 公路工程机械台班费用定额 . 北京：人民交通出版社，2007.

［5］ 交通公路工程定额站，湖南省交通厅 . 公路工程工程量清单计量规则 . 北京：人民交通出版社，2005.

［6］ 交通公路工程定额站，JTG　B06—2007 公路工程基本建设项目概算预算编制办法 . 北京：人民交通出版社，2007.

［7］ 交通公路工程定额站 . 公路工程造价人员考试用书 . 北京：人民交通出版社，2010.

［8］ 同望 WECOST 公路工程造价管理系统用户手册 .

［9］ 杨建宏，陈志强 . 通过案例学公路工程计量与计价 . 北京：中国建材工业出版社，2011.